スイッチング電源[2]
要素技術のマスター

絶縁コンバータ／負帰還／MOSFET活用／同期整流／スナバのノウハウ

森田浩一 [著]
Kouichi Morita

CQ出版社

はじめに

　電源回路は，電子機器内部の電子回路を動作させるために必ず必要なものです．しかし，電源回路は他の回路に比べると部品が大きく，トランスやコンデンサ，インダクタ，ノイズ・フィルタなどが目立ちます．基板パターンも幅広くゆったり見え，部品にあまり高度な機能もなく簡単そうなので，あまり重視されていないように感じられます．

　そして，単に所要電力を要求通り供給してくれれば良い，古くからある技術なので要求通りにできるのが当たり前と思われている傾向があります．しかも挙句の果てに，電源は空いた場所に入るように作ってくれといわれることもあります．

　しかし，電源はすべてのエネルギーを供給するものです．人体でいえば心臓にたとえられます．電源が止まると心臓が止まるのと同じように，電子機器のすべての機能が止まってしまいます．それほど重要なのです．しかも扱うエネルギーは電子機器の内部ではもっとも大きく，不具合いによってはそのエネルギーが周囲にまで影響をあたえ，大きなトラブルになることもあります．

　最近は大学においてもディジタル技術に注目が集中し，アナログ技術は軽視されているように思います．アナログ回路がどんどんディジタル化されていく中，スイッチング電源は最後のアナログ技術として残るような存在です．スイッチング電源では一度トラブルが起きると，扱うエネルギーが大きいのでトラブルが広がる可能性も大きく，よくわかって設計しないと大きなトラブルに遭遇しかねません．見よう見まねで作り，出力電圧が出て一応動作できたから使おうか，というレベルではトラブル発生を待っているようなものです．

　回路設計者にとっては，要求される仕様が決まってしまうと，ディジタル回路の場合は自分のアイデアを入れて変更するような余地はほとんどありません．しかしスイッチング電源では，自分のアイデアを入れた設計がかなり行える分野です．技術者にとってとても面白い分野だといえます．言い換えると，設計者によってまだでき上がったものの違いが出てくる分野ということです．その違いは大きさ，効率，温度上昇，ノイズ，寿命といったところに出てきます．

　そのため最良のものを作るには，かなりの経験が必要です．本書ではその第一歩めの一助としたいと思い，スイッチング電源の要素技術である基本回路，負帰還技術，制御IC，スイッチング素子，MOSFET，同期整流回路，スナバ回路などを1章ずつにまとめました．本書がその意味において，世の中の進歩の一助になることを期待します．

森田　浩一

スイッチング電源[2] 要素技術のマスター

目次

はじめに ———————————————————————————— 003

プロローグ スイッチング電源の動作確認 ———————————— 011
降圧コンバータの動作 ——————— 011
肝はPWM…パルス幅変調回路 ——————— 012
単純化したモデル回路でスイッチング動作を考える ——————— 014
電圧安定化はPWMによる負帰還 ——————— 016
降圧コンバータ…軽負荷時の現象 ——————— 017
降圧コンバータ…電流連続モードの動作を解析すると　017
降圧コンバータ…電流不連続モードの動作を解析すると　019
スイッチング電源の最大メリットは電力変換の効率アップ　020

第1章 スイッチング電源 回路技術のあらまし ———————————— 021

1-1 絶縁型コンバータ 回路のあらまし ——————— 021
本書(シリーズ)で紹介するスイッチング電源　021
非絶縁コンバータから絶縁コンバータへの発展　023

1-2 小容量に適した1石の絶縁コンバータ ——————— 024
トランジスタ1石…もっとも簡単な構成のRCC方式　024
RCC方式の起動から自励発振まで　025
小容量コンバータに多用されるフライバック・コンバータ　028
多出力化しやすいRCC/フライバック・コンバータ　030
Column(1) フライバック・コンバータ 三つの仲間　031
　トランスにエネルギーを溜めるコンバータ　031
　励磁電流には三つのモードがある　031
　RCCとQRCのトランスは電流臨界モード(CRM)　032
　ターンOFF損失とターンON損失　033
　QRCは低待機(スタンバイ)電力用途に向いている　034

1-3 中容量をカバーするフォワード・コンバータ ——————— 036
中容量(～500Wくらい)まで利用されているフォワード・コンバータ　036

2トランス・フォワード・コンバータ　039

1-4 中・大容量には2石以上の絶縁コンバータ ── 039
出力を強化した2石フォワード・コンバータ　039
入力電圧が低いときはプッシュプル・コンバータ　040
出力リプルの小さいインターリーブ・フォワード・コンバータ　042
低入力電圧でも大出力…昇圧プッシュプル・コンバータ　043
入力電圧が高いとき…ハーフ・ブリッジ・コンバータ　044
巻き線 0.5 ターンを実現するハーフ・ブリッジ倍電流整流コンバータ　045
同じトランスを使用する2トランス・ハーフ・ブリッジ・コンバータ　047
大出力にはPWM制御フル・ブリッジ・コンバータ　048
位相シフト・フル・ブリッジ・コンバータ　049

1-5 従来型…矩形波コンバータの損失を検討する ── 051
スイッチング電源の進化を振り返る…高周波化への進歩とジレンマ　051
Column（2）矩形波コンバータと共振型コンバータ　052
抵抗負荷におけるMOSFETのスイッチング損失を考える　053
非絶縁型降圧コンバータにおけるスイッチング損失は　055

1-6 高効率・低ノイズに向けて…共振コンバータへの進化 ── 056
共振型コンバータのスイッチング損失は　056
スイッチング損失を減らす鍵…電圧共振と電流共振　057
漏れインダクタンスによって生じるスイッチング損失　059
浮遊容量によって生じるスイッチング損失　060

1-7 LC共振のふるまいを解析すると ── 061
共振とはどのような現象か　061
MOSFETのスイッチングとLCとのふるまい　063
共振型コンバータの損失は回生される　065
ターンONとターンOFFのときだけ共振させる　066
共振型スイッチング回路におけるスイッチング損失の計算　067
Column（3）浮いている回路の測定技術が重要　069
　0V（コモン線）があると測定しやすいが　069
　同相電圧の影響を避けて測定するには差動プローブが必要　071

第2章 スイッチング電源の負帰還技術 ── 072

2-1 安定化電源は負帰還増幅回路 ── 072
安定化電源に求められる性能　072
オーディオ・アンプと安定化電源における負帰還効果の違い　073

OPアンプに負帰還をかけたときのゲイン特性　074
OPアンプにおける増幅回路の伝達関数　075
負帰還のカギは位相ずれの把握　076

2-2 *CR*回路でゲイン-位相特性を調整する ── 078

ゲイン-位相特性を見るにはボード線図　078

Column（4）正弦波の位相差とリサジュー曲線による位相差測定　080

遅れ回路…*CR*ロー・パス・フィルタの特性　081

進み回路…*CR*ハイ・パス・フィルタの特性　083

カット・オフ点が二つある高域減衰フィルタ　084

OPアンプと組み合わせた*CR*高域フィルタ　085

2-3 スイッチング電源の安定性を確認するには ── 088

ボード線図による負帰還回路の安定性判定…ゲイン余裕と位相余裕　088

位相余裕が小さいときの振動と過渡変動　089

ステップ応答による減衰振動とQの関係　091

2-4 安定なスイッチング電源を設計するには ── 093

安定動作のためのボード線図　093

負帰還をもつ降圧コンバータを解析すると　093

 メイン回路の増幅率　095

 *LC*回路の交流分　095

まず電流連続モード：CCMのときのパラメータを求める　096

電流不連続モード：DCMのときのパラメータ　097

2-5 降圧コンバータの実際の特性を確認すると ── 100

降圧コンバータ…実際のゲイン-位相特性例　100

降圧コンバータ…制御回路のボード線図　101

降圧コンバータ…全体のボード線図　104

ゲイン-位相（ボード線図）を測定するには　106

実際のボード線図を描くには　107

 FRAを使用しないとき　107

 FRAを使用したとき　108

第3章 スイッチング電源用ICの活用技術 ── 109

3-1 スイッチング電源制御ICのあらまし ── 109

電圧制御の基本はパルス幅変調…PWM（Pulse Width Modulation）　109

電圧安定度は内蔵の基準電圧によって定まるが…　111

スイッチング電源制御ICに備わっている保護回路機能　112

3-2 2次側に可変型基準電圧IC TL431を活用する ── 115
- 基準電圧とフォト・カプラ駆動を兼ねる 115
- 基準電圧…バンド・ギャップ・リファレンスのしくみ 117
- バンド・ギャップ・リファレンスの実際の回路構成 119
- スイッチング電源におけるTL431の基本的な使い方 120
- 安定な負帰還のためには位相補償回路が必要 122
- TL431から負帰還するには 123
- 遅れ補償回路としてC_6だけを付けたとき 126
- 位相補償がC_6と$(C_5 + R_5)$の場合 127
- 進み位相補償を加えると 127

3-3 設計を簡単にする多様なスイッチング電源用IC ── 129
- 出力段パワーMOSFET内蔵のスイッチングICも増えてきた 129
- 低待機電力対応のスイッチングICも 133
- ノイズおよび効率を改善した擬似共振用ICも多い 133

3-4 負荷応答を改善する制御ICのさまざまな工夫 ── 134
- スイッチング電源の負帰還には電圧帰還と電流帰還がある 134
- 2次遅れ系なので電圧モード制御は位相補償に難点 135
- 電流モード制御のメリットとデメリット 137
- 応答特性の良いヒステリシス制御 137
- 電流の平均値ではなくピーク電流を見て制御する 138
- 周波数固定のピーク電流制御…デューティ比0.5以上で低調波発振 139
- 低調波発振への対策…スロープ補償 140
- そのほかの電流モード制御 141
  - OFF時間一定 ピーク電流検出モード 141
  - ON時間一定 電流検出電流モード 142
  - ヒステリシス制御 142
- **Column**(5) スイッチング周波数は固定タイプ/変動タイプ？ 143
  - ノイズ・フィルタ特性は容易に変えられない 143
  - 固定周波数のスイッチング電源では 144

第4章 パワー・スイッチング素子のあらまし ── 145

4-1 スイッチング電源用パワー素子のあらまし ── 145
- パワエレ時代の代表的なパワー・スイッチング素子 145
- 電力損失＝導通損＋スイッチング損 148
- ふつうのトランジスタBJTのふるまい 149

高速スイッチングではMOSFETが主流になってきた　**151**
　　　高電圧・大電流スイッチングではIGBTが主流　**153**
　　　数百W以下のスイッチング電源ではMOSFET　**156**

4-2　スイッチング電源用MOSFETのトレンド ──── 156
　　　高耐圧・低オン抵抗…スーパジャンクションMOSFETが台頭　**156**
　　　シリコンMOSFETから化合物MOSFETへ進むか？　**160**
　　　パッケージ形状は面実装形が主流になってきた　**162**

4-3　スイッチング電源2次側整流用パワー・ダイオード ──── 164
　　　パワー・ダイオードのあらまし　**164**
　　　ダイオードの周波数特性…逆回復特性として現れる　**164**
　　　高速・高電圧の整流にはFRD　**166**
　　　2次側の高速整流にはSBD　**168**
　　　SBDは高温時の逆電流（漏れ電流）による損失に要注意　**169**
　　　SiCによるショットキー・バリア・ダイオードが登場　**171**

第5章　スイッチング電源のためのMOSFET活用　173

5-1　MOSFET活用のための基礎知識 ──── 173
　　　Nチャネル・スーパジャンクション・タイプが主流　**173**
　　　かならず守る絶対最大定格…チャネル温度，ドレイン-ソース間電圧 V_{DSS} など　**174**
　　　安全動作領域ASO内で使用していることを確認する　**175**
　　　Column(6)　信頼性確保に欠かせないパワー半導体のディレーティング　**176**
　　　アバランシェ・エネルギーとアバランシェ電流　**177**
　　　MOSFETオン抵抗 $R_{DS(on)}$ の特性　**179**
　　　チャネル温度を管理する　**180**
　　　　ON期間の損失と温度上昇　**181**
　　　　ターンON期間中の損失と温度上昇　**181**
　　　　ターンOFF期間中の損失と温度上昇　**182**

5-2　MOSFETを活かすには駆動回路が重要 ──── 182
　　　ゲート駆動…低インピーダンス駆動と発振防止　**182**
　　　MOSFETは入力容量が大きい　**185**
　　　入力容量，出力容量，帰還容量はミラー効果によって動的に変化　**186**
　　　駆動回路の損失を左右するのはゲート・チャージ電荷量　**188**
　　　MOSFETなどの容量性負荷を駆動するゲート・ドライバIC　**190**

5-3　もう一つの難題…ハイ・サイド駆動回路 ──── 193
　　　ハイ・サイド駆動とは　**193**

　　　　ハイ・サイド・スイッチ駆動用ICを使用するとき　**194**
　　　　ハイ・サイド駆動ではノイズ対策も重要　**196**
　　　　パルス・トランスによるハイ・サイド駆動回路の基本　**199**
　　　　パルス・トランス使用時の課題…デューティ比問題　**200**
　　　　デューティ比問題を生じない位相シフト・フル・ブリッジ　**202**
　　　　ブリッジ駆動におけるデッド・タイム調整　**203**
　　　　フォト・カプラによるハイ・サイド駆動　**204**

5-4　MOSFETの寄生ダイオードをどう使うか ── 207
　　　　従来型（ふつうの）矩形波コンバータでは影響しない　**207**
　　　　電圧共振型コンバータのとき　**208**
　　　　電流共振型ハーフ・ブリッジ・コンバータのとき　**209**
　　　　フル・ブリッジを使用する低周波出力インバータのとき　**210**
　　　　低周波出力インバータにおける課題　**211**
　　　　同期整流 可逆コンバータでの逆回復（リカバリ）時間の扱い　**213**
　　　　SiC-MOSFETを活かす　**216**

5-5　素子の高速化に伴うセルフ・ターンONに注意する ── 217
　　　　セルフ・ターンON現象とは　**217**
　　　　セルフ・ターンONを細かく観測すると　**218**
　　　　セルフ・ターンON現象の原因　**221**
　　　　セルフ・ターンON現象への対策…ゲート直列抵抗r_gの低い素子を選ぶ　**221**
　　　　セルフ・ターンON現象との遭遇を避けるには　**223**

Appendix　降圧コンバータにおけるMOSFETのスイッチング動作 ── 224
　　　　Column（7）　絶縁型・高速駆動用ドライバIC　**227**

第6章　MOSFETによる同期整流回路の設計 ── 230

6-1　同期整流回路とは ── 230
　　　　低電圧・大電流出力時に有効な降圧回路　**230**
　　　　ダイオードの順方向電圧降下による損失を抑える　**231**
　　　　同期整流を使った降圧コンバータの動作　**233**
　　　　還流ダイオードにSBDを配置する効果　**234**
　　　　実際の同期整流型降圧コンバータの例　**236**

6-2　同期整流回路の損失を解析すると ── 237
　　　　ハイ・サイドには高速MOSFET，ロー・サイドに低$R_{DS(on)}$のMOSFETを　**237**
　　　　同期整流のスイッチング損失を解析すると　**239**
　　　　同期整流器による2V・20A出力DC-DCコンバータの損失分析　**242**

	ゲート駆動回路の損失　243	
	同期整流回路に適したMOSFETは　243	
6-3	**同期整流回路の構成と応用** ——— 244	
	2次側同期整流のための駆動回路はどうするか　244	
	アクティブ・クランプ型フォワード・コンバータでは自己駆動　246	
	実用的な電圧検出型の同期整流回路　247	
	倍電流同期整流回路への応用　250	
	可逆コンバータへの応用　250	
	Column(8)　同期整流器の制御ICは発展途上　253	

第7章　ノイズ対策に役立つスナバ回路の設計　———　254

7-1	**サージ・ノイズの発生とスナバの役割** ——— 254	
	インダクティブ負荷スイッチングの常備品…スナバ回路　254	
	スイッチング電源におけるスナバ回路は　255	
	サージの振動を抑えるダンパ…CRスナバ　256	
	サージを抑えるクランプ型スナバ…ダイオード・スナバ　257	
	エネルギーを回収するスナバ　258	
7-2	**実用コンバータにおけるスナバの設計** ——— 260	
	RCCやフライバック・コンバータにおけるスナバ　260	
	CRスナバの定数を決めるには　260	
	擬似共振コンバータのスナバ回路は　262	
	ダイオードD_dがないときのサージ電圧V_{DSp}　263	
	ダイオードD_dがあると　264	
	R_dを求めるには…RCCにもフライバック・コンバータにも使える　265	
7-3	**ダイオード・スナバには低速リカバリ・ダイオードが効果的** ——— 265	
	ダイオード・スナバ…サージは抑制するが　265	
	スナバの配置でサージのループ面積が異なる　266	
	ダイオードのリカバリ特性によるサージの違いを調べてみると　267	
	リカバリ特性の遅いダイオードが有利　267	
	フォワード・コンバータでも効果的　269	
	ダイオード・スナバ動作を詳しく追ってみると　270	
	出力電圧が高く，トランス結合度の良いフォワード・コンバータのとき　272	

参考・引用文献　———　273

索引　———　274

スイッチング電源 [2] 要素技術のマスター

プロローグ
スイッチング電源の動作確認

はじめにスイッチング電源の基本となる，非絶縁型DC-DCコンバータの動作を確認しましょう．スイッチング電源回路の主要ポイントを理解することが目的です．

降圧コンバータの動作

図1に，非絶縁DC-DCコンバータIC IR3637SPBF（インフィニオン社）による実験回路を示します．DC5〜12V入力から3.3V出力を得ているので，**降圧コンバータ**と呼ばれています．IC内部はデータシートには図2に示すような機能ブロック図

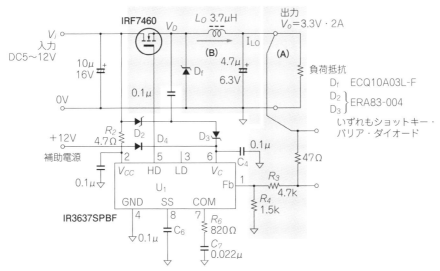

[図1] 実験した降圧コンバータ回路（V_o = 3.3V・2A）
IR3637 SPBFは本来は同期整流降圧コンバータICである．本実験では非同期整流用として使用している

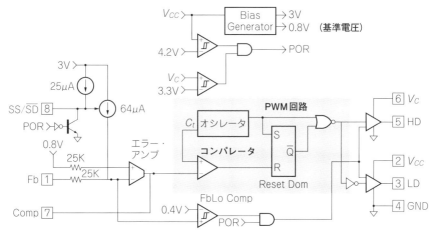

[図2][(1)] IR3637SPBFの機能ブロック図

が示されています．

　図1において(B)部分が降圧コンバータのメイン回路です．コンバータICからの駆動信号HDによって，外付けNch MOSFETがスイッチングしています．このMOSFETは一般にメイン・スイッチと呼ばれます．

肝はPWM…パルス幅変調回路

　メイン・スイッチのスイッチング制御を行うのは，コンバータICに組み込まれたPWM(Pulse width modulation：パルス幅変調)を含んだ回路です．エラー・アンプで入力Fb端に加わる直流レベルの負帰還信号と基準電圧0.8Vの差分が増幅され，コンパレータでスイッチング周期$T(=1/f)$を決めるオシレータ(発振回路)の信号と比較され，パルス幅比…デューティ比を出力する構成になっています．オシレータはデフォルトで約400kHz(typ)が設定されています．かなり高速です．

　図3に，オシレータに三角波を使用したときのPWM回路の基本的な動作を示します．電圧コンパレータは(−)入力端…V_tと(+)入力端V_{fb}の電圧を比較し，$V_t < V_{fb}$のときは"H"出力，$V_t > V_{fb}$のときは"L"出力となり，ドライバを介してスイッチを駆動します．

　制御回路の中のエラー・アンプは，出力電圧V_oを安定化するためのOPアンプによる負帰還回路です．出力電圧を抵抗分割したV_{of}と，安定な基準電圧V_{ref}とを比

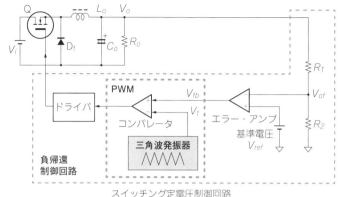

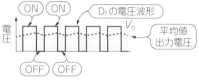

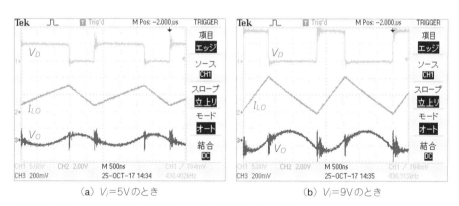

[図3] 降圧コンバータにおける定電圧制御のしくみ
電圧制御の典型としてPWM（デューティ比）制御を示しているが，主スイッチのON時間あるいはOFF時間を一定とし，周波数を制御する例などもある

(a) $V_i=5V$のとき　　　　　(b) $V_i=9V$のとき

[写真1] 図1の実験回路におけるスイッチング波形　出力3.3V・1A
波形V_DはGND（0V）とMOSFETドレイン間電圧．入力V_iの変動によって，電圧およびスイッチングのデューティ比が変化していることがわかる．I_{Lo}はインダクタL_oの電流を電流プローブで測定したもの．V_oは出力電圧波形…リプル電圧が見える

較し，その差分を負帰還信号V_{fb}としてPWM回路に送出しています．負帰還回路では，一般に負帰還を安定させるための位相補償回路が必要で，このICでもCompピンに補償回路($R_6 + C_7$)を付けるようになっています．

写真1に，図1の実験回路における動作波形を示します．負荷は定格3.3V・1Aに相当する抵抗負荷にしてあります．入力電圧V_iを変動させても，出力電圧V_oは3.3Vを維持しています．

単純化したモデル回路でスイッチング動作を考える

図1，図2はICを使用した実験回路の例でした．スイッチング電源の回路では，回路動作がわからなかったら制御回路部分は切り離して，スイッチ動作に注目したモデル(トポロジー)を使うと，回路動作の理解や解析がやりやすくなります．

図4に降圧コンバータの基本回路と動作波形を示します．基本回路の主スイッチはNch MOSFETになっています．駆動のための回路は示してません．MOSFETは単なるスイッチとして表示しています．MOSFETはゲート(G)-ソース(S)間にスイッチ駆動電圧V_{GS}を加えるので，この信号をG_qとして示しています．負帰還回路，PWM回路も示してません．

降圧コンバータは入力電圧V_iよりも低い電圧V_oを出力します．高周波スイッチ(MOSFET)によってV_iのON/OFFを繰り返すことによって，ダイオードD_fの両端に矩形波電圧V_{df}を作っています．このV_{df}をLCフィルタ(L_oとC_oで構成されているロー・パス・フィルタ)を通すことで，高周波のスイッチング周波数成分をカットし，矩形波の平均値である直流分だけを取り出して，出力電圧V_oを得ています．

図(b)はMOSFETがONしている期間(1)とOFFしている期間(2)に分けて，電流経路の違いを示しています．図(c)が全体の動作波形です．

期間(1)でゲート信号G_qが加わりMOSFETがONすると，入力電圧V_iがインダクタL_oと平滑コンデンサC_oに加わります．出力電圧はV_oなので，L_oには($V_i - V_o$)が加わります．つまりインダクタL_oでは($V_i - V_o$)による励磁によって流れる電流I_{LO}が増加し，C_oと負荷R_oにエネルギーを供給するとともに，L_oにエネルギーを蓄積します．期間(1)は主スイッチへのゲート電圧V_{GS}が0になってMOSFETはOFFになり，終了します．

期間(2)では，MOSFETがOFFするとL_oを流れる電流I_{LO}は同じ方向に流れ続けようとするため，この期間の電流はダイオードD_fを通って流れます．D_fは電流を還流させる働きをするので，**還流ダイオード**(freewheel diode：フリーホイー

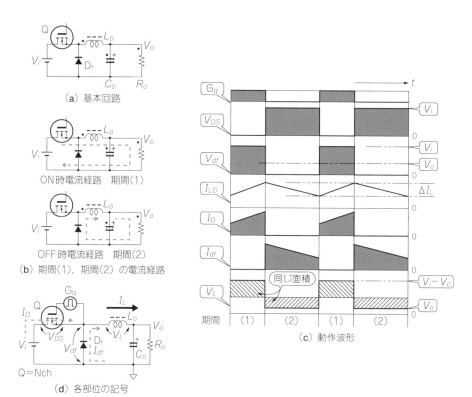

[図4] 降圧コンバータの動作
スイッチング電源の動作を解析するにはスイッチ動作に注目した回路を使ったほうが理解が早まる．
主スイッチQのゲート…PWM駆動は動作波形のG_qによって与えている

ル・ダイオード）とも呼ばれます．

　インダクタL_oに溜まっていたエネルギーはD_fを通って出力V_oとして放出されながら，電流I_{Lo}は減少します．そして，再びゲート信号G_qが入力されるとMOSFETはONになって，期間（2）は終了です．期間（1）に戻り，動作を繰り返します．

　そして期間（1），期間（2）を繰り返す定常状態では，インダクタL_oの電流増加分と減少分は等しくなります．期間（1）でL_oのエネルギーが増加し，期間（2）ではL_oのエネルギーを出力に放出する動作を繰り返します．

　ここまでに登場した三つの部品…MOSFET，インダクタ，還流ダイオードがスイッチング電源を構成するもっとも重要な要素ともいえます．

写真1では，インダクタL_oの電流波形を示していますが，電流波形I_{Lo}が，図4(c)の動作波形と同じになっていることがわかります．

電圧安定化はPWMによる負帰還

入力電圧変動や負荷変動などに対して出力電圧V_oを一定に保つには，降圧コンバータの場合は図3に示したような負帰還（NFB：Negative feedback）回路を追加します．出力電圧V_oを抵抗で分圧した電圧V_{of}と基準電圧V_{ref}を比較し，差電圧（$V_{of} - V_{ref}$）をエラー・アンプで増幅します．そして結果が「＋」だったら出力電圧V_oを下げるよう，「－」だったらV_oを上げるように制御するのです．

具体的にはエラー・アンプ出力V_{fb}を，電圧コンパレータで三角波V_tと比較します．これがパルス幅変調…PWM（Pulse Width Modulation）動作になります．$V_t > V_{fb}$のときはコンパレータ出力はL，主スイッチQはOFF．逆に$V_t < V_{fb}$のときは出力がH，主スイッチがONとなるわけです．

こうしてPWMによるデューティ比（時比率）D_Rによって，主スイッチをON/OFF駆動します．そしてダイオードD_f両端の矩形波電圧V_{df}の平均値が目標の出

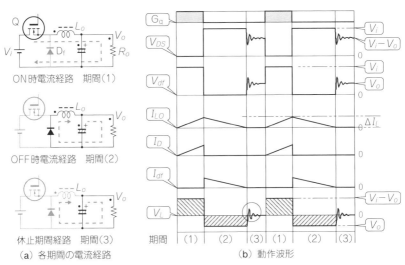

(a) 各期間の電流経路　　　　　　(b) 動作波形

[図5] 降圧コンバータにおいて負荷が軽いときの現象
スイッチング電源では軽負荷のとき，インダクタを流れる電流が不連続になる現象にたびたび出会う．負帰還の作用によって出力電圧は一定である

力電圧になるよう制御することで，直流出力電圧V_oを安定化・調整するわけです．V_oを検出し，電圧が高かったら下げるように，低かったら上げるように負帰還によって誤差電圧以内に抑えるよう調整します．

降圧コンバータ…軽負荷時の現象

　図5に示すのは，構成は図4と同じですが，出力に接続した負荷抵抗R_oを高い値，すなわち軽負荷にしたときの動作波形です．インダクタL_oを流れる電流I_{Lo}が期間(2)の後半で0に到達し，I_{Lo}が流れなくなっています．すると，そのタイミングで主スイッチQのドレイン電圧波形V_{DS}は自由振動波になっています．

　このような状態をインダクタの**電流不連続モード**(Discontinuous conduction mode：DCM)と呼んでいます．

　一方，図4(c)に示した通常動作の波形では，インダクタを流れる電流I_{Lo}は期間(1)，期間(2)を通して連続しています．**電流連続モード**(Continuous conduction mode/Continuus current mode：CCM)と呼んでいます．出力電流の大きさによって，インダクタを流れる電流I_{Lo}が連続的になるとき[図4(c)]と，連続的にならないとき(図5)があることを覚えておいてください．

　写真2に示すのは図1の実験回路において，負荷を軽くしたときの各部波形です．図5と似た動作波形になっていることがうかがえます．この電流不連続モードは，L_oを大きくすれば電流連続モードにすることができます．

● 降圧コンバータ…電流連続モードの動作を解析すると
　一般に降圧コンバータでは，図4(c)に示した動作波形からわかるように，イン

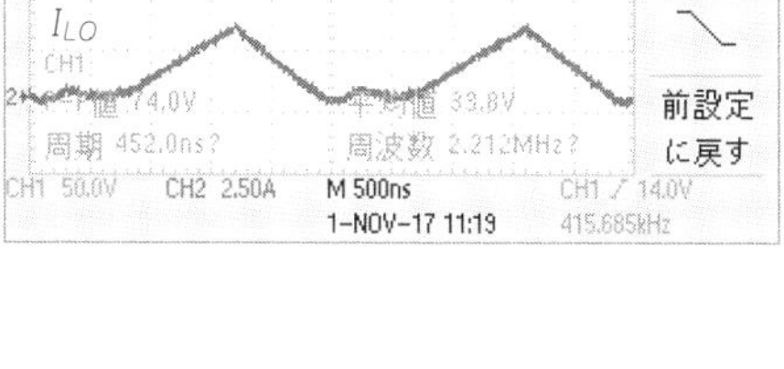

[写真2] 軽負荷時の動作波形
(V_i＝5V，出力0.1A)
インダクタに流れる電流I_{Lo}を見ると，電流が連続してない．V_D波形はOFFのとき振動している

降圧コンバータ…軽負荷時の現象 | 017

ダクタに加わる電圧 V_L の斜線部分の面積は ± で同じです（電圧時間積等価法則）．
ですから，

V_i：入力電圧，V_o：出力電圧，
f：スイッチング周波数，T：スイッチング周期（= $1/f$）
D_R：デューティ比（時比率）…1周期のなかでMOSFETがONしている割合
I_i：入力平均電流，I_o：出力平均電流
V_{DSp}：サージ電圧を除くMOSFETドレイン-ソース間ピーク電圧
I_{Dp}：サージ電流を除くMOSFETドレインのピーク電流
ΔI_L：インダクタ電流の変化分，R_o：負荷抵抗，t_{on}：ON時間（$t_{on} = D_R \times T$）

とすると，

$$(V_i - V_o) \times D_R = V_o \times (1 - D_R)$$

これより出力電圧 V_o は，

$$V_o = V_i \times D_R$$

つまり，スイッチングのデューティ比 D_R は，

$$D_R = \frac{V_o}{V_i} \quad\cdots\cdots\cdots\cdots\cdots\cdots\cdots\cdots\cdots\cdots\cdots\cdots\cdots\cdots\cdots\cdots\cdots\cdots\cdots\cdots\cdots\cdots\cdots\cdots\cdots\cdots\cdots (1)$$

入力の平均電流 I_i は，入力電力と出力電力が同じことから，

$$I_i = I_o \times D_R$$

インダクタを流れる電流変化分 ΔI_L は，MOSFETがONしている期間（1）のデューティ比 D_R から計算すると，

$$V = L_o \cdot \frac{d_i}{d_t} \text{より，}$$

$$\Delta I_{Lo} = \frac{(V_i - V_o) \cdot D_R}{L_o \cdot f} \quad\cdots\cdots\cdots\cdots\cdots\cdots\cdots\cdots\cdots\cdots\cdots\cdots\cdots\cdots\cdots\cdots\cdots\cdots\cdots (2)$$

同様に ΔI_L を，MOSFETがOFFしている期間（2）のデューティ比 $(1 - D_R)$ から計算すると，

$$\Delta I_{Lo} = \frac{V_o \cdot (1 - D_R)}{L_o \cdot f}$$

この二つの式からも，

$$V_o = V_i \times D_R$$

が導き出されます．

MOSFETのドレイン・ピーク電流 I_{Dp} は，平均出力電流 I_o にリプル電流 ΔI_L の + 半分が加算されたものなので，

$$I_{Dp} = I_o + \frac{\Delta I_{Lo}}{2} = I_o + \frac{(V_i - V_o) \cdot D_R}{2 \cdot L_o \cdot f}$$

MOSFETのピーク電圧 V_{DSp} は，電源電圧 V_i なので，

$$V_{DSp} = V_i$$

です．

● 降圧コンバータ…電流不連続モードの動作を解析すると

ダイオード D_f が導通しているときのデューティ比を D_{Rw} とすると，同様に，

$$(V_i - V_o) \times D_R = V_o \times D_{Rw}$$

となり途中計算は略しますが，ピーク電流を I_p とすると，

$$I_p = \frac{V_i - V_o}{L_o} \cdot \frac{D_R}{f} = \frac{V_o}{L_o} \cdot \frac{D_{Rw}}{f} = \frac{2I_o}{D_R + D_{Rw}}$$

より，出力電流 I_o によって出力電圧が変わり，

$$V_o = \frac{V_i}{\dfrac{2 \cdot L_o \cdot f \cdot I_o}{D_R^2 \cdot V_i} + 1}$$

となります．

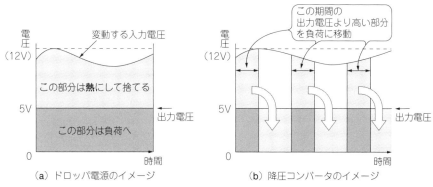

(a) ドロッパ電源のイメージ　　(b) 降圧コンバータのイメージ

[図6] スイッチング電源の最大メリットは電力変換の効率アップ

● **スイッチング電源の最大メリットは電力変換の効率アップ**

　電子機器の電源回路としてスイッチング電源を使用する最大の理由は，電源回路における電圧変換および電圧安定化において生じる電力損失を如何に小さく抑えるかにあります．

　たとえばDC12V±5VからDC5V出力(5A)を得たいとき，従来(非スイッチング)のドロッパ電源を使用すると，**図6**に示すように最大60Wの電力損失…発熱処理…放熱が必要になります．しかし，スイッチング電源方式を使用するとその損失を大幅に小さくすることができます．スイッチング電源が重要視される最大の理由は，この電力損失を小さくすることです．

スイッチング電源[2] 要素技術のマスター

第1章
スイッチング電源 回路技術のあらまし

> スイッチング電源は，
> コイル(トランス)とコンデンサとスイッチング素子との組み合わせ回路です．
> 直流高電圧を高周波スイッチングして高周波交流エネルギーに変換し，
> トランス絶縁を行い，2次側から直流エネルギーを効率良く得るための技術です．

1-1　絶縁型コンバータ 回路のあらまし

● 本書(シリーズ)で紹介するスイッチング電源

　基本的なスイッチング電源の動作を学ぶ目的で，プロローグで非絶縁の降圧コンバータの実験を行いましたが，本書(シリーズ)で紹介する基本的なスイッチング電源の構成を，あらためて図1-1に示します．

　スイッチング電源＝(1次側安全回路＋整流・平滑回路)＋絶縁型DC-DCコンバータというわけです．(1次側安全回路＋整流・平滑回路)の設計については，「スイッチング電源[1]AC入力1次側の設計」で詳述しました．

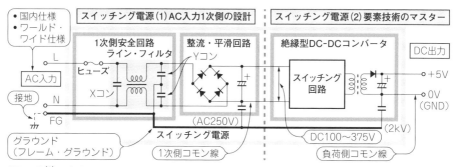

[図1-1]⁽²⁾　**本書で紹介するスイッチング電源の構成**
本書では整流・平滑回路後の絶縁型DC-DCコンバータを構成する要素技術をわかりやすく紹介する

[表1-1] 利用されている代表的な絶縁型(矩形波)DC-DCコンバータ
ここではよく利用されている主要形式だけを示した．共振型は含めていない

名　称	スイッチ数	電圧・電流の関係	容量／特徴（注：容量はAC入力用）
RCC（リンギング・チョーク・コンバータ）図1-3	1	$V_p/V_i = 1.4 \sim 3$ $I_p/I_i = 3 \sim 10$ 効率あまり良くない	・150W以下(主に30W以下)，小電力で多く使用 ・自励発振，部品数少なく安価 ・スイッチ素子ピーク電流大
フライバック・コンバータ 図1-6	1	$V_p/V_i = 1.3 \sim 2.5$ $I_p/I_i = 2.4 \sim 7.5$ 効率あまり良くない	・30〜250W，専用IC多い ・スイッチ素子ピーク電流大 ・回路簡単，部品数少
フォワード・コンバータ 図1-8	1	$V_p/V_i = 1.4 \sim 2.5$ $I_p/I_i = 2.2 \sim 5.2$ 効率比較的良好	・50〜600W ・高周波化が可能 ・中電力では多く使用
2トランス・フォワード・コンバータ 図1-9	1	$V_p/V_i = 1.4 \sim 2.5$ $I_p/I_i = 2.2 \sim 5.2$	・50〜450W ・あまり使われてない
2石フォワード・コンバータ 図1-11	2	$V_p/V_i = 1.0 \sim 1.2$ $I_p/I_i = 2.2 \sim 5.2$	・200〜1000W ・高入力電圧・大出力 ・デューティ比50%以下
プッシュプル・コンバータ 図1-12	2	$V_p/V_i = 2.5 \sim 3$ $I_p/I_i = 1.1 \sim 2.8$	・200〜500W ・低入力電圧・大出力 ・自動車用DC-DC
インターリーブ・フォワード・コンバータ 図1-13	2	$V_p/V_i = 1.4 \sim 2.5$ $I_p/I_i = 1.1 \sim 2.8$	・300〜1kW ・トランス2個，偏磁なし ・フォワード・コンバータ2倍の電力
昇圧プッシュプル・コンバータ 図1-14	2	$V_p/V_i = 2.5 \sim 8$ $I_p/I_i = 1.2 \sim 3$	・200〜500W，低入力電圧・大出力 ・デューティ比50%以上 ・プッシュプルの逆向き，あまり使われてない
ハーフ・ブリッジ・コンバータ 図1-15	2	$V_p/V_i = 1.0 \sim 1.2$ $I_p/I_i = 2.2 \sim 5.2$	・100〜1kW ・高入力電圧・低出力電圧 ・よく使用されている
ハーフ・ブリッジ倍電流整流コンバータ 図1-16	2	$V_p/V_i = 1 \sim 2$ $I_p/I_i = 2.2 \sim 5.2$	・100〜600W ・0.5ターン相当の出力が得られる ・低圧・大電流のときだけ使われる
2トランス・ハーフ・ブリッジ・コンバータ 図1-17	2	$V_p/V_i = 1.0 \sim 1.2$ $I_p/I_i = 2.2 \sim 5.2$	・100〜1kW ・トランスとインダクタに同じものが兼用 ・ほとんど使用されてない
フル・ブリッジ・コンバータ 図1-18	4	$V_p/V_i = 1.0 \sim 1.2$ $I_p/I_i = 1.1 \sim 2.6$	・500〜2kW，高入力電圧・大電力出力 ・直流偏磁が生じる ・ハーフ・ブリッジの2倍の出力
位相シフト・フル・ブリッジ・コンバータ 図1-19	4	$V_p/V_i = 1.0 \sim 1.2$ $I_p/I_i = 1.1 \sim 2.6$	・500〜3kW，高入力電圧・大電力出力 ・スイッチ素子50%弱のデューティ比駆動 ・共振型を含めてkW級ではもっとも多く使用

(注) V_p/V_i：パワー・スイッチに加わるピーク電圧／入力直流電圧
　　I_p/I_i：パワー・スイッチを流れるピーク電圧／入力平均電流

本書の第1章以降が，スイッチング電源のメインといえる絶縁型DC-DCコンバータを設計するための要素技術です．

　絶縁型DC-DCコンバータは，非絶縁型コンバータを発展させたものですが，出力容量の大きさ，変換効率，発生ノイズの大きさ，実現コストなどによってさまざまな回路方式が提案されています．**表1-1**に基本的な絶縁型DC-DCコンバータ…絶縁型矩形波コンバータの主なものを示します．本章では回路方式の概略のみを示します．多様な方式があることをご覧ください．

● 非絶縁コンバータから絶縁コンバータへの発展

　プロローグで示した降圧コンバータは，非絶縁タイプです．絶縁型DC-DCコンバータには**表1-1**で示したように多くの回路方式が提案されていますが，**図1-2**のように反転コンバータの構成を少しずつ発展させると考えやすくなるのではないでしょうか．頭の体操として考えてみてください．

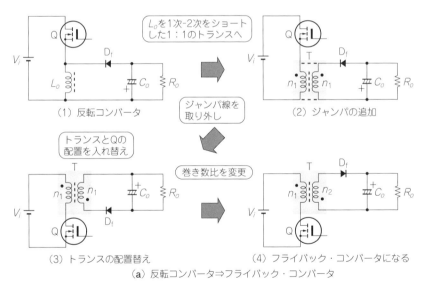

(a) 反転コンバータ⇒フライバック・コンバータ

[図1-2] 非絶縁コンバータを絶縁コンバータへ発展させる

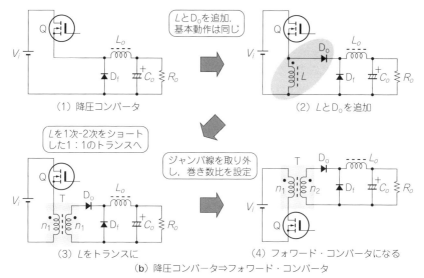

(b) 降圧コンバータ⇒フォワード・コンバータ

[図1-2] 非絶縁コンバータを絶縁コンバータへ発展させる(つづき)

1-2　小容量に適した1石の絶縁コンバータ

● トランジスタ1石…もっとも簡単な構成のRCC方式

図1-3に示すのは，従来から広く使用されているRCC(Ringing Choke Converter)と呼ばれている基本回路です．150W以下の小容量コンバータに使用され，とくに30W以下では多く使用されていました．

RCC方式は，(バイポーラ)トランジスタを使った構成がすっきりします．トランジスタ1個という，とても簡単な回路です．これだけで起動も定電圧制御(1次側検出)も過電流保護も含まれていて，絶縁型コンバータを実現することができます．発振回路らしい部分はありません．自励発振型です[*1]．周波数は20k〜150kHz程度です．トランスのリンギング…振動(実際は減衰振動)によってトランジスタのベースが駆動され発振を維持するので，**リンギング・チョーク・コンバータ**と呼ばれています．

(*1) 特許公報 S52-04523〜04525 [出願人：サンケン電気(株)]

● **RCC方式の起動から自励発振まで**

図1-3に示したRCC方式の動作波形を図1-4に示します．

電源が投入され，起動抵抗R_1から1mA程度の起動電流I_SがトランジスタTrのベースに流れると，Trのもつ電流増幅率によってh_{fe}倍された数十mAのコレクタ電流I_Cが流れます．すると，コレクタに接続されたトランス巻き線n_1に起電圧V_{CE}が生じ，その電圧の巻き数比倍でベース巻き線n_3に電圧が誘起されます．この

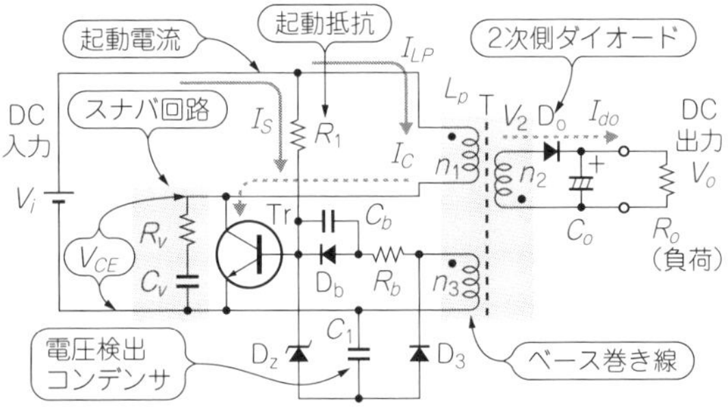

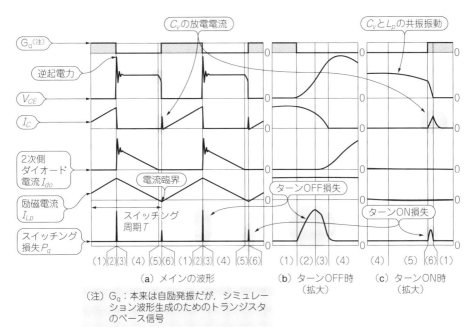

[図1-3]
RCC方式の基本回路
モデル回路ではなく実際に近い回路．トランジスタ1石で自励発振，電圧安定度も実用十分なレベルを維持できる優れた回路

(a) メインの波形　　(b) ターンOFF時（拡大）　　(c) ターンON時（拡大）

(注) G_q：本来は自励発振だが，シミュレーション波形生成のためのトランジスタのベース信号

[図1-4] RCC方式（図1-3）の各部動作波形
トランスのインダクタンスを流れる励磁電流I_{Lp}が電流臨界モードになっている

電圧はTrのベース電流を増やす方向に誘起されるので正帰還となって，Trは一気にONになります．ここからが図1-4における期間(1)です．

　TrがONすると，トランス(1次側)励磁インダクタンスL_pによって，Trのコレクタ電流I_Cは時間とともに増加します．このときトランス負荷側…2次側巻き線n_2は1次側巻き線n_1とは逆向きに巻き線してあるので，負電圧が現れます．よって2次側ダイオードD_oはOFFのままです．期間(1)にトランスを流れる電流は，エネルギーとしてトランスに保持されることになります．

　しかし，Trのベース電流I_Bは一定でコレクタ電流I_Cだけが増えることになると，
$$I_C \leq h_{fe} \times I_B$$
ですから，Trの電流増幅率h_{fe}が不足するポイントが出てきます．ON状態を維持できなくなり，するとTrのV_{CE}が増加して，トランス巻き線n_1の電圧は下がります．ベース巻き線n_3の電圧も下がって，ベース電流も減少してTrは再び正帰還によってTrは急速にターンOFFします．TrがターンOFFすると，期間(1)に溜めこんだエネルギーによってトランスには逆起電力が発生します．TrのV_{CE}はこの逆起電力によって上昇します．これが期間(2)です．

　トランスの逆起電力は，2次側巻き線n_2の電圧極性が変わって2次側ダイオードD_oが導通するまで上昇します．期間(2)と(3)です．そして，トランスの溜めこんだエネルギーがD_oを通して2次側で放出されることで，負荷側に電力が供給されます．ここからが期間(4)です．

　D_oが導通して負荷側にエネルギーが供給され始めると，トランスに溜めこまれたエネルギーは減少します．D_oを流れる電流I_{do}も時間と共に減少します．トランスのエネルギーのすべてがなくなるとD_oを流れる電流は0，つまりD_oはOFFになります．

　この2次側ダイオードD_oがOFFになったときが期間(5)ですが，このときトランスのもつインダクタンスL_pとコンデンサ(C_vなど)とで共振を生じます．そしてTrのコレクタ電圧V_{CE}が低下すると，トランスのベース巻き線n_3の電圧が上昇し始めます．このベース巻き線の電圧上昇で再びTrのベース電流が流れ始め，正帰還になっているのでトランジスタは急速にONに移ります[期間(6)]．しかし，V_{CE}はまだ下がっていないので，Trのコレクタ電流I_CはコンデンサC_vを放電して，コレクタ電圧V_{CE}を下げるために流れます．V_{CE}が下がりきってコレクタにトランスの励磁電流が流れると，次の期間(1)に移り，スタートに戻って，自励発振を繰り返します．

　出力電圧V_oは，トランスの巻き線比をN，スイッチング周期をT，スイッチン

グのデューティ比をD_Rとすると，

$$V_o = N \cdot V_i \cdot \frac{D_R}{1-D_R} \quad\cdots\cdots(1\text{-}1)$$

平均入力電流I_iは，

$$I_i = N \cdot I_o \cdot \frac{D_R}{1-D_R}$$

トランスの励磁インダクタL_pの電流変化分ΔI_{Lp}（1次側換算）は，ピーク電流（I_p）と同じになり，

$$I_p = \Delta I_{Lp} = V_i \cdot \frac{D_R \cdot T}{L_p} \quad\cdots\cdots(1\text{-}2)$$

励磁インダクタL_pの値は，出力電力をP_oとすると，

$$L_p = \frac{V_i \cdot D_R}{\Delta I_{Lp} \cdot f} = \frac{V_i \cdot D_R^2}{2 \cdot I_i \cdot f} = \frac{V_i^2 \cdot D_R^2}{2 \cdot P_o \cdot f} \quad\cdots\cdots(1\text{-}3)$$

で求められます．

RCC方式では，トランスを流れる励磁電流I_{Lp}が負荷の大きさに伴って変化します．そして，I_{Lp}はどのような大きさの負荷であっても，ぎりぎり電流0の状態まで下降し，それから電流が上昇します．ぎりぎり連続状態になっているのが特徴です．**電流臨界モード**（CRitical current mode/CRitical conductive mode：**CRM**）と呼んでいます．したがって，負荷が重くなるとピーク電流が大きくなって周波数が下がります．つまり，発振周波数は負荷の重さに逆比例します．

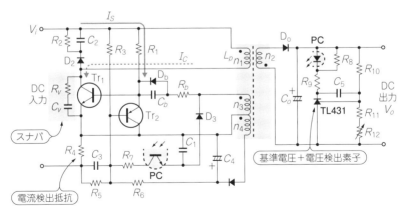

［図1-5］2次側出力からフィードバックを施したRCC方式の回路例
2次側からフォト・カプラで負帰還を行うと電圧安定度をさらに高めることができる

部品は少し増えますが，図1-5に示すようにトランスの2次側で出力電圧を検出して1次側にフィードバックするしくみ…出力電圧を高精度に安定化させる回路を加えると，しっかりした安定化電源になります．スイッチング電源制御用ICがなかった時代には他にくらべて抜群に少ない部品数で構成でき，トランジスタの全盛時代から小型のACアダプタなどに多用されていました．特別な発振回路をもたず，主スイッチ…トランジスタを含めたループが正帰還になって発振する方式を自励型といいますが，RCC回路はその典型です．

● 小容量コンバータに多用されるフライバック・コンバータ

　フライバック・コンバータ(Fly-back converter)は30〜250W程度の単出力，多出力電源用途に多く使われています．これより小さい容量ではRCC方式が使われます．

　図1-6にフライバック・コンバータの基本回路と各部の動作波形を示します．図1-2でも示したように，フライバック・コンバータは反転コンバータにトランスを挿入して絶縁したものです．動作も基本的には反転コンバータと同じです．

　フライバック・コンバータは，リバース・コンバータあるいはON/OFFコンバ

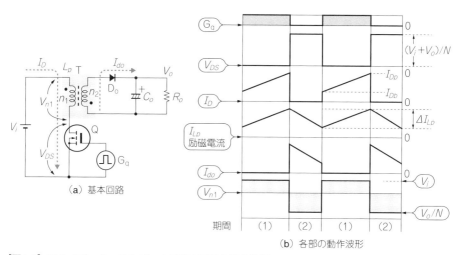

[図1-6] フライバック・コンバータの基本回路と動作波形
基本回路なので，PWM制御回路や負帰還回路，MOSFET駆動回路は含めてない．MOSFETの駆動はシミュレータがG_q信号として与えている

ータとも呼ばれています．メイン回路の動作はRCC方式と同じですが，制御回路が異なります．フライバック・コンバータはふつう周波数固定で使います．トランスの励磁電流I_{Lp}を見ると，定格負荷のときは電流連続モード(CCM)ですが，軽負荷になると電流不連続モード(DCM)になることを知っておく必要があります．

　出力電圧V_oは，**図**(b)に示したトランスの1次側巻き線電圧V_{n1}の電圧時間積が上下で等しいと置くと，V_oはRCC方式と同じで，

$$V_o = N \cdot V_i \cdot \frac{D_R}{1-D_R} \quad \cdots\cdots\cdots\cdots\cdots\cdots\cdots\cdots\cdots\cdots\cdots\cdots\cdots\cdots \quad (1\text{-}1)$$

ただし，トランス巻き線の巻き数比$N = n_2/n_1$

平均入力電流I_iは，

$$I_i = N \cdot I_o \cdot \frac{D_R}{1-D_R}$$

トランスの励磁インダクタンスL_pの励磁電流の変化分ΔI_{Lp}(1次側換算)も，RCC方式と同じです．スイッチング周期をTとすると，

$$\Delta I_{Lp} = \frac{V_i \cdot D_R \cdot T}{L_p} \quad \cdots\cdots\cdots\cdots\cdots\cdots\cdots\cdots\cdots\cdots\cdots\cdots\cdots\cdots \quad (1\text{-}2)$$

MOSFET QのONしている期間の平均電流I_{Da}は，

$$I_{Da} = \frac{N \cdot I_o}{1-D_R}$$

MOSFETのピーク電流I_{Dp}は，

$$I_{Dp} = I_{Da} + \frac{\Delta I_{Lp}}{2} = \frac{N \cdot I_o}{1-D_R} + \frac{V_i \cdot D_R \cdot T}{2 \cdot L_p}$$

MOSFETがONしているときのボトム電流I_{Db}は，

$$I_{Db} = I_{Da} - \frac{\Delta I_{Lp}}{2} = \frac{N \cdot I_o}{1-D_R} - \frac{V_i \cdot D_R \cdot T}{2 \cdot L_p}$$

MOSFETに加わるピーク電圧V_{DSp}は，

$$V_{DSp} = V_i + \frac{V_o}{N}$$

　そして，フライバック・コンバータでは負荷が軽いとき，トランスのインダクタンスL_pが電流不連続モードになるので，電流不連続モードにならない臨界点を確認しておきます(臨界動作点)．
　フライバック・コンバータが電流臨界モードで動作するための，トランスの励磁インダクタンスL_pの条件は，MOSFETがONしているときのボトム電流I_{Db}が0の

ときですから,

$$\frac{N \cdot I_o}{1 - D_R} = \frac{V_i \cdot D_R \cdot T}{2 \cdot L_p} \quad \cdots\cdots\cdots\cdots\cdots\cdots\cdots\cdots\cdots\cdots\cdots\cdots\cdots\cdots\cdots\cdots\cdots\cdots\cdots\cdots\cdots (1\text{-}4)$$

となります.臨界動作点は,スイッチング周期T,デューティ比D_R,インダクタンスL_pの関数であることがわかります.

　フライバック・コンバータでは,後述のフォワード・コンバータなどに比べるとトランスの漏れインダクタンスによるサージ電圧も大きくなり,効率も少し悪くなります.しかし,コストは低くできます.トランスの漏れインダクタンスをできるだけ小さくするために,巻き線はサンドイッチ巻きやダブル・サンドイッチ巻きが使われます.

　出力側整流ダイオードは,電流が流れている間にMOSFETがONするので,逆回復…リカバリ時間の短い素子…**FRD**(Fast recovery diode)や**SBD**(Schottky barrier diode)を使う必要があります.

　後述するフォワード・コンバータと比べると,同じ出力電圧ではトランスの2次巻き数が少ないので結合があまり良くありません.結果,漏れインダクタンスが大きくなるのでスイッチング損失が大きくなり,周波数はあまり上げられません.

　トランス巻き線電圧のピーク電圧が出力電圧になるので,フォワード・コンバータに比べると出力電圧が高いとき有利です.

● 多出力化しやすいRCC/フライバック・コンバータ

　回路図を描いている段階では気づかないかもしれませんが,実際にトランス仕様書を描きだすと,巻き線に伴うボビンのピン数が気になります.フライバック・コンバータでは1次側で2ピン,2次側では出力1回路あたりで2ピン使用します.

　しかし,もし2次側出力の片側を**図1-7**(b)に示すようにグラウンド(COM)共通にできるなら,出力2回路めからは1ピンだけの増加で済むことになります.このような構成ができるのはRCCとフライバック・コンバータだけです.

[図1-7]
多出力化しやすいRCC/フライバック・コンバータのトランス

(a) 1出力:2ピン

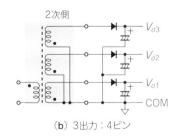
(b) 3出力:4ピン

Column (1)
フライバック・コンバータ 三つの仲間

● トランスにエネルギーを溜めるコンバータ

フライバック・コンバータには三つの仲間があります(図1-A).
① フライバック・コンバータ(Flyback Converter：FBC)
② リンギング・チョーク・コンバータ(Ringing Choke Converter：RCC)
③ 擬似共振コンバータ(Quasi Resonant Converter：QRC)

この三つのコンバータは，いずれもトランスの励磁インダクタンスにエネルギーを溜める絶縁型コンバータの名称です．フライバックという名称は，ブラウン管時代のテレビ走査線の輝点が，左から右に向いそれから左側に戻る**帰線**(flyback)のことでした．このための高圧電源を発生させる回路をフライバック・コンバータと呼び，現在はメイン・スイッチQ(トランジスタやMOSFET)がONしたときトランスにエネルギーを蓄積し，OFFしたとき溜まっていたトランスのエネルギーを2次側に放出するコンバータを「フライバック・コンバータ」(FBC)と呼んでいます．

● 励磁電流には三つのモードがある

ここでFBCのトランス励磁電流を考えると，励磁電流には流れ方によって，
- **電流連続モード**(Continuous Conduction Mode：CCM)
- **電流不連続モード**(Discontinuous Conduction Mode：DCM)
- **電流臨界モード**(CRitical conduction Mode：CRM)

という三つの状態が生じます(図1-B)．このうち電流臨界モードCRMを使うのが，RCC…リンギング・チョーク・コンバータとQRC…擬似共振コンバータです．

FBCのスイッチングは固定周波数で使うことが一般的です．固定周波数だと負

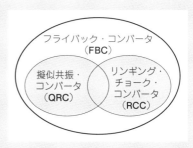

[図1-A] フライバック・コンバータの仲間
③の擬似共振コンバータは矩形波コンバータには分類しないので，先の表1-1には加えてない

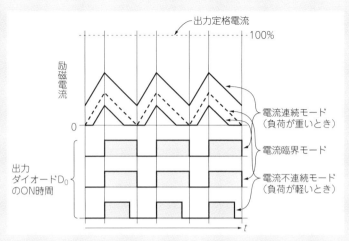

[図1-B] トランス励磁電流の流れ方には三つのモードがある

荷が重いときはトランス励磁電流は連続しているので電流連続モードCCM，しかし負荷が軽くなると断続するので電流不連続モードDCMで動作します．FBCにはスイッチングの**ON(時間)幅一定**の周波数制御，**OFF(時間)幅一定**の周波数制御，ピーク電流検出のOFF(時間)幅一定制御，ピーク電流検出の固定周波数の制御などもありますが，いずれも軽負荷になるとCCMからDCMに移ります．

● RCCとQRCのトランスは電流臨界モード(CRM)

RCCとQRCのトランスはつねに電流臨界モードCRMで動作します．出力ダイオードD_0の電流が0…(D_0：OFF)になってから，メイン・スイッチQがONするように回路が組まれており，トランスはつねにCRM動作です．また，RCCではD_0の電流が0(D_0：OFF)になったときトランスがリンギングを生じますが，このリンギングを利用してメイン・スイッチQをONにします．結果，自励発振になっています．

一方，QRCはD_0の電流が0になって，メイン・スイッチQの電圧が下がってきて振動が**ボトム**(谷)になったとき，QをONします．つまり，RCCではQをONするタイミングに振動のリンギングを利用しますが，QRCではQをONするタイミングを，もっとも効率の良いポイント…ボトムを選ぶよう管理しています．このQをONするボトム・タイミングを管理するぶんQRCの制御は複雑になっていますが，効率が良くなり，制御ICがそれを解決しました．

トランジスタ(BJT)の時代には，このボトム・タイミングを得ることが難しく実用化に時間がかかりました．一方，RCCとQRCはCRMで動作しているので，負荷が重くなると周波数が下がり，負荷が軽くなると周波数が高くなります．負荷の大きさに反比例して周波数が変化します．つまり，入出力電圧が変わらなければ負荷の大きさによって1次側巻き線電流や2次側巻き線電流はつねに同じ形の三角波の相似形電流が流れています．

実際の回路では，(制御ICを除けば)QRCとRCCは同じような構成になります．スイッチQと並列に**電圧共振コンデンサC_r**が追加され，D_0がOFFした後，トランスの励磁インダクタンスL_pと共振期間があり，このLC共振でC_rのエネルギーをかなり回収します．つまりQRCは，RCCに比べると高効率を達成しています．しかもQと並列に接続したC_rで電圧共振を構成しているので，QのターンOFF損失を減らしています．よって，QRCはRCCの改良型とも考えられますが，リンギング動作になっていないので別ものともいえます．電圧共振に関しては，**1-6節**で紹介します．

● ターンOFF損失とターンON損失

FBCは全負荷のときCCMで使われるので，RCCやQRCに比べると同じ出力電力だとスイッチのピーク電流が小さくできます．

ターンOFF損失について考えると，トランスの漏れインダクタンスが同じだとすると，RCCのほうがFBCよりターンOFF損失が大きくなってしまいます．QRCではこの点が改善されています．並列に電圧共振用コンデンサC_rが接続されるので，電圧共振のターンOFFになり，ターンOFF損失は非常に小さくなります．

ターンON損失について考えると，FBCでは負荷が重いときはCCM動作です．よってD_0に電流が流れているときターンONするのでダイオードのリカバリ時間(t_{rr})が遅いと，t_{rr}期間のD_0はOFFできないので大きな損失とノイズが発生がします．D_0にはt_{rr}の短いダイオード，あるいはSBDを使う必要があります．

一方，RCCとQRCはCRMで動作します．したがって，D_0の電流が0になりOFFしてからQがターンONするので，ダイオードのリカバリ問題は生じません．損失もノイズも発生しにくいです．しかし，RCCではCRスナバを放電するときCのエネルギーはRで消費され損失になります．CRスナバの損失はフライバック・コンバータも同じです．QRCでC_rだけが並列に接続されていて抵抗が入らないので，ターンONするときのC_rのエネルギーはQの損失になってしまいます．

● QRCは低待機（スタンバイ）電力用途のあるコンバータに向いている

図1-Cに擬似共振コンバータ QRCの基本回路を示します．共振コンデンサC_rを除けばRCCとほとんど同じです．

擬似共振コンバータは，じつはテレビなどリモコンで電源操作を行う民生機器の低待機電力を要求される電源に適しています．ほかの電圧共振コンバータでは，エネルギーを回収しながらスイッチング周波数を下げることはなかなかできません．**電流共振コンバータ**は超軽負荷になると負荷に反比例して周波数が数Hz以下まで下がり，QRCよりも高効率を達成することができますが，スイッチング周波数が可聴周波数を通って音が聞こえることがあるので，テレビなどの民生機器では使われません．

図1-Dに，QRC回路においてスイッチQをターンONするときの動作タイミングを示します．スイッチQは両端電圧V_{DS}が低くなった電圧ボトムのタイミングでターンONしますが，ボトムになるのは，(a)に示すように共振コンデンサC_rのエネルギーが回収され終わったタイミングです．巻き線n_1の電流I_{n1}が－に流れている期間(4)は，コンバータからエネルギーを電源V_iへ回収している期間です．QRCはこのエネルギーを回収できるので，効率が高くできるのです．

しかし2番目のボトムでONしている(b)や(c)で見ると，その後振動しますが，エネルギーを出して戻しています．このため2番目，3番目のボトムでONしていることはエネルギーが再び戻った後の効率が良いポイントでターンONしています．つまり，ボトム・スキップすることで待機時の損失を増やさず，図1-Eに示すように発振周波数を下げることができるのです．周波数が下がったぶん損失が減り，効率アップします．待機時電力はもっとも小さくなり，効率の良いコンバータを実現することができます．

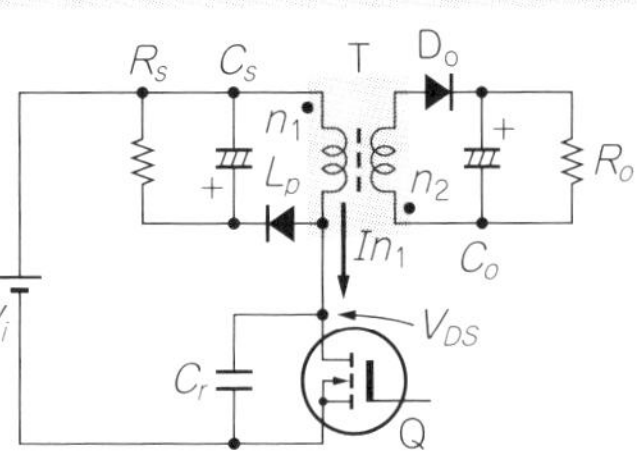

[図1-C] 擬似共振コンバータの基本回路
スイッチングの基本回路はC_rを除くとFBCとほとんど同じになる

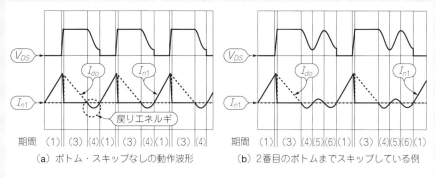

(a) ボトム・スキップなしの動作波形

(b) 2番目のボトムまでスキップしている例

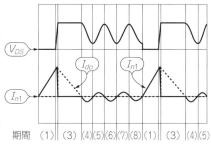

(c) 3番目のボトムまでスキップしている例

[図1-D] 擬似共振コンバータにおけるボトム・スキップ動作のタイミング
ボトム・スキップ動作は制御ICが担うので，複雑な構成になっても構わない

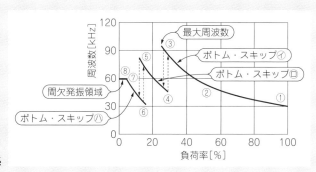

[図1-E]
負荷率と変換周波数の関係

1-3 中容量をカバーするフォワード・コンバータ

● 中容量(〜500Wくらい)まで利用されているフォワード・コンバータ

図1-8にフォワード・コンバータ(Forward converter)の基本回路と各部の動作波形を示します.フォワード・コンバータは,回路が比較的簡単で中容量から大容量まで幅広く使われています.

図1-2でも示したように,降圧コンバータにトランスを挿入して絶縁したものです.ですから,基本は降圧コンバータと同じ動作です.ただし,トランスが入ったことから,MOSFETがOFFしたとき逆起電力が生じます.そのため,PWMにおけるデューティ比を100%まで広げることができません.

図1-8における出力電圧V_oは,

$$V_o = N \cdot V_i \cdot D_R \quad \cdots\cdots\cdots\cdots\cdots\cdots\cdots\cdots\cdots\cdots\cdots\cdots\cdots\cdots\cdots (1\text{-}5)$$

ただし,巻き数比:$N = n_2/n_1$

平均入力電流I_iは,

$$I_i = N \cdot I_o \cdot D_R$$

出力側インダクタL_oの励磁電流変化分ΔI_L(2次側換算)は,

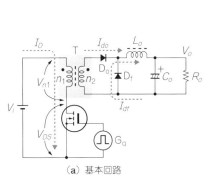

(a) 基本回路

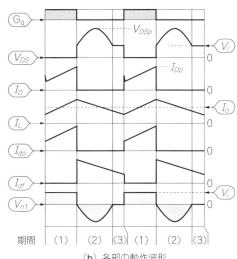

(b) 各部の動作波形

[図1-8] フォワード・コンバータの基本回路と動作波形
基本回路では示してないが実際の構成においては,トランスの飽和と逆起電力によるMOSFETの耐電圧を考慮する必要がある

$$\Delta I_L = (N \cdot V_i - V_o) \cdot \frac{D_R \cdot T}{L_o} \quad \cdots\cdots\cdots\cdots\cdots\cdots\cdots\cdots\cdots\cdots\cdots\cdots\cdots\cdots\cdots\cdots \quad (1\text{-}6)$$

MOSFETのピーク電流I_{Dp}は，

$$I_{Dp} = N \cdot \left(I_o + \frac{\Delta I_L}{2}\right) = N \cdot \left(I_o + (N \cdot V_i - V_o) \cdot \frac{D_R \cdot T}{2 \cdot L_o}\right)$$

MOSFETに加わるピーク電圧V_{DSp}は，

$$V_{DSp} \geq V_i + V_i \cdot \frac{D_R}{1 - D_R} = \frac{V_i}{1 - D_R} = \frac{N \cdot V_i^2}{N \cdot V_i - V_o}$$

MOSFETのピーク電圧V_{DSp}は降圧コンバータとは異なり，スイッチング時のトランスの逆起電力が加わります．この逆起電力の大きさは，トランスとMOSFETを過電圧から保護するための**スナバ回路**で決まります．逆起電力は，アクティブ・クランプと呼ばれるスナバを付けたときが最も低くなります．そこでMOSFETのドレイン・ピーク電圧V_{DSp}は上の式で示したような値になり，他のスナバではこれ以上の値になります．

インダクタL_oが電流臨界モードになるときの条件は，

$$I_o = \frac{\Delta I_L}{2} = \frac{N \cdot V_i - V_o}{2} \cdot \frac{D_R}{L_o \cdot f} = \frac{(N \cdot V_i - V_o) \cdot V_o}{N \cdot V_i} \cdot \frac{1}{2 \cdot L_o \cdot f} \quad \cdots\cdots \quad (1\text{-}7)$$

図1-8に示した期間(3)は，トランスの励磁電圧が0になっている期間です．トランスはここではじめて励磁がリセットされます．フォワード・コンバータでは，このリセット期間(3)が必ず出るよう，すなわち入力が変動しても負荷が変動しても，期間(3)が生じるよう制御回路を構成します．この期間(3)がないとトランスの飽和が生じます．そのためにも，デューティ比はおよそ$D_R = 0.5$以下で制御できるように設計します．

それでも期間(3)が出ないときは，トランスの励磁インダクタンスを小さくして，共振周波数を上げて対処します．とはいえ，あまり小さくするとMOSFETの耐圧が上がってしまいます．出力側整流ダイオードD_oには，逆回復時間の短いFRDを使います．

フォワード・コンバータは，低電圧出力で，50～600Wの容量で使われます．同じ出力電圧でフライバック・コンバータに比べると，トランスの2次側巻き数が多くなって結合が良くなるので，スイッチング損失が少なく，発振周波数も高くすることができます．トランスの2次側巻き数が同じだと，出力電圧が低いので低電圧出力のとき有利になります．

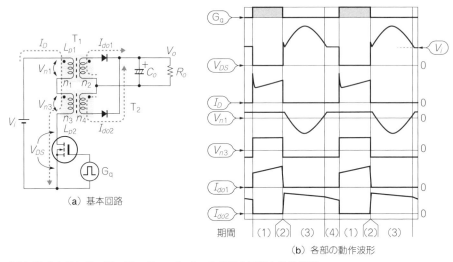

[図1-9] 2トランス・フォワード・コンバータの基本回路と動作波形
出力側インダクタを1次側に移動し，トランスと同等のコアを使用することで全体としての合理性を追求した回路といえる

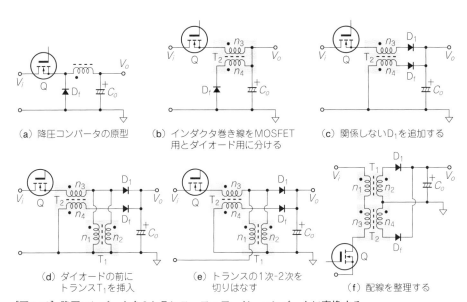

[図1-10] 降圧コンバータを2トランス・フォワード・コンバータに変換する

● 2トランス・フォワード・コンバータ

このコンバータは，フォワード・コンバータの変形と考えられます．2トランス・フォワード・コンバータの基本回路と動作波形を図1-9に示します．

トランスT_1がフォワード・コンバータのトランスに当たります．インダクタンスL_{p1}は大きな値，トランスT_2のL_{p2}はフォワード・コンバータの平滑インダクタにあたります．そのためT_1の励磁電流は少なく，T_2の励磁電流は大きくなって，直流バイアスがかかっています．

図1-10に示すのは，スイッチング電源回路の基本形である非絶縁型降圧コンバータを，2トランス・フォワード・コンバータに変換していくプロセスを示したものです．頭の体操として確認してみてください．

1-4　中・大容量には2石以上の絶縁コンバータ

● 出力を強化した2石フォワード・コンバータ

図1-11に2石フォワード・コンバータの基本回路と動作波形を示します．ダブル・エンド・フォワード・コンバータとも呼ばれています．

この2石フォワード・コンバータは入力電圧が高く，大容量出力を得たいとき使

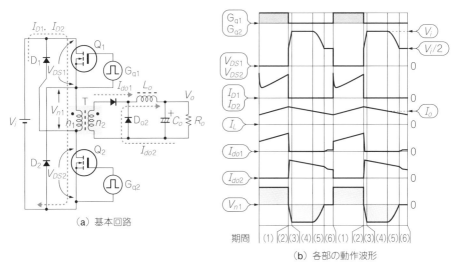

[図1-11] 2石フォワード・コンバータの基本回路と動作波形
基本のフォワード・コンバータと同等．入力電圧が高く，大きな出力を得たいときは有利になる

われます．前述のフォワード・コンバータのMOSFETをハイ・サイド，ロー・サイド両側に入れたもので，二つのMOSFETが同時にON/OFFします．動作は基本的にフォワード・コンバータと同じです．ただし，スイッチングのデューティ比D_RはダイオードD_1，D_2があるので50%までしか広げられません．

出力電圧V_oは，

$$V_o = N \cdot V_i \cdot D_R$$

平均入力電流I_iは，

$$I_i = N \cdot I_o \cdot D_R$$

インダクタL_oの電流変化分ΔI_Lは，

$$\Delta I_L = (N \cdot V_i - V_o) \cdot \frac{D_R \cdot T}{L_o} \quad \cdots\cdots\cdots\cdots\cdots\cdots\cdots\cdots\cdots\cdots\cdots\cdots\cdots\cdots\cdots\cdots\cdots\cdots \text{(1-8)}$$

MOSFETのピーク電流I_{Dp}は，

$$I_{Dp} = N \cdot \left(I_o + \frac{\Delta I_L}{2}\right) = N \cdot \left(I_o + (N \cdot V_i - V_o) \cdot \frac{D_R \cdot T}{2L_o}\right) \quad \cdots\cdots\cdots \text{(1-9)}$$

MOSFETに加わるピーク電圧V_{DSp}は，

$$V_{DSp} = V_i$$

ダイオードD_1，D_2があるので，二つのMOSFET Q_1，Q_2のドレイン電圧は入力電圧V_iでクランプされます．つまり最大電圧は入力電圧V_iになります．D_1，D_2がないともっと高い電圧がかかります．フォワード・コンバータのときと同じように，トランスをリセットするために，必ず期間(6)を作る必要があります．

● **入力電圧が低いときはプッシュプル・コンバータ**

プッシュプル・コンバータ(Push-pull converter)は，入力電圧が比較的低い場合の中容量から大容量コンバータに使用されています．**図1-12**にプッシュプル・コンバータの基本回路と動作波形を示します．二つのMOSFET Q_1，Q_2はデッド・タイム[期間(2)，期間(4)]を挟んで交互にON/OFFし，同じデューティ比でPWM制御を行います．

デューティ比をD_R，周期をT，全体に対するQ_1，Q_2の個々の導通期間の割合を$D_R \leq 0.5$以下とすると，出力電圧V_oは，

$$V_o = N \cdot V_i \cdot 2 \cdot D_R$$

平均入力電流I_iは，

$$I_i = N \cdot I_o \cdot 2 \cdot D_R$$

2次側インダクタL_oの電流変化分ΔI_Lは，

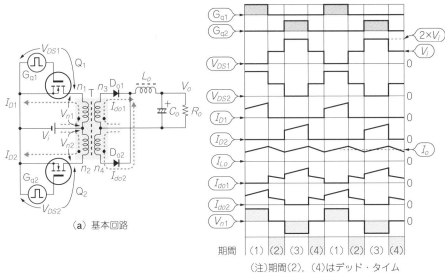

(a) 基本回路
(b) 各部の動作波形
(注)期間(2),(4)はデッド・タイム

[図1-12] プッシュプル・コンバータの基本回路と動作波形
トランスはセンタ・タップ型．MOSFET Q_1とQ_2はデッド・タイム期間(2),期間(4)を挟んで同じデューティ比でスイッチングする．低電圧・大出力に適している

$$\Delta I_L = (N \cdot V_i - V_o) \cdot \frac{D_R \cdot T}{L_o} \quad \cdots\cdots (1\text{-}8)$$

MOSFETのピーク電流I_{Dp}は，

$$I_{Dp} = N \cdot \left(I_o + \frac{\Delta I_L}{2}\right) = N \cdot \left(I_o + (N \cdot V_i - V_o) \cdot \frac{D_R \cdot T}{2 \cdot L_o}\right) \quad \cdots\cdots (1\text{-}9)$$

MOSFETのピーク電圧V_{DSp}は，

$$V_{DSp} = 2 \cdot V_i$$

インダクタL_oが電流臨界モードになる条件は，

$$I_o = \frac{\Delta I_L}{2} = (N \cdot V_i - V_o) \cdot \frac{D_R \cdot T}{2 \cdot L_o} = \frac{(N \cdot V_i - V_o) \cdot V_o}{N \cdot V_i} \cdot \frac{T}{4L_o} \quad \cdots\cdots (1\text{-}10)$$

なお，トランスにおけるn_1とn_2の結合が悪いとMOSFETドレインにサージ電圧が生じます．またQ_1とQ_2の駆動デューティ比がアンバランスになると，トランスに**直流偏磁**が生じます．結果，効率が下がり，場合によってはトランスの飽和が起き，MOSFETが破損することがあります．

直流偏磁への対策としては，トランスのギャップを大きくして見かけのアンバランスを少なくしたり，大電力ではドレイン電流を検出して，PWM制御においてデューティ比を修正できるようにします．同じ2石タイプでも，次に述べるフォワード・コンバータを二つ合わせたようなインターリーブ・フォワード型にすると偏磁問題はなくなります．

　プッシュプル・コンバータは低圧入力電圧で低圧出力の大電力で使われます．商用AC電源入力のスイッチング電源に使用されるケースは少なく，バッテリ入力DC-DCコンバータなどの用途が多いようです．

● 出力リプルの小さいインターリーブ・フォワード・コンバータ

　インターリーブ・フォワード・コンバータはダブル・フォワード・コンバータとも呼ばれています．図1-13に示すように，フォワード・コンバータを2回路並列にし，駆動位相を180°ずらしたものです．結果，出力側のLCフィルタが共用でき，周波数が2倍になり，リプル電圧も少なくなっています．

　図1-12に示したプッシュプル・コンバータとも似たような動作になります．し

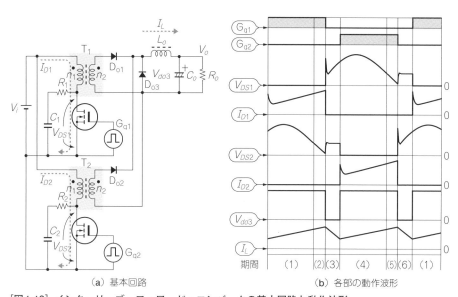

(a) 基本回路　　　　　　　　　　　(b) 各部の動作波形

[図1-13] インターリーブ・フォワード・コンバータの基本回路と動作波形
基本のフォワード・コンバータを2回路並列にしたような構成．ただし，スイッチングの位相が重ならないようにMOSFET駆動を制御している…インターリーブ操作

かし，ドレイン電圧の波形が少し異なります．フォワード・コンバータの並列接続では期間(2)と期間(5)のドレイン電圧が電源電圧で止まり，期間(3)と期間(6)が同じ電源電圧になります．しかし，インターリーブ・フォワード・コンバータでは電源電圧以下になります．期間(3)～期間(5)のドレイン電圧波形は，トランスの励磁インダクタンスとCRスナバの容量で決まります．期間(2)，期間(5)は，このLC積とスイッチング周波数で幅が決まります．

LC積を小さくすると共振周波数が高くなるので，期間(3)，期間(4)が短くなります．そして期間(5)が長くなり，さらに長くなるとドレイン電圧が0まで下がり，そこで止まります．するとトランスのB-H曲線が第1象限の高いほうに移動するので，トランスが飽和しやすくなります．

プッシュプル・コンバータではトランスは1個です．しかし，二つのMOSFETのデューティ比D_Rがばらつくと，トランスの偏磁が生じます．インターリーブ・フォワード・コンバータでは，二つのMOSFETのD_Rが多少異なってもトランスが別なので，それぞれのコンバータが勝手に動作し，飽和の問題は起きません．

● 低入力電圧でも大出力…昇圧プッシュプル・コンバータ

図1-14に，昇圧プッシュプル・コンバータの基本回路とその動作波形を示しま

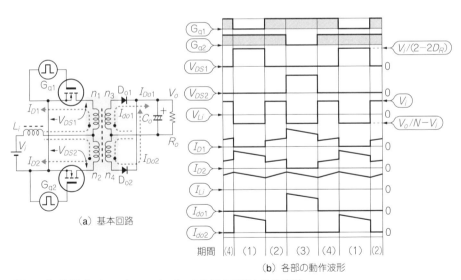

[図1-14] 昇圧プッシュプル・コンバータの基本回路と動作波形
基本回路では図1-12のプッシュプル・コンバータと部品数も同じで似ているが，動作はかなり異なる

す．先のプッシュプル・コンバータ(図1-12)の出力インダクタL_oを電源入力側に移動しただけの構成に見えますが，スイッチングのタイミングが異なります．先のコンバータに昇圧機能をもたせた回路です．入力電圧が低いときに使われます．

動作はQ_1，Q_2両方がONしている期間(2)と期間(4)があります．このとき入力側インダクタL_iにエネルギーを蓄えます．片方のMOSFETがONしている期間(1)と期間(3)は，L_iに蓄えられたエネルギーと電源からのエネルギーを2次側に送ります．これをQ_1，Q_2で交互にON/OFFさせ，交流に変換してトランスを通し，負荷にエネルギーを送ります．Q_1，Q_2がともにOFFしている期間はありません．

デューティ比D_Rが0.5以上で，2石が同時にONして入力電圧をL_iで短絡するようになるので，2石が同時にONしているデューティ比は$(2D_R - 1)$になります．よって出力電圧は，

$$V_o = \frac{N \cdot V_i}{(2 - 2D_R)} \quad \cdots\cdots\cdots\cdots\cdots\cdots\cdots\cdots\cdots\cdots\cdots\cdots\cdots\cdots\cdots\cdots\cdots\cdots (1\text{-}11)$$

となります．

トランス1次巻き線/2次巻き線の結合が悪いとMOSFETにサージ電圧が出ます．2次側を同期整流にすることで，可逆コンバータとしても使用されています．

● 入力電圧が高いとき…ハーフ・ブリッジ・コンバータ

ハーフ・ブリッジ・コンバータはプッシュプル・コンバータと比べると，入力電圧が高いときに使用されます．数百～1kWクラスの中・大容量で，フル・ブリッジ・コンバータより小さい出力のときに使われます．

図1-15にハーフ・ブリッジ・コンバータの基本回路と動作波形を示します．直列に接続された二つのMOSFET Q_1，Q_2は大幅に変化するデッド・タイム[期間(2)，期間(4)]を挟んで交互にON/OFFし，同じデューティ比でPWM制御を行います．トランスとはコンデンサC_iによって接続されているのが特徴です．出力電圧V_oは，

$$V_o = N \cdot V_i \cdot D_R$$

平均入力電流I_iは，

$$I_i = N \cdot I_o \cdot D_R$$

2次側インダクタL_oの電流変化分ΔI_Lは，

$$\Delta I_L = \left(\frac{N \cdot Vi}{2} - V_o \right) \cdot \frac{D_R \cdot T}{L_o} \quad \cdots\cdots\cdots\cdots\cdots\cdots\cdots\cdots\cdots\cdots\cdots\cdots (1\text{-}12)$$

MOSFETのピーク電流I_{Dp}は，

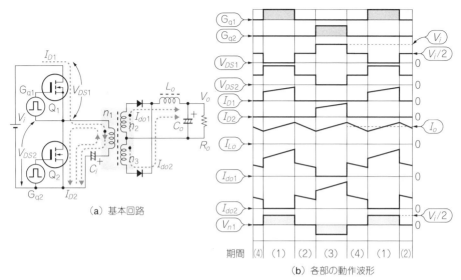

[図1-15]　ハーフ・ブリッジ・コンバータの基本回路と動作波形
デッド・タイムとなる期間(2)，期間(4)を挟んで，コンデンサC_iに蓄積した電荷を充放電する動作である．
2次側はトランス・センタ・タップによる整流

$$I_{Dp} = N \cdot \left(I_o + \frac{\Delta I_L}{2}\right) = N \cdot \left(I_o + \left(\frac{N \cdot V_i}{2} - V_o\right) \cdot \frac{D_R \cdot T}{2 \cdot L_o}\right) \quad \cdots\cdots (1\text{-}13)$$

MOSFETのピーク電圧V_{DSp}は，

$$V_{DSp} = V_i$$

2次側インダクタL_oが電流臨界モードになる条件は，

$$I_o = \frac{\Delta I_L}{2} = \left(\frac{N \cdot V_i}{2} - V_O\right) \cdot \frac{D_R \cdot T}{2 \cdot L_o} \quad \cdots\cdots\cdots\cdots (1\text{-}14)$$

もしQ_1とQ_2のMOSFET駆動のデューティ比がばらつくとトランスに直流偏磁が生じますが，トランスは直列にコンデンサが接続されているので大きな問題にはなりません．

● 巻き線0.5ターンを実現するハーフ・ブリッジ倍電流整流コンバータ

一般に低電圧・大電流出力のときは，例えば図1-12に示したようにトランスによるセンタ・タップ整流を行います．しかし，さらに大電力になったり低電圧にな

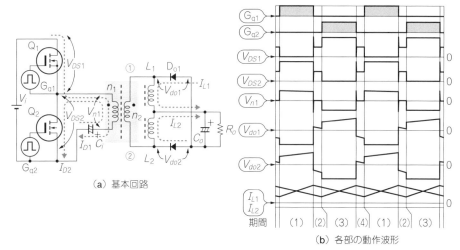

[図1-16] ハーフ・ブリッジ倍電流整流コンバータの基本回路と動作波形
出力電圧V_oが例えば3.0Vなどと低いときは，2次側整流ダイオードD_{o1}あるいはD_{o2}の順方向電圧降下の損失が無視できない．MOSFETによる同期整流回路と呼ばれる回路が利用されている（第6章参照）．

った場合，あるいはトランス巻き数の計算結果で1ターン以下を実現しなければならないときは，どうすればよいでしょうか．物理的に巻き線の1ターン未満は実現できません．そのようなとき，図1-16に示す倍電流整流回路があります．

倍電流整流回路は，1ターンでセンタ・タップ0.5ターンに相当する電圧と電流を出力します．トランスの2次巻き線n_2の電流がインダクタL_1とインダクタL_2を通して負荷に流れ，n_2の2倍の電流が負荷電流として流れます．

負荷に2次側巻き線の2倍の直流電流が流れる理由は次のとおりです．

図1-16(b)に示すような波形が出ているとき，期間(2)ではQ_2がONし，巻き線n_2に生じた起電圧は，期間(1)でn_2巻き線①側が＋のときは，$n_2$①→L_1→C_o＋→R_o→C_o－→D_{o2}→$n_2$②へ流れます．同時にL_2の電流は，L_2→C_o＋→R_o→C_o－→D_{o2}→L_2と流れます．

期間(3)のn_2巻き線②側が＋のときは，$n_2$②→L_2→C_o＋→R_o→C_o－→D_{o2}→$n_2$①へ流れます．同時にL_1の電流は，L_1→C_o＋→R_o→C_o－D_{o1}→L_1と流れます．

また，期間(2)，期間(4)のn_2巻き線電圧が0のとき，L_1，L_2の電流は，L_2→C_o＋→R_o→C_o－→D_{o2}→L_2，L_1の電流は，L_1→C_o＋→R_o→C_o－→D_{o1}→L_1と流れます．

すなわちL_1とL_2の電流は図(b)の波形のように常に流れているので，加算されて出力電流になります．負荷にはトランス巻き線n_2に流れる2倍の電流が流れると

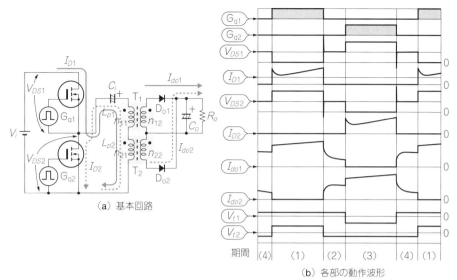

[図1-17] 2トランス・ハーフ・ブリッジ・コンバータの基本回路と動作波形
図1-15に示したハーフ・ブリッジ・コンバータに比べると，トランスとインダクタが同じものを使用できるのが大きな特徴

いう訳です．

　低電圧・大電流に使われるので，整流にはダイオードの代わりにMOSFETによる同期整流器も使われます．この倍電流整流器の考えは，他のプッシュプル型コンバータ[*2]の出力整流器でも置き換えることができます．ぜひ工夫してみてください．

● 同じトランスを使用する2トランス・ハーフ・ブリッジ・コンバータ
　図1-17に示すように，ハーフ・ブリッジ・コンバータのチョーク・コイルをトランスと同じように1次側にもってきたものを2トランス・ハーフ・ブリッジ・コンバータと呼んでいます．
　期間(1)でMOSFET Q_1 がONしたときは，二つのトランスとも上側に(+)電圧が加わります．そのときトランス T_1 では2次側ダイオードが導通し，出力されると共に，出力電圧がかかっています．一方，トランス T_2 ではダイオード D_{o2} が導通しない方向なので，T_2 の励磁インダクタンスにエネルギーが蓄えられます．

(*2) ハーフ・ブリッジ，フル・ブリッジ，センタ・タップ，昇圧センタ・タップ，2トランス・ハーフ・ブリッジなど

期間(2)ではQ₁もQ₂もOFFしているので，二つのトランスとも励磁電流がダイオードD_{o1}，D_{o2}を通して出力されます．

期間(3)ではQ₂がONし，コンデンサC_iの電圧が二つのトランスに出力されます．ここで二つのトランスとも下側に(＋)の電圧が加わり，トランスT_2では2次側ダイオードが導通し，出力され，T_2はトランスの励磁インダクタンスに蓄まっていたエネルギーを吐き出しています．

期間(4)はQ₁，Q₂ともOFFしているので，二つのトランスとも励磁電流がダイオードD_{o1}，D_{o2}を通して出力されます．

動作は以上の繰り返しです．どちらのトランスも励磁インダクタンスにエネルギーを蓄める動作があるので，普通のハーフ・ブリッジ・コンバータのインダクタとトランスの役割を，トランスT_1，T_2が交互に果たしています．

このコンバータでは，二つのトランスが同じものを使えるというメリットが出てきます．

● 大出力にはPWM制御フル・ブリッジ・コンバータ

ハーフ・ブリッジを倍にした感じのフル・ブリッジ・コンバータは，入力電圧が比較的高く，出力も大きい大電力用に使用されます．**図1-18**にフル・ブリッジ・コンバータの基本回路と各部の動作波形を示します．

MOSFETのハーフ・ブリッジ2組で2アームを作り，ロー・サイド・スイッチとハイ・サイド・スイッチをデッド・タイムをはさんで交互にON/OFFし，PWM制御を行います．ON時のデューティ比をD_Rとすると，デューティ比は0.5未満の範囲で可変され，出力電圧V_oは，

$$V_o = N \cdot V_i \cdot 2 \cdot D_R$$

平均入力電流I_iは，

$$I_i = N \cdot I_o \cdot 2 \cdot D_R$$

インダクタL_oの電流変化分ΔI_L(2次換算)は，

$$\Delta I_L = (N \cdot V_i - V_o) \cdot \frac{D_R \cdot T}{L_o} \quad \cdots\cdots (1\text{-}15)$$

MOSFETのピーク電流I_{Dp}は，

$$I_{Dp} = N \cdot \left(I_o + \frac{\Delta I_L}{2}\right) = N \cdot \left(I_o + (N \cdot V_i - V_o) \cdot \frac{D_R \cdot T}{2 \cdot L_o}\right) \quad \cdots\cdots (1\text{-}16)$$

MOSFETのピーク電圧V_{DSp}は，

$$V_{DSp} = V_i$$

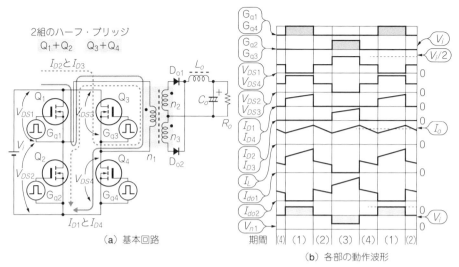

[図1-18] フル・ブリッジ・コンバータの基本回路と動作波形
大出力コンバータの典型的な構成であるが，実用においては次に示す位相シフト・フル・ブリッジ・コンバータを使用することが増えている

インダクタ L_o の電流が臨界モードとなる条件は，

$$I_o = \frac{\Delta I_L}{2} = (N \cdot V_i - V_O) \cdot \frac{D_R}{2 \cdot L_o \cdot f} \quad \cdots\cdots (1\text{-}17)$$

MOSFET（Q_1，Q_4）の組とMOSFET（Q_2，Q_3）の組で，MOSFETをONしている時間がばらつくとトランスでは直流偏磁が生じます．結果，効率の低下や磁気飽和が起き，場合によってはMOSFETの破損につながります．対策としては1次電流を検出し，デューティ比 D_R を修正したり，トランスにコンデンサを直列に接続し，直流分をカットするなどを行います．

● 位相シフト・フル・ブリッジ・コンバータ

図1-19に示すのは位相制御コンバータあるいは位相シフト・フル・ブリッジ・コンバータと呼ばれている方式です．位相制御コンバータはMOSFETによるハーフ・ブリッジ2組で2アームを作り，ロー・サイド・スイッチとハイ・サイド・スイッチを短いデッド・タイムを挟んで約50％弱のデューティ比で交互にON/OFFを行います．そして，二つのアーム間位相を動かす（図ではAアームの位相は固定で，Bアームの位相を動かす）ことによって出力電圧 V_o を可変しています．

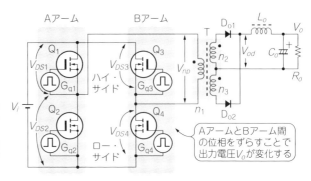

[図1-19] 位相シフト・フル・ブリッジ・コンバータの基本回路構成

AとB, 2組のアームで構成している. それぞれのアームのロー・サイド, ハイ・サイド・スイッチを, 短いデッド・タイムをはさんで約50%のデューティ比で交互にON/OFFしている

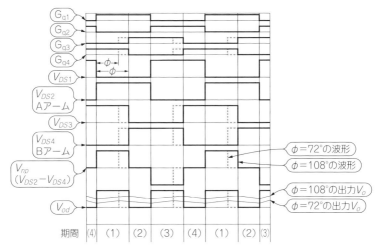

[図1-20] 位相シフト・フル・ブリッジ・コンバータのスイッチング波形

Q_1〜Q_4のMOSFETは常にデューティ比50%弱でON/OFFを繰り返している. 実線の波形はアーム間位相ϕが108°, 破線の波形はϕが72°のとき

図1-20が動作波形です. 出力電圧を高低 二つの状態で示しています. 二つのアームの位相が小さいと出力電圧は下がり, アーム間位相ϕが大きくなるにしたがって出力電圧V_oが上昇します. 位相ϕの値は0〜180°の範囲で出力電圧V_oに比例します.

出力電圧V_oは,

$$V_o = N \cdot V_i \cdot \frac{\phi}{180} \quad \cdots\cdots\cdots\cdots\cdots\cdots\cdots\cdots\cdots\cdots\cdots\cdots\cdots\cdots\cdots\cdots (1\text{-}18)$$

入力電流 I_i は，

$$I_i = N \cdot I_o \cdot \frac{\phi}{180} \quad \cdots\cdots\cdots\cdots\cdots\cdots\cdots\cdots\cdots\cdots\cdots\cdots\cdots\cdots\cdots\cdots\cdots (1\text{-}19)$$

インダクタ L_o の電流変化分 ΔI_{Lo}（2次側換算）は，

$$\Delta I_{Lo} = (N \cdot V_i - V_o) \cdot \frac{T}{L_o} \cdot \frac{\phi}{360} \quad \cdots\cdots\cdots\cdots\cdots\cdots\cdots\cdots\cdots\cdots\cdots (1\text{-}20)$$

MOSFETのドレイン・ピーク電流 I_{DP} は，

$$I_{DP} = N \cdot \left(I_o + \frac{\Delta I_L}{2}\right) = N \cdot \left(I_o + (N \cdot V_i - V_o) \cdot \frac{T}{L_o} \cdot \frac{\phi}{720}\right) \quad \cdots\cdots (1\text{-}21)$$

MOSFETのドレイン・ピーク電圧 V_{DSp} は，

$$V_{DSp} = V_i$$

インダクタ L_o の電流が臨界モードになる条件は，

$$I_o = \frac{\Delta I_L}{2} = (N \cdot V_i - V_o) \cdot \frac{1}{L_o \cdot f} \cdot \frac{\phi}{720} = \frac{(N \cdot V_i - V_o) \cdot V_o}{N \cdot V_i} \cdot \frac{1}{4 \cdot L_o \cdot f}$$

$$\cdots\cdots\cdots\cdots\cdots\cdots\cdots\cdots\cdots\cdots\cdots\cdots\cdots\cdots\cdots\cdots\cdots\cdots\cdots\cdots (1\text{-}22)$$

なお，MOSFET（Q_1，Q_4）の組とMOSFET（Q_2，Q_3）の組でMOSFETがONする時間がばらつくとトランスでは直流偏磁が生じます．結果，効率低下や磁気飽和が生じ，場合によってはMOSFETの破損につながります．対策としては1次側電流を検出してデューティ比 D_R を修正したり，トランスに直列コンデンサを接続して直流分をカットするなどを行います．

1-5 従来型…矩形波コンバータの損失を検討する

● スイッチング電源の進化を振り返る…高周波化への進歩とジレンマ

電源の主流としてスイッチング電源が普及していくなか，電源回路にはつねに小型・高効率・軽量化が要求されています．半導体をはじめとする電子部品は小型・高集積化が年々進んで，同様のことが電源回路にもずっと要求されているということです．

電源メーカ各社は1970年代ごろより，スイッチング電源は，スイッチング周波数を高周波化することによって小型・軽量化が図れることがわかっていたので，変換周波数の高周波化に力を注いでいました．高周波化することによって，電源回路のなかで大きなスペースを占めるコンバータ部の平滑用電解コンデンサとトランス，インダクタなどの巻き線類が，周波数とは逆比例して小さくできるからです（図

Column (2)
矩形波コンバータと共振型コンバータ

　スイッチング電源の基本となるコンバータ方式は，大きくは矩形波コンバータと共振型コンバータに分かれています．スイッチング電源の当初は「矩形波コンバータ」でしたが，その後スイッチング損失の少ない「共振型コンバータ」が開発されました．共振型が登場する以前のコンバータにはとくに呼び名がなかったので，「共振型コンバータ」の登場に対応して，「矩形波コンバータ」とか「非共振コンバータ」とか呼ぶようになりました．

　共振型コンバータは，スイッチングのとき LC 共振を利用することでスイッチング損失およびノイズ発生を減らすもので，矩形波コンバータの改良版と考えることもできます．

　しかし，スイッチング電源の基本はやはり矩形波コンバータです．現在でも矩形波コンバータによるスイッチング電源が多く採用されています．また，矩形波コンバータの技術からしっかり理解しておかないと，共振型コンバータを理解し，設計することはできません．

1-21）．

　ところが現実に高周波化しようとすると，周波数が高くなるにつれ，逆に比例してスイッチング損失は増え，効率が悪くなると共に，放熱器が大きくなってしまいます．小型化のために周波数を上げたいのですが，周波数を上げると効率が悪くなって**小型化が進まないジレンマ**があったのです．

　ドロッパ電源の時代は，電力損失を発生させることによって出力電圧を安定化していたので，原理的に効率が悪いのは当然のことでした．一方，スイッチング電源の損失は使用する半導体スイッチのオン抵抗による**導通損失**と，スイッチの**スイッチング損失**でしたが，ドロッパ電源にくらべるとかなり小さくなりました．それよりも，スイッチをOFFしたときに生じる逆起電力による**サージ電圧**を抑えることのほうに重点がおかれていました．

　当時（1970年ごろ）は，周波数を高くすることによるトランスの損失がボトル・ネックとなって周波数は上げられず，フェライト・コア・トランスを使用するほどの高周波化もできず，スイッチング周波数としては数kHzが限界という状況でした．しかし部品技術がじきに改善され，トランスにフェライト・コアが使われ始め，

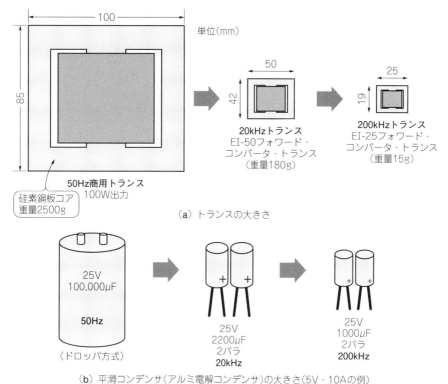

(a) トランスの大きさ

(b) 平滑コンデンサ(アルミ電解コンデンサ)の大きさ(5V・10Aの例)

[図1-21] **高周波化すれば部品が小さくなり小型化が進むはず！**
電源に限らないが，エレクトロニクスではつねに小型化が大きな課題の一つである

スイッチング周波数が可聴周波数以上になってくると，ボトル・ネックはスイッチング損失へと移行してきました．

そして，トランジスタに代わってMOSFETが登場し，スイッチング・スピードが速くなり周波数も高くなりましたが，スイッチング損失がボトルネックであることは変わりませんでした．このスイッチング損失問題の解決策として始まったのが，スイッチング損失を大幅に減らす可能性をもつ**共振型コンバータ**の研究です．

● 抵抗負荷におけるMOSFETのスイッチング損失を考える

ここでスイッチング電源を構成するメイン素子である半導体スイッチ…MOSFETのスイッチング損失が，どのようなしくみで発生しているかを考えてみましょう．

MOSFETのスイッチングにも，必ずターンON，ターンOFF時間があり，その間で損失が発生するからです．

スイッチング素子の損失発生のようすを，MOSFETの負荷として抵抗R_oが接続されているときを例にして，図1-22に示します．この回路においてMOSFETがOFFしている期間(2)は，ドレイン電流I_Dはほとんど流れないのでMOSFETの損失はほとんど0と考えてさしつかえありません．一方，MOSFETがONしている期間(4)では，流れている電流I_DとMOSFETのオン抵抗$R_{DS(on)}$による電圧降下との積による損失になります．しかし，当世のMOSFETのオン抵抗は相当改善されています．数十mΩオーダのものも出現しており，そのような素子を使えば導通損失$P_{DS(on)} = I_D^2 \cdot R_{DS(on)}$が直接問題になるケースは少なくなっています．

問題は期間(1)と期間(3)における過渡損失なのです．図1-22は，MOSFETの電圧波形V_{DS}，電流波形I_Dと損失波形P_{DS}をモデル化しています．MOSFETがターンON／ターンOFFすると，電圧と電流が同時に変化します．

スイッチング損失$P_{DS(sw1)}$の波形は，瞬時瞬時の電圧V_{DS}と電流I_Dの積です．したがって，スイッチングする…OFF→ON，あるいはON→OFFになろうとする過渡期間[期間(1)と期間(3)]，電圧波形V_{DS}と電流波形I_Dを直線とすると損失波形$P_{DS(sw1)}$は2次曲線になり，図1-22(b)に示すような放物線を描きます．実際のスイッチング電源では，配線や浮遊容量あるいはスナバなどの付帯回路の影響もあるのでいろいろな波形になります．

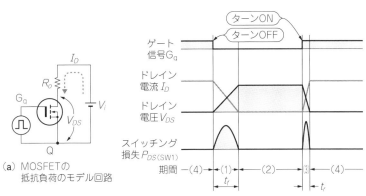

(a) MOSFETの抵抗負荷のモデル回路

(b) 矩形波スイッチング時のスイッチング損失

[図1-22] **抵抗負荷スイッチング回路のスイッチング損失**
スイッチング周波数が高くなってくると，抵抗負荷であってもMOSFET自体のスイッチング損失（ターンOFF損失＋ターンON損失）が無視できなくなる

この波形の電力損失$P_{DS(sw1)}$は以下のようになります.

$$P_{DS(sw1)} = \frac{1}{6} \cdot V_{DSp} \cdot I_{Dp} \cdot (t_f + t_r) \cdot f \quad \cdots\cdots\cdots (1\text{-}20)$$

ここでV_{DSp}, I_{Dp}はスイッチング前後の電圧V_{DS}と電流I_Dで, fはスイッチング周波数です. スイッチング周波数fが電力損失に直接(比例的に)関与しているので, 周波数が高くなると相応に損失が増大してことが予想できます.

● 非絶縁型降圧コンバータにおけるスイッチング損失は

図1-23に示すのは浮遊容量や浮遊インダクタンスのない理想的な降圧コンバータにおける, MOSFETの電圧波形と電流波形モデルです. 図(a)がモデル回路で, MOSFETがON/OFFして負荷に電力を供給していると負荷電流が流れますが, インダクタL_oにもほぼ負荷と同じ電流が流れます.

図(b)が各部の動作波形です. 期間(1)でMOSFETがターンOFFを始めると, ドレイン-ソース間に電圧V_{DS}がかかり始めますが, ダイオードD_fは逆バイアスなので順方向電流I_{df}は流れません. しかし, MOSFETのV_{DS}が電源電圧V_iまで上昇して期間(2)になるとダイオードD_fは順方向になって導通し, 電流I_{df}が流れはじめ,

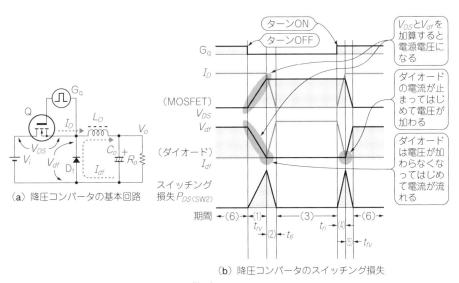

(a) 降圧コンバータの基本回路

(b) 降圧コンバータのスイッチング損失

[図1-23] 降圧コンバータのスイッチング損失
MOSFETのターンOFFおよびターンON時のスイッチング損失をいかにして抑えるか. 普通の(矩形波降圧)コンバータにおける大きな課題であった

ドレイン電流I_Dが減り始め，ついに0になり期間(1)〜期間(2)のような波形になります．

MOSFETがターンONするときインダクタL_oには，ダイオードD_fを通って負荷に電流が流れています．そのため，MOSFETをターンONさせるためのゲート信号G_qが入ってドレイン電流が少し流れ始めても，D_fの電流I_{df}は少し減るだけです．しかし残りの電流が流れているので，D_fはOFFできずに導通したままになっています．そのため，MOSFETのドレイン-ソース間電圧V_{DS}には電源電圧V_iがかかったままになっています．そしてドレイン電流が増えて，L_oに流れている電流値まで増えるとやっとD_fの電流I_{df}が0になり，はじめてD_fがOFFします．D_fがOFFしてからMOSFETのV_{DS}は下がり始めます．

MOSFETの損失は瞬時瞬時の電圧・電流の積なので，スイッチング損失波形は三角形を描きます．この損失はかなり大きな値になります．電力損失$P_{DS(sw2)}$は以下で計算されます．

$$P_{DS(sw2)} = \frac{1}{2} \cdot V_{DSp} \cdot I_{Dp} \cdot (t_{rv} + t_{fi} + t_{ri} + t_{fv}) \cdot f \quad \cdots\cdots (1\text{-}21)$$

ここでt_{rv}：電圧立ち上がり時間
　　　t_{fi}：電流立ち下がり時間
　　　t_{ri}：電流立ち上がり時間
　　　t_{fv}：電圧立ち下がり時間

V_{DSp}，I_{Dp}はスイッチング前後の電圧と電流で，fは周波数です．ダイオードD_fのリカバリ時間があると，もっと大きな損失になります．

1-6　高効率・低ノイズに向けて…共振型コンバータへの進化

● 共振型コンバータのスイッチング損失は

図1-24に示すのは，スイッチング損失を減らすための期待するスイッチング波形です．図1-23に示した降圧コンバータの波形と比べて見てください．この動作の特徴は，MOSFETがターンOFFするときはドレイン-ソース間電圧V_{DS}をゆっくり立ち上げ，電圧V_{DS}がまだ低いうちにドレイン電流I_DをOFFにします．

またMOSFETをターンONするときは，何らかの方法でV_{DS}を下げて0にしてからゲート駆動信号を入れると，ターンON時のスイッチング損失は生じないことになります．

このときのスイッチング損失波形は図1-24に示すように，ターンOFF時に小さ

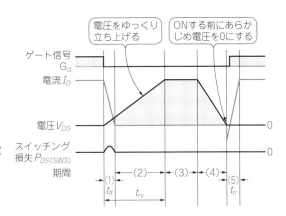

[図1-24]
電圧共振コンバータのスイッチング波形
MOSFETがターンOFFするとき，ドレイン電圧波形の立ち上がりが遅ければスイッチング損失は小さくなるかもしれない

な損失が発生します．しかし，ターンONするときはMOSFETのドレイン電圧が0になってからON信号を入れるので，スイッチング損失は0にすることができます．

こうすることにより波形損失はターンOFFのときだけとなり，電圧共振型のスイッチング損失$P_{DS(sw3)}$は次のように小さくなります．

$$P_{DS(sw3)} = \frac{1}{6} \cdot V_{DSp} \cdot I_{Dp} \cdot \frac{t_{fi}^2}{t_{rv}} \cdot f \quad \cdots\cdots\cdots\cdots\cdots\cdots\cdots\cdots\cdots\cdots\cdots\cdots (1\text{-}22)$$

しかし，このような動作を実現するには普通の矩形波コンバータと異なり，MOSFETのONする駆動タイミングを，ON信号より事前にMOSFETのゲート-ソース間電圧を0にしておく必要があります．しかし，ON信号を入れる前にドレイン電圧を下げて0Vにしておくことはかなり難しく，それまでに使われていたスイッチング・コンバータ回路では実現できなかったのです．

● スイッチング損失を減らす鍵…電圧共振と電流共振

図1-24から，スイッチングにおける電圧波形あるいは電流波形において，それぞれが0の領域にあるとき，スイッチのターンON/ターンOFFが実現できないかということで提案されたのが，**電圧共振コンバータ**および**電流共振コンバータ**と呼ばれる考えです．

まず代表的な電圧共振コンバータの構成と波形を図1-25に示します．図(a)が電圧共振モデル回路の構成です．フライバック・コンバータになっています．MOSFETに並列にコンデンサC_r（**電圧共振コンデンサ**）が入り，これに直列にインダクタL_rが接続されています．

MOSFETのドレイン-ソース間に並列にコンデンサが入っていると，ターン

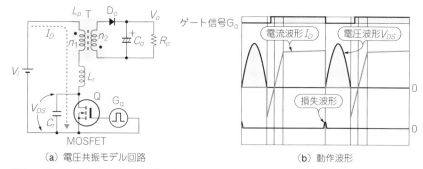

[図1-25] ゼロ電圧スイッチングを実現する電圧共振コンバータの構成
フライバック・コンバータの例．MOSFETに並列においたコンデンサC_rと直列インダクタL_rとが共振回路になっている

OFF時のスイッチング損失を大幅に減らすことができます．理由はMOSFETがターンOFFするとき，ドレイン-ソース間電圧V_{DS}がL_rとC_rとで共振…つまりLC共振となって正弦波電圧になり，共振の後で再び0に戻ります．そしてV_{DS}が0Vになったところで MOSFETのゲートへON信号が入ると，V_{DS} = 0Vのところでドレイン電流I_Dが流れ始めることになります．つまり，**ゼロ電圧スイッチング…ZVS**（Zero Voltage Switching）を実現することになって，**ターンON時の損失をゼロ**にできるわけです．電圧共振コンバータはZVS動作になっています．

そしてMOSFETのON期間中にエネルギーをトランスTに蓄え，MOSFETがOFFしたときにエネルギーを2次側に送ります．

電流共振コンバータの代表的な回路と波形を**図1-26**に示します．**図(a)** が電流共振モデル回路です．これはフォワード・コンバータで示しています．MOSFETに直列にインダクタL_rが接続され，トランス2次側に電流共振コンデンサC_rが入っています．

MOSFETがONすると，負荷にはインダクタL_rが直列に接続されているので，ドレイン電流I_Dは0から立ち上がります．ターンON時の電流はほとんど0なので，ターンONするときの電流と電圧の積もほとんど0です．その後，1次側インダクタンスL_rと2次側コンデンサC_rとが共振…つまりLC共振を起こし，正弦波電流が流れます．そして共振の後，電流は0に戻ります．ドレイン電流I_Dが0になったところでMOSFETをOFFすると，**ゼロ電流スイッチング…ZCS**（Zero Current Switching）が達成でき，スイッチング損失ゼロでターンOFFすることができるわけです．電流共振コンバータはZCS動作になっています．

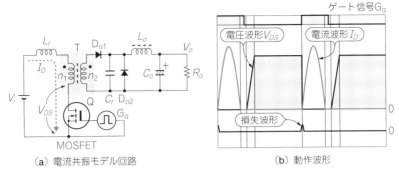

[図1-26] ゼロ電流スイッチングを実現する電流共振コンバータの構成
フォワード・コンバータの例. MOSFET直列のインダクタL_rと2次側共振コンデンサC_rとが共振回路になっている

● 漏れインダクタンスによって生じるスイッチング損失

ところでフォワード・コンバータやフライバック・コンバータなどでは，図1-27に示すように，使用するトランスの漏れインダクタンスL_{s1}や配線などによる浮遊…分布インダクタンスL_{s2}が（大なり小なり）必ず生じます．そして，これら漏れインダクタンスもメイン・スイッチであるMOSFETと等価的に直列に配置されるので，じつはここにエネルギーが蓄えられたり，ここからエネルギーが放射されたりすることになります．つまり，漏れインダクタンスに蓄えられるエネルギーP_{ls}はMOSFETがターンOFFしたとき逆起電力によるサージを発生し，大きなノイズ源となったり，電力消費に転化されてしまうのです．

そこで実際のフォワード・コンバータやフライバック・コンバータなどでは，サージやノイズを抑える目的で図1-28に示すようなスナバ…**CRスナバ**と呼ばれる回路が挿入されますが，そこではエネルギーが消費されています．このエネルギー消費P_{ls}は，スイッチがOFFする直前に流れていた電流をI_{Dp}，周波数をfとすると，

$$P_{ls} = \frac{1}{2} \cdot L_s \cdot I_{Dp}^2 \cdot f \quad (\text{W}) \quad \cdots\cdots (1\text{-}23)$$

となります．L_sはトランスの漏れインダクタンスや配線インダクタンスなどの合計インダクタンスです．

例えばAC 100V入力，200W程度のフライバック・コンバータでは，ピーク電流は10A程度になるので，漏れインダクタンスL_sを2μH，スイッチング周波数fを100kHzとすると，漏れインダクタンスL_sによる損失が10W程度となって，効率にもかなりの影響を与えることがわかります．

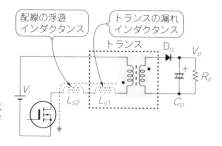

[図1-27] 漏れインダクタンスによるスイッチング損失の発生
トランスの漏れインダクタンスに生じる損失にも注意が必要

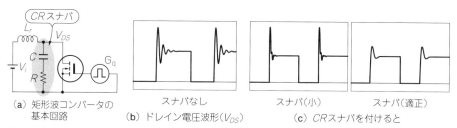

[図1-28] MOSFETスイッチング時のサージを吸収するスナバ回路
MOSFETがOFFするとき，トランスの漏れインダクタンスなどの影響で逆起電力が現れる．サージはCRスナバなどで抑制できるが，そのぶんは損失となっている

● 浮遊容量によって生じるスイッチング損失

　漏れインダクタンスだけでなく，浮遊する分布容量によっても損失は生じます．図1-29に示すようなスイッチに等価的に並列接続されている容量には，MOSFETのドレイン-ソース間容量C_{OSS}や，トランスの巻き線間容量C_{s2}，配線の分布容量C_{s3}やCRスナバなどがあります．

　これらの合計容量C_sにもエネルギーが蓄えられ，メイン・スイッチであるMOSFETと等価的に並列に配置されることになります．結果ここにエネルギーが蓄えられ，MOSFETのターンONで消費されたり，ここからエネルギーが放射されることになります．つまり，浮遊する分布容量に蓄えられるエネルギーP_{cs}はサージ電流を発生し，大きなノイズ源となり，電力消費に転化されてしまうのです．

　スイッチがONする直前に蓄えられていた電圧エネルギーV_cを，スイッチがONすることによって短絡するので，これはすべて損失になります．この損失の大きさP_{cs}は，

$$P_{cs} = \frac{1}{2} \cdot C_s \cdot V_c^2 \cdot f \quad (\mathrm{W}) \quad \cdots\cdots\cdots (1\text{-}24)$$

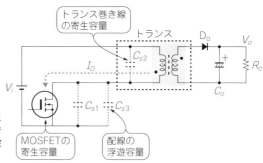

[図1-29]
浮遊容量によるスイッチング損失の発生
浮遊容量＝分布容量の大きさも巻き線類では無視できない．これもスイッチング周波数が高くなるほど不利になる

になります．C_sはMOSFETに等価的に並列接続されている容量の合計，fはスイッチング周波数，V_cはMOSFETがONする直前の電圧です．

例えばAC 100V入力で200W程度のフライバック・コンバータでは，合計容量C_sが3000pF，C_sの充電電圧V_cが260V，スイッチング周波数fを100kHzとすると，約10Wの損失が発生することになります．これも侮れない値です．

1-7　　LC共振のふるまいを解析すると

● 共振とはどのような現象か

さて，先にMOSFETのスイッチング損失を小さくするにはゼロ電圧スイッチングZVS，あるいはゼロ電流スイッチングZCSが好ましく，そのための方法として電圧共振，あるいは電流共振という方法があることを述べました．では，その共振とはどのような現象をいうのでしょうか？

交流回路理論の復習になってしまいますが，重要事項なのでおさらいしておきましょう．図1-30をご覧ください．

図(a)に示すのは電源V_iとコイルL，コンデンサC，スイッチSとが接続された回路で，コンデンサには初期電圧V_iが充電されています．スイッチが左に倒れていたのを右に切り替えると，LとCだけの回路になります．しかし，LとCの接続点Qの電圧変化をオシロスコープで測定してみると，振動を観測することができます．図(b)がその波形です．上からコンデンサCの電圧，中間の波形がCの電流波形とLの電圧波形，下の波形がLの電流波形です．Cの電流は電圧に対して90°進み，Lの電流は電圧に対して90°遅れています．そして，このときの振動周波数f_0は，

$$f_0 = \frac{1}{2\pi\sqrt{LC}} \quad \cdots\cdots\cdots\cdots\cdots\cdots\cdots\cdots\cdots\cdots\cdots\cdots\cdots (1\text{-}25)$$

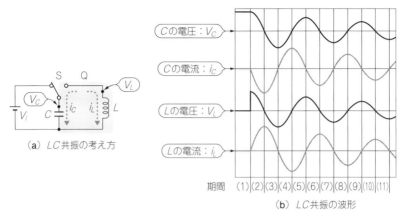

[図1-30] *LC*共振とは
並列共振回路のモデルになっている．スイッチが右に倒れた後の*C*と*L*の電圧・電流の変化を
追いかけると，*C*と*L*の間でエネルギーが交互に移動していることがわかる

で計算されます．少し細かく見ていくと，

- 期間(1)はスイッチSが左に倒れている期間で，Lには電圧がかかっていません．Cに電圧が加わって充電しています．
- 期間(2)になるとSが右に倒れてCに充電されていた電圧がLに加わり，CからLにエネルギーが移動しています．この期間の最後はCのエネルギーが0になって，すべてLに移ります．
- 期間(3)はLのエネルギーがCに戻っていく期間ですが，Cの電圧は期間(2)とは逆極性になります．この期間の最後はLのエネルギーが0になり，すべてCに移った状態です．
- 期間(4)はCの逆極性で充電されたエネルギーがLに移動する期間です．この期間の最後はCのエネルギーが0になって終わります．
- 期間(5)はLのエネルギーがCに戻る期間で，この期間の最後はLのエネルギーが0になり，エネルギーがCに戻って1サイクルが終了します．しかし，1サイクルの間に流れた電流によって損失が生じ，電圧は元のV_iよりも少し低くなり，エネルギーはそのぶん減ってしまっています．

こうしてエネルギーがLとCを行ったり来たりして，合計エネルギーは一定で少しずつ減少しているだけで，元のエネルギーはほとんど保存されていることになります．このときの合計エネルギーの減り方が，クオリティ・ファクタQという呼び方で示されます．

共振型コンバータは，このLC共振の性質をうまく利用することで，スイッチング時に余ったLとCのエネルギーを，LからCへ，CからLへ移動させて使えるようにして回収しようとしていると考えてもよいでしょう．

● **MOSFETのスイッチングとLCとのふるまい**

次にスイッチ素子であるMOSFETと，抵抗R，インダクタL，コンデンサCを接続し，これをON/OFFしたときのふるまいについて考えてみましょう．MOSFETに代表的な素子を接続したときの構成と，そのときの動作波形を図1-31に示します．

図(a)は，MOSFETに抵抗Rを負荷として接続した理想的な回路でのON/OFF時の波形です．理想スイッチはターンON時間，ターンOFF時間とも0と考えます．スイッチング時間が0なので，ターンON損失もターンOFF損失も0で動作します．負荷にインダクタンスもないのでサージ電圧も生じません．

図(b)は，インダクタLを負荷とした理想的な回路です．スイッチがONするとインダクタLに電流が流れ，このときの電流I_Dは時間と共に増加していきます．ある値まで電流が増えたら，スイッチMOSFETをOFFします．しかし，スイッチをOFFするとLに蓄まっていたエネルギーの行き先がなくなるので，電流を流そうとして高電圧の逆起電力が発生します．MOSFETなどでなく機械的なスイッチの場合は，接点間のギャップが放電を始めるまで電圧が上昇し，放電しながらLの電流が減少していきます．

MOSFETなどの半導体スイッチの場合は，素子の耐電圧を超えてアバランシェ電圧と呼ばれる領域まで上昇して電流を流し，Lのエネルギーを放出しながら放電していきます．このとき半導体スイッチには損失が発生し，Lに蓄まっていたエネルギーは半導体スイッチの熱へと移動します．

図(c)は，コンデンサCを負荷とした回路です．コンデンサCに充電されている電荷をスイッチでONすると，コンデンサの放電電流が流れます．このときスイッチに抵抗分(オン抵抗)があれば抵抗分によって損失を発生し，これがスイッチング損失になります．コンデンサCに蓄められたエネルギーは，Cのもつ等価直列抵抗ESR(Equivalent Series Resistance)とMOSFETのオン抵抗とループのなかの抵抗分によって消費されます．スイッチがOFFするときは，スイッチに発生する損失はほぼ0でターンOFFできます．

図(d)は，これまでの説明でも登場した矩形波と等価なコンバータ回路です．トランスの漏れインダクタンスと配線の浮遊インダクタンスL_sや，CRスナバの容量とMOSFETのドレイン-ソース間容量とトランス巻き線の分布容量と配線の浮遊

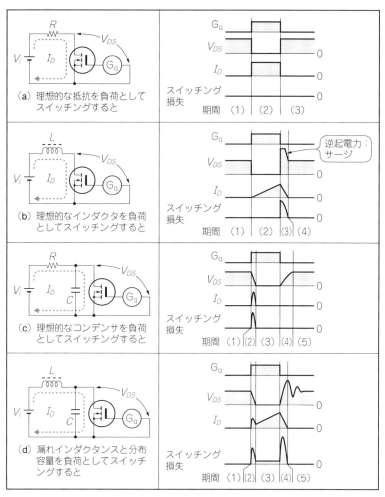

[図1-31] スイッチのON/OFFと素子のふるまい
スイッチング損失は負荷の種類によって大きく異なる．スイッチング損失はすべて熱に変換される

容量C_sによって，スイッチがターンONするときは合計容量C_sの放電電流が流れ損失になり，ターンOFFするときは漏れインダクタンスL_sのエネルギーによって振動が発生します．しかも振動エネルギーは行くところがないので，分布容量C_sと漏れインダクタンスL_sとで振動しながら，振動防止のCRスナバなどに吸収されていきます．すなわち振動エネルギーはすべて損失になり，熱に変換されるのです．

● 共振型コンバータの損失は回生される

　もう一歩スイッチング電源に近づいて考えてみます．図1-32をご覧ください．

　図(a)に示すLC共振回路において，インダクタL_rに電流が流れているときスイッチ…MOSFETをOFFにしたらどうなるでしょうか？

　はじめにMOSFETをONするとインダクタL_rに電流が流れるので，そこでMOSFETをOFFするとサージ電圧を発生します．そのようすを図(b)に示します．これは図1-25に示した電圧共振コンバータのときの例になります．

　MOSFETがターンOFFするとLC共振（L_rとC_rの共振）で，ドレイン電圧V_{DS}は正弦波状に電圧が上昇し，再び0Vまで戻ります．この間，L_rC_rに蓄っているエネルギーは図1-30で示したようにL_r-C_r間でエネルギーのやり取りをしているだけで，少しの損失はありますが，エネルギーの大部分が戻ります．そしてこの回路ではMOSFETのボディ・ダイオード[*2]を通して電源に返されます．すなわち，インダクタL_rに蓄まったエネルギーは損失にはならず，電源V_i側に回生…返されることになるのです．これが共振型コンバータのすばらしいところです．

　（共振型ではない）矩形波コンバータではどうなっていたでしょうか．先の図1-28をご覧ください．

　図1-28(a)の従来型コンバータでは，インダクタL_rはトランスの漏れインダクタンスとして考えてください．つまり，L_rに蓄まったエネルギーは邪魔者でしかありません．スイッチング電源におけるトランスは，（特別の目的がない限り）漏れイ

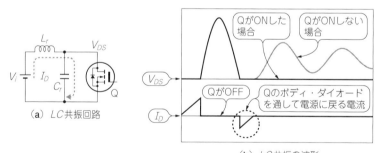

[図1-32] *LC共振におけるエネルギーのゆくえ*
MOSFETに共振回路が接続されているとMOSFETに並列のボディ・ダイオードによって電流が電源側に戻される…回生されるところがポイント

(*2) ボディ・ダイオード…MOSFETではドレイン-ソース間の逆向きに，寄生素子によるダイオードが存在する．寄生ダイオードと呼んだり，ボディ・ダイオードと呼んでいる．矩形波コンバータでは意識する必要はないが，共振コンバータにおいては電流が流れる状態がある．詳しくは第5章で紹介．

ンダクタンスはないのが理想です．そのため，漏れインダクタンスはできるだけ小さくなるよう注意して作りますが，それでもトランスの構造的な理由から数μ〜数十μHのオーダで漏れインダクタンスができてしまいます．

したがってMOSFETがターンOFFすると，漏れインダクタL_rに蓄まったエネルギーは行き場がないので，図1-28(b)に示すようなサージ電圧を発生します．このサージ電圧がMOSFETの耐電圧を越えると素子の破壊に結びつきます．そのため，矩形波コンバータでは**スナバ**(snubber…急停止させる意)と呼ばれる，過電圧を抑えたり吸収するための部品を挿入して，エネルギーを消費します．しかし，このエネルギー消費はすべて損失になっているのです．

● **ターンONとターンOFFのときだけ共振させる**

共振型コンバータをさらに発展させてみましょう．図1-33をご覧ください．

図(a)はMOSFETを二つ上下直列にしたスイッチング回路に，共振回路を配置したものです．一般にはハーフ・ブリッジと呼ばれる構成です．上をハイ・サイド・スイッチ，下をロー・サイド・スイッチと呼んでいます．このような構成における共振部分の詳細波形を図(b)に示します．

はじめにインダクタL_rに電流が流れているところをQ_1がターンOFFすると，L_rに蓄まったエネルギーはサージとなって電圧が急激に上昇します．ここでQ_2がない場合を考えると，図(b)に示すようにそのままLC共振(L_rとC_{q1}の共振)となります．つまり，V_{DS1}は電源電圧を越えた正弦波となって，再び電圧が0Vまで下がり，Q_1のボディ・ダイオードを通して少し電流が流れ，再び共振を繰り返すことになります．

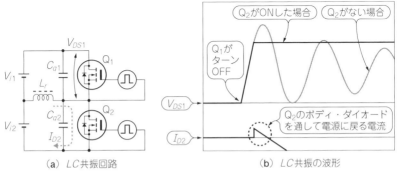

(a) LC共振回路　　　(b) LC共振の波形

[図1-33] ハーフ・ブリッジ構成による部分共振型への発展
Q_2がZVSでターンON，Q_1がターンOFFしたときだけ短時間でLC共振させる

しかしQ_2があることによってQ_1がターンOFFし，L_rに蓄まったエネルギーはサージとして急激に電圧が上昇しようとしますが，電源電圧以上になろうとすると今度はQ_1のボディ・ダイオードが導通し，L_rとC_qに蓄まったエネルギーはQ_2のボディ・ダイオードを通して電源に返されることになります．つまり，ボディ・ダイオードに電流が流れている間にQ_2をONさせるようにすると，ZVS(ゼロ電圧スイッチング)することができることになります．

こうして，共振型電源は原理的にエネルギーをむだにしない方法で動作することになります．さらにうまく構成すれば，浮遊インダクタンスや浮遊容量までもが共振定数に取り込むことができます．

図(b)に示すように，まずロー・サイドのQ_1がターンOFFしたときの短時間だけLC共振させ，この共振でエネルギーを回収し，ハイ・サイドのQ_2をZVSでターンONさせ，かつQ_1がターンOFFしたときの短時間だけLC共振させて，この共振でエネルギーを回収し，ロー・サイドのQ_1がZVSでターンONさせることを部分共振と呼んでいます．つまり，ターンONとターンOFFのときだけ共振回路を使い，そのほかのところではON状態またはOFF状態にするという考えです．

この部分共振方式の特徴は，従来型コンバータのようにPWM回路によって制御することができ，スイッチング損失は共振型の良いところを取り込んだ特徴をもつコンバータに応用することができるということです．

● 共振型スイッチング回路におけるスイッチング損失の計算

これまでの説明で，スイッチング電源を共振型コンバータにして改善すれば，スイッチング時の損失を大幅に改善できることが予想できます．しかし，それでもまだ少しのスイッチング損失は発生します．

スイッチング損失の計算は，スイッチング期間の電圧波形と電流波形が直線になっているときは比較的簡単に求めることができます．直線で近似できないときの計算は図1-34に示すように，電圧波形と電流波形が直線で近似できる範囲に区分分割し，数学で学んだ区分求積法と同じように，区分区分で損失を計算し，その合計を出して全体損失を計算することになります．なお，このときの区分では電圧波形か電流波形がどちらかが曲がっているときは別区分にして計算します．この方法を**区分分割法**といいます．

1区間の損失計算は，

$$P_n = \frac{t_n}{T} \cdot \frac{2 \cdot v_{n-1} \cdot i_{n-1} + v_{n-1} \cdot i_n + v_n \cdot i_{n-1} + 2 \cdot v_n \cdot i_n}{6} \qquad \cdots\cdots (1\text{-}26)$$

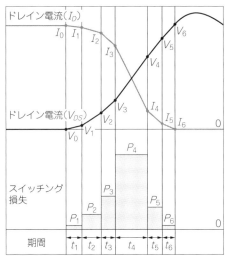

[図1-34] スイッチング損失の計算方法
電圧波形と電流波形が直線近似できないときは，面倒でもそれぞれが直線近似できる範囲に区分分割し，区分求積法で求める

で計算され，全体の損失は区分に分割した合計を加算します．つまり，

$$P = P_1 + P_2 + \cdots\cdots + P_{n-1} + P_n$$
$$= \Sigma \left(\frac{t_n}{T} \cdot \frac{2 \cdot v_{n-1} \cdot i_{n-1} + v_{n-1} \cdot i_n + v_n \cdot i_{n-1} + 2 \cdot v_n \cdot i_n}{6} \right) \quad \cdots\cdots (1\text{-}27)$$

となります．

Column (3)
浮いている回路の測定技術が重要

● 0V(コモン線)があると測定しやすいが

　本書では絶縁型スイッチング電源回路がテーマです．絶縁型ということは，回路自体がグラウンド(接地)から絶縁されている…浮いている状態にあるということです．図1-1に示したスイッチング電源の構成をもう一度ご覧になり，絶縁のイメージを確認してください．浮いているということは，電源出力の一端［一般には負荷の0Vライン，コモン線(COM)］を，どこに接続しても構わないということです．

　電子回路の動作を表すとき，一般に0Vラインあるいはコモン線があると便利です．0Vラインに対して，どこのポイントが何Vとか，波形がどうなっているかを具体的に示すことができるからです．しかし，絶縁型の回路では基準点を示さないケースがあります．図1-Eに示すように，コモン線の置き方によって，＋，－の関係が逆転してしまいます．したがって本書に登場する回路では，0Vとか，よくある信号グラウンドの記号($\perp$)も使用していません．

　図1-Fは，ハーフ・ブリッジ型と呼ばれるスイッチング電源回路の一部分です．スイッチングに使用するMOSFETが2個直列になっています．上段Q_Hが**ハイ・サイド**，下段Q_Lが**ロー・サイド**と呼ばれています．ロー・サイドのほうは0Vラインではないけれど，入力電源V_iのコモン線…－側にMOSFET Q_Lのソースがつながっています．そしてQ_LゲートはG_{q2}のパルスによって駆動されています．G_{q2}で駆動されるQ_Lドレイン-ソース間電圧V_{DS2}の変化は，オシロスコープ標準のプローブをコモン線とQ_Lドレインに接続すれば問題なく測定できそうです．

　ところがハイ・サイド Q_Hの動作を観測するのはどうでしょうか．Q_HのV_{DS1}波形測定は，Q_HソースとQ_Lドレインの接続点(A)を基準にしないとうまく測定できそうにありません．Q_Hを駆動するG_{q1}も，Q_Hのゲート-ソース間にパルスを加える必要があるので，(A)を基準にしてQ_Hゲートに印加しています．

　ハイ・サイド駆動は回路的にも少し厄介ですが，現実解はIC回路技術によって

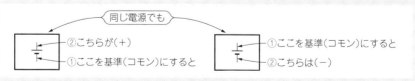

[図1-E] 浮いている電源
基準点(コモン線)の置き方によって，＋，－の関係が逆転する

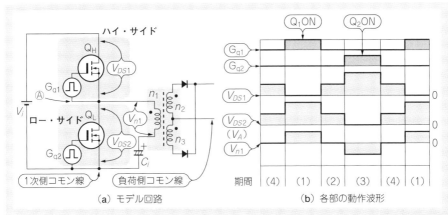

[図1-F] ハーフ・ブリッジ回路の一部
二段になったMOSFETのうち，ハイ・サイドにあるQ_Hの動作は，Ⓐ点が基準になっていることに注意する．スイッチング電源回路にはこのような例が少なくない

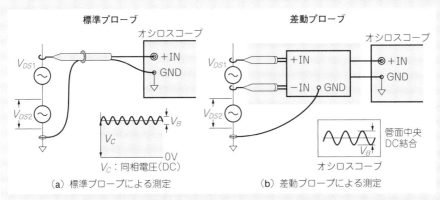

[図1-G] 同相電圧に乗ったV_Bを測定するには

クリアされています．

　図1-FにおいてV_iの－側をコモン線としてⒶ点の電圧$V_A (= V_{DS2})$に注目すると，Ⓐ点はG_{q2}の変化によって0VになったりV_iになったり，約$V_i/2$になったりしています．つまりV_{DS1}はいつも変動しているV_{DS2}の上に乗っかっているわけです．このように，いつもV_{DS2}のように共通になっている電圧のことを同相（コモン・モード）電圧と呼んでいます．**図1-G**に同相電圧の概念を示しておきます．

　同相電圧はスイッチング電源において，頻繁に登場します．

● 同相電圧の影響を避けて測定するには差動プローブが必要

　シミュレーションであれば簡単に測定波形を生成することができるのですが，ハイ・サイド・スイッチのV_{DS1}のような波形を実際に測定するとなると特殊なプローブを使用する必要があります．差動(differential)プローブと呼ばれるものです．スイッチング電源やパワー・エレクトロニクス回路の開発現場では必須のプローブです．差動プローブを使用しなければならない箇所は他にもあります．トランス1次側巻き線間電圧V_{n1}などの測定です．

　V_{DS1}の波形を測定するには，2チャネル以上のオシロスコープのグラウンドを1次側コモン線に接続します．そしてプローブ(1)をQ_Hソースに接続すると，V_{DS2}が測定できます．さらにプローブ(2)をQ_Hドレイン($V_i +$)に接続し，[$(V_i +)$ − (V_{DS2})]の演算を行えばV_{DS1}の測定になるわけです．従来は2本のプローブを使用し，外付けの差動アンプで演算処理していましたが，近年は演算回路を内蔵した差動プローブも広く普及してきました．

　スイッチング電源回路では，ハーフ・ブリッジやフル・ブリッジ回路において複数のMOSFETがON/OFFする回路が登場しますが，いずれにおいても同相電圧を含んだスイッチング電圧を正確に把握することが重要です．

　差動プローブを選ぶときは，この同相電圧の許容値と周波数特性が重要です．同相電圧は直流電圧のときもありますが，**図1-F**の例のように変動する交流成分のときもあります．V_iがDC 100〜400Vにもなるスイッチング電源においては，同相電圧は例えば500V以上のプローブから選ばなければなりません．

　写真1-Aに高電圧差動プローブの一例を示します．

[写真1-A][3]　高電圧差動プローブ
プローブの中に差動アンプ回路が内蔵されているタイプ．差動アンプ動作のために専用電源も用意されている

スイッチング電源[2] 要素技術のマスター

第2章
スイッチング電源の負帰還技術

スイッチング電源回路を現実のものにするには，
出力電圧安定化のための負帰還技術の理解が欠かせません．
伝達関数とボード線図を理解して，
定量的に解析できるようになりましょう．

2-1　安定化電源は負帰還増幅回路

● 安定化電源に求められる性能

図2-1に，スイッチング電源を含む(直流)安定化電源に求められる電気的な仕様を整理してみました．基本は定められた直流電圧を，交流入力電圧が大きく変動しようとも，あるいは定格内であるなら負荷が大きく変動しようとも，安定に出力電圧を維持することが大きな使命といえます．

もちろん電圧の安定以外にも，安全性，信頼性を保持するために多くの要求を満たさなければなりませんが，主たる性能は出力電圧を安定に供給することといえます．

(1) 入力変動に対して出力電圧は安定
(2) 負荷変動があっても出力電圧は安定
(3) 温度変動があっても出力電圧は安定
(4) 出力負荷の過渡変動に対しても安定
(5) 負荷が過大になっても壊れない
(6) 出力の短絡があっても壊れない
(7) ノイズ発生が規定値内である
(8) 漏れ電流が規定値内である

[図2-1]
安定化電源に求められる主な性能
電子機器において安定化電源に求められる性能は数多いが，基本は出力電圧がいつも安定していることである

このような安定化電源において，出力電圧の安定性保持のために大きな役割を担っているのが「**負帰還**」と呼ばれる技術です．図2-2に示すように，出力の目標となる電圧の元信号は，**基準電圧** V_{ref} と呼ばれる安定な電圧源です．入力電圧が大きく変動しようとも，あるいは出力側の負荷が大きく変化しようとも，出力電圧 V_o がつねに増幅器に対して負帰還されることによって，V_{ref} と V_o を β で分割した電圧 V_{of} とがいつも一致するよう制御を行っているのが，安定化電源ということになります．

● オーディオ・アンプと安定化電源における負帰還効果の違い

スイッチング電源を含む直流安定化電源回路は，図2-2に示したように出力電圧を入力部に戻す…いわゆる負帰還（Negative feed-back）技術によって電圧の安定化をはかっています．しかしこの負帰還技術，オーディオ・アンプ回路などにおける負帰還とはふるまいが少し異なります．

オーディオ・アンプなどにおける負帰還回路の構成を図2-3に示します．オーディオ・アンプの入力は，音源からの微小電圧信号 V_s です．その微小（低周波）信号を歪みなく増幅して，**スピーカを駆動**するのが一番の目的です．一方，安定化電源ではオーディオ・アンプの入力信号 V_s に相当するのは，電圧変動しない基準電圧 V_{ref} …直流電圧です．安定化電源において重要視される入力変動は，オーディオ・アンプでは単なる電源変動として扱われます．

安定化電源における出力変動は，オーディオ・アンプにおいては**ダンピング・ファクタ**と呼ばれる要素です．オーディオ・アンプで負荷となるスピーカは，物理的にはあまり変化しません．しかし安定化電源では，負荷につながるのが「ほぼ電子回路である」とはいえ，どのような特性をもった回路が接続されるか一般には不明

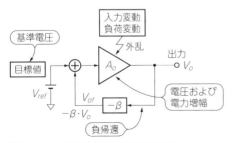

[図2-2] **安定化電源は負帰還増幅器だ**
出力電圧の安定化を実現している基本技術は負帰還である

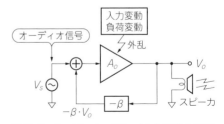

[図2-3] **オーディオ・アンプも負帰還を利用**
出力の一部を入力側に戻すことを負帰還と呼ぶ．OPアンプなどを使用するアナログ回路の重要な要素技術である

です．それでも安定化電源は，定格内の負荷であれば安定に直流電圧を提供できなければなりません．

また回路に使用する増幅器は，安定化電源でもオーディオ・アンプでも，OPアンプ（Operational Amplifier）と呼ばれるDC～数MHzの帯域をもつICの使用が一般的です．このOPアンプ，温度変化によって**直流ドリフト**が生じることがあります．しかしオーディオ・アンプでは動作がおかしくならないかぎり，これが問題になることはありません（オーディオ・アンプは交流アンプなので）．ところが安定化電源における直流ドリフトは，用途によっては許されないケースがあります．

逆にオーディオ・アンプではとくに示されませんが，使用する部品の直線性が音の歪みとして現れるので重要視されることがあります．しかし，安定化電源ではたとえば回路内に直線性の悪いフォト・カプラなどが入っても，問題になるようなことはありません．

このようにオーディオ・アンプと安定化電源では負帰還の効果は異なりますが，負帰還技術を利用するという点では基本的に考え方は同じで，計算式などもほぼ共通です．

● **OPアンプに負帰還をかけたときのゲイン特性**

図2-4はOPアンプによる増幅回路の構成例です．（a）は負帰還をかけてないときで，OPアンプはデータ・シートに示されている電圧利得（ゲイン）…開ループ・ゲインA_0をもっています．たとえば図2-5の（a）部分に示すように，DC～低周波領域では80dB（なんと1万倍）のゲインをもち，高い周波数領域になるとゲインが減衰する特性をもっています．OPアンプに限らず，多くの増幅回路は周波数が高くなるにつれてゲインが一様に減衰する特性をもっています．この減衰特性は−20dB/decです．

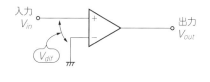 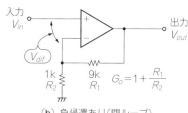

（a）負帰還なし（開ループ）　　　　（b）負帰還あり（閉ループ）

[図2-4] OPアンプによる増幅回路
OPアンプはアナログ回路における重宝な部品．付加する部品の特性によってさまざまなアナログ的演算回路が実現できる

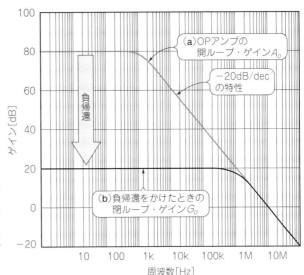

[図2-5]
OPアンプのゲイン-周波数特性
理想OPアンプの開ループ・ゲインは∞であるが，現実には周波数が高くなるほどゲインが低下する．ゲイン-周波数特性が−20dB/dec（−6dB/oct）で垂下するのが望ましいアンプ．スイッチング電源制御用ICの内部回路にはOPアンプなどのアナログ機能回路が収納されている

　図2-4(b)はOPアンプに負帰還をかけたときの構成…**非反転増幅回路**です．負帰還をかけたときのゲイン…閉ループ・ゲインG_oはR_1とR_2の抵抗値で決まります．

$$G_o = 1 + \frac{R_1}{R_2} = 1 + \frac{9}{1} = 10$$

　閉ループ・ゲインの周波数特性は**図2-5**の(b)部分のようになり，100kHz以下でゲインは10倍に下がり，(a)の開ループのときに比べると，平らな部分が1000倍の周波数まで広くなっていることがわかります．

　つまり，元の開ループOPアンプの平坦なゲインは100Hzまでの帯域しかありませんが，負帰還がかかると**図2-5**では100kHzまで帯域が広がります．結果として，信号の歪みも小さくなるのです．

　安定化電源のときの基本的な回路構成は，**図2-4(b)**にあたります．たとえば入力電圧＝基準電圧V_{ref}＝2.5V，R_1＝9kΩ，R_2＝1kΩとすると，出力V_oには安定な25Vが得られることになります．

● OPアンプにおける増幅回路の伝達関数

　負帰還回路の特性を表すときは，一般に伝達関数が用いられます．**図2-4(b)**に示した非反転増幅回路において，OPアンプの開ループ・ゲインをA_o，OPアンプ

の差動入力電圧[*1]をV_{dif}，出力から入力への負帰還の割合…帰還率をβとしてアンプの閉ループ・ゲインG_oを式で示すと，

$$\beta = \frac{R_2}{R_1 + R_2} \quad \cdots\cdots\cdots\cdots\cdots\cdots\cdots\cdots\cdots\cdots\cdots\cdots\cdots\cdots\cdots\cdots\cdots\cdots\cdots \quad (2\text{-}1)$$

$$V_{dif} = V_{in} - V_{out} \cdot \beta$$

$$V_{out} = V_{dif} \cdot A_o$$

$$G_o = \frac{V_{out}}{V_{in}} = \frac{A_o}{1 + A_o \cdot \beta} \quad \cdots\cdots\cdots\cdots\cdots\cdots\cdots\cdots\cdots\cdots\cdots\cdots\cdots \quad (2\text{-}2)$$

ここでOPアンプICの開ループ・ゲインA_oは一般に80～120dBあるので，閉ループ・ゲイン$(A_o \cdot \beta)$も十分大きくなり，$V_{out}/V_{in} \fallingdotseq 1/\beta$ となります．

安定化電源では，基準電圧V_{ref}が入力信号です．入力信号V_{in}の代わりにV_{ref}を使用します．出力電圧V_oは基準電圧V_{ref}を必要なだけアンプで増幅した値になりますが，V_oの値は最終的には可変抵抗などで調整し，設定します．こうして負帰還回路を構成することで，入力電圧変動や負荷変動に影響されない安定化電源出力が得られます．

負帰還をかけないとき（あるいはスイッチングにおけるデューティ比D_Rを固定したとき）の入力電圧変動に対する出力電圧変動をΔV_{oi}，負荷変動に対する出力電圧変動をΔV_{or}とすると，負帰還をかけたときの出力電圧変動(ΔV_o)は，

$$\Delta V_o = \frac{\Delta V_{oi} + \Delta V_{or}}{1 + A_o \cdot \beta} \quad \cdots\cdots\cdots\cdots\cdots\cdots\cdots\cdots\cdots\cdots\cdots\cdots\cdots \quad (2\text{-}3)$$

となります．負帰還をかけることで入力変動に対する出力変動も，負荷変動に対する出力変動もどちらも$(1 + A_o \cdot \beta)$分の1に下がり，A_oが非常に大きいとすると出力変動は大幅に小さくなります．たとえば電源の閉ループ・ゲイン$(A_o \cdot \beta)$を1000とすると，入力変動および負荷変動は，負帰還をかけないときにくらべて1001分の1に下げることができるわけです．

ただし，実際にはOPアンプの開ループ・ゲインA_oも帰還率βにも周波数特性があります．$j\omega$（複素数）あるいはs関数（ラプラス変換）を使って計算します．

● 負帰還のカギは位相ずれの把握

図2-6に二つの基本的な電源回路の構成を示します．(a)がドロッパ，(b)がスイッチングによる降圧コンバータの構成です．いずれも負帰還技術を使って，出力電

[*1] 差動入力電圧V_{dif}…OPアンプの二つの入力端子(+)，(-)間の電圧

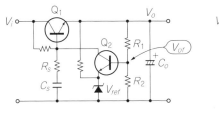
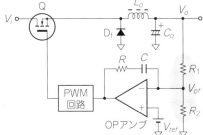

　（a）ドロッパ電源の負帰還　　　　　　（b）スイッチング（降圧）コンバータの負帰還

[図2-6] **安定化電源は負帰還回路**
ドロッパ電源もスイッチング電源も，出力電圧を安定化するために，出力の一部を検出して負帰還をかけている

圧を安定化しています．

　安定化電源における負帰還とは，出力電圧V_oを検出しR_1，R_2で分割した電圧V_{of}が，規定の電圧V_{ref}よりも高いか低いかによって制御を行います．V_oが高ければ低くし，低ければ高くする，逆極性の信号を加算することで規定の電圧になるように制御を行います．

　負帰還は時間遅れがなく，広い周波数範囲にわたって逆極性の信号で帰還するのが理想です．しかし，現実には回路の途中で（IC内部でも）時間遅れを生じます．周波数が高くなるにしたがって，時間遅れ…位相ずれが大きくなります．そして，ついにある周波数にいたると180°の位相ずれを生じてしまうことがあります．180°の位相ずれは，位相が反転してしまうことと同義です．

　ドロッパ電源のときは，おもに増幅に使用しているトランジスタなどの時間遅れによって位相がずれてしまいます．スイッチング電源においては，リプル平滑用フィルタや増幅器などの時間遅れによって位相がずれてしまいます．

　位相ずれが生じないよう負帰還を行いたいのですが，これが問題なのです．場合によっては位相遅れが180°になり，本来の負帰還の反転帰還（すべての周波数で180°のずれがあると考える）の位相と合わせて，計360°になってしまうことがあります．負帰還でなく正帰還になってしまうのです．**正帰還**になると，電源は**発振**してしまいます．

　増幅器の応答速度には，必ず限界があります．その限界を交流周波数で考えると，「**位相遅れ**」ということです．OPアンプ…ICの内部回路や，プリント基板に部品を実装したときの浮遊容量や浮遊インダクタンス，内部抵抗などによって発生します．しかもそれらの要素が何箇所もあったりするので，周波数を高周波まで広げると，

2-1 安定化電源は負帰還増幅回路 | **077**

位相が180°遅れてしまう点が必ず出てきます．その180°ずれたところが，負帰還が反転する180°の位相と合わせて全体で360°（0°）ずれると，発振条件になってしまいます．

2-2　CR回路でゲイン-位相特性を調整する

● ゲイン-位相特性を見るにはボード線図

安定なスイッチング電源を構成するには，負帰還回路が重要であることはわかりましたが，その負帰還回路が適切であるかを確認するには，その回路の周波数特性を測定する必要があります．

近年はスイッチング電源などを含む増幅装置の周波数特性を測定するものとして，**写真2-1**に示すような**FRA**（Frequency Response Analyzer）と呼ばれる便利な計測器もよく使われるようになりました．

しかし，増幅回路などの周波数特性は，基本的には**図2-7**に示すような構成で測定することができます．測定したい回路網の入力に正弦波信号を加え，回路網の入力信号と出力信号のゲイン-位相・周波数特性をオシロスコープで観測します．手間はかかりますが，入力信号V_{in}を一定振幅にして，100Hz，200Hz，500Hz，1kHz，2kHz…といったぐあいに周波数を可変し，出力V_{out}の振幅と位相変化を調べていくものです．このような実験や測定はアナログ回路の挙動を学ぶことにつながるので，一度はぜひトライしていただきたいものです．目視した測定結果は，対数（あるいは片対数）グラフに書き込んでいきます．

図2-8に示すのは，[$C=0.1\mu F$，$R=1.59k\Omega$]による単純な**1次遅れ回路**のゲイン-位相特性です（グラフ作成はシミュレーションによる）．横軸には周波数（LOG），縦軸左が（V_{out}/V_{in}）のゲイン（dB）特性，縦軸右が（$V_{in}-V_{out}$）の位相差（度）を示して

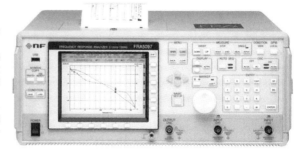

[写真2-1][(4)]
装置の周波数特性測定に便利なFRA
増幅器などにおいて，周波数特性の把握は非常に重要である．図2-7に示す測定器の構成でも測定可能だが，手間が多く効率は良くない．FRAは手間，効率を助けてくれる便利なツールといえる．測定入力部が絶縁されているので，スイッチング電源の測定においては重宝

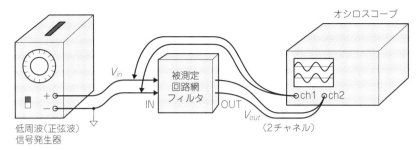

[図2-7] 正弦波信号発生器とオシロスコープによる周波数特性の測定
安定化電源の測定に使用する正弦波信号発生器は，低周波発振器でよい．周波数および振幅測定はオシロスコープで行うが，位相測定は少しわかりずらい．コラム(4)を参考に

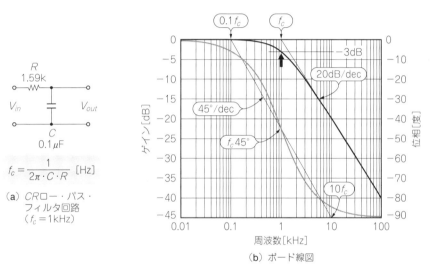

[図2-8] 1次遅れ回路…CRロー・パス・フィルタとその周波数特性
カットオフ周波数f_c = 1kHzのロー・パス・フィルタの構成．[C = 0.1μF，R = 1.59k]

います．回路網に対して正弦波信号を加え，その入力-出力信号の位相・振幅特性を測定・把握します．

　図2-8に示した回路はCRロー・パス・フィルタ(LPF…低い周波数は通すが，高い周波数は減衰させる)と呼ばれるものです．(b)のグラフにおいてゲインが-3dBになる周波数が，**カットオフ周波数**(cut-off frequency：しゃ断周波数)f_cと呼ばれるものです．このf_cにおける位相遅れは-45°になっていること，さらに位相遅れはf_cのほぼ1/10の周波数あたりから始まっていることは覚えておくべきです．

　このようにゲイン-位相を一体にして回路網の特性を表したものを，**ボード線図**

Column(4)

正弦波の位相差とリサジュー曲線による位相差測定

　オシロスコープにおける正弦波の位相差測定は，オシロスコープによる波形測定の基本でもあります．
　2ch入力オシロスコープは，二つの信号を同時に測定できることが特徴です．図2-Aに示すのは，同一周波数で位相が30°ずれている正弦波波形です．ch1を基準にすると，ch2の波形は位相が30°遅れていることになります．ある回路網の入力にch1のプローブを，出力にch2のプローブを接続したとき，回路網に30°の位相遅れがあったとき観測される波形です．
　しかし，**図2-A**では位相の進み遅れの関係がわかりづらいので…と考えられたのがリサジュー(Lissajous)曲線です．リサジュー曲線を描かせるには，オシロスコープの「X-Y測定モード」機能を使います．この測定モードは一般にch1へ入力された信号をY軸(垂直方向)信号とし，ch2へ入力された信号をX軸(水平方向)信号とします．
　図2-Aに示したように二つの信号が正弦波で同じ周波数のとき，この信号をそれぞれch1とch2に入力します．そしてオシロスコープを「X-Y測定モード」にして，画面に描かせます．すると**図2-B**に示すような楕円が現れます．
　ch1-ch2波形の位相差を求めるには，カーソルでX軸方向の最大幅と，X軸との交点同士の距離を測ります．その値を下式に当てはめると，ch1とch2の電圧の位相差が求まります．楕円が右に傾いている場合は，

$$位相差 = \sin^{-1}\frac{(b値)}{(a値)}$$

楕円が左に傾いている場合は，

$$位相差 = 180度 - \sin^{-1}\frac{(b値)}{(a値)}$$

リサジュー曲線は，

と呼んでいます．負帰還回路網の安定度を確認するうえでたびたび登場するグラフです．
　また，このような特性を見ると，回路の周波数特性は単純なCRの挿入によって，特性に変更を加えたり，特性を補正したりできることがうかがえます．以下では基本的なCR回路によって，周波数特性がどのように変化するのかを確かめておきま

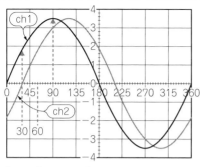
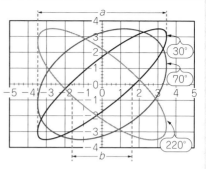

[図2-A] 位相のずれた同一周波数正弦波
ch1を基準にすると，ch2の波形は30°位相が遅れている．横軸中央の文字は，正弦波一周期の角度（ラジアン）を示している

[図2-B]「x-yモード」にするとch1，ch2のリサジューが得られる
ch1：縦軸，ch2：横軸表示となる．ch1，ch2とも同一周波数としたときの波形

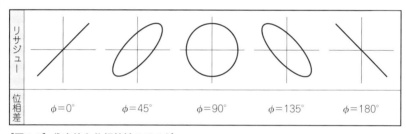

[図2-C] 代表的な位相特性のリサジュー

位相が-90～90度 → x軸のピークが第1，3象限
位相が90度   → x軸のピークがx軸上
位相が90～270度 → x軸のピークが第2，4象限
位相が270度   → x軸のピークがx軸上

になります．図2-Bの場合，a値＝7V，b値＝3.5Vとすると，位相差は$\sin^{-1}(3.5/7V)$＝30度になります．図2-Cに代表的な位相特性のリサジューを示します．

しょう．

● 遅れ回路…CRロー・パス・フィルタの特性

　CRロー・パス・フィルタの構成とボード線図を図2-8に示しました．f_c＝1kHzですから，f_cより十分低い周波数ではゲインは1になり，位相も遅れません．しか

し周波数が高くなると位相が遅れだし，つぎにゲインが落ちてきます．位相は最大90°まで遅れます．

この図(b)において，横軸の周波数は対数表示です．縦軸のゲインはdB(デシベル)表示で書かれています．黒の太い実線がゲイン特性です．

カットオフ周波数f_c以下ではゲインは1で，f_cのところで大きく曲がります．カットオフ周波数は，

$$f_c = \frac{1}{2\pi \cdot C \cdot R} \quad \cdots\cdots\cdots\cdots\cdots\cdots\cdots\cdots\cdots\cdots (2\text{-}4)$$

の点です．細い線は折れ線近似のゲイン特性で，簡略的に書くとき使います．この折れ線近似ゲイン特性はf_cで折れ曲がり，f_c以下では平らなゲイン1のグラフ，f_cでの実際のゲインは-3dBなのでこの分だけずれています．

f_c以上では-20dB/dec(周波数10倍で20dB減衰の意味)または-6dB/oct(周波数2倍で6dB減衰)の減衰特性になります．位相特性の縦軸は位相角で，比例目盛りになっています．網の太線が位相特性で，細線が折れ線近似の位相特性です．

折れ線近似の位相特性はf_cの1/10で折れ曲がり，この周波数以下では0°の位相遅れで一定の直線になります．そして，f_cの10倍のところで再び折れ曲がり，それ以上の周波数では$-90°$一定の直線になります．f_cの1/10の周波数から10倍の周波数では，f_cの位相特性の$-45°$を通って，$-45°$/dec(周波数10倍で$-45°$変化)の直線で結ばれています．複素数の式を使って計算すると，伝達関数Gは，

$$G = \frac{\frac{1}{j\omega C}}{R + \frac{1}{j\omega C}} = \frac{1}{1 + j\omega \cdot C \cdot R}$$

これよりゲイン$G(f)$は，

$$G(f) = \frac{1}{\sqrt{1 + (\omega \cdot C \cdot R)^2}} = \frac{1}{\sqrt{1 + \left(\frac{f}{f_c}\right)^2}} \quad \cdots\cdots\cdots\cdots\cdots (2\text{-}5)$$

位相$\phi(f)$は，

$$\phi(f) = -\tan^{-1}(\omega \cdot C \cdot R) = \tan^{-1}\frac{f}{f_c} \quad \cdots\cdots\cdots\cdots\cdots\cdots (2\text{-}6)$$

カットオフ周波数f_cは，式(2-4)の通りです．

● 進み回路…CRハイ・パス・フィルタの特性

　図2-9に示すCRハイ・パス・フィルタは,信号がカットオフ周波数f_cよりも十分に高いとゲインが1に近づき,f_cより低くなるとゲインが落ちてきます.直流分,あるいは低周波成分をカットするときにも使用されるものです.

　高周波では位相はほとんどずれませんが,f_cより1/10低い周波数になると約90°の位相進みになります.カットオフ周波数f_cは,ロー・パス・フィルタと同様です.

　f_cにおけるゲイン特性は−3dB,位相特性は+45°です.低周波数でのゲインの変化は20dB/dec,または6dB/octになり,位相はf_cで45°/decになります.

　細線は折れ線ボード線図です.ゲイン特性がf_cで折れ曲がり,位相特性はf_cの1/10と10倍で折れ曲がります.複素数を使って計算すると伝達関数Gは,

$$G = \frac{R}{R + \dfrac{1}{j\omega C}} = \frac{j\omega \cdot C \cdot R}{1 + j\omega \cdot C \cdot R}$$

これよりゲイン$G(f)$は,

$$G(f) = \frac{\omega \cdot C \cdot R}{\sqrt{1 + (\omega \cdot C \cdot R)^2}} = \frac{\dfrac{f}{f_c}}{\sqrt{1 + \left(\dfrac{f}{f_c}\right)^2}} = \frac{1}{\sqrt{1 + \left(\dfrac{f_c}{f}\right)^2}} \quad \cdots\cdots (2\text{-}7)$$

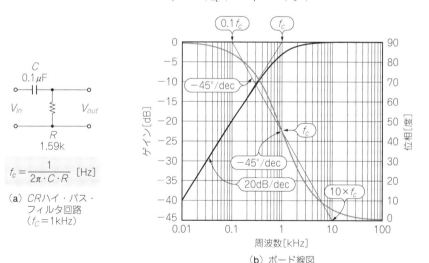

(a) CRハイ・パス・フィルタ回路 ($f_C = 1\text{kHz}$)

$f_c = \dfrac{1}{2\pi \cdot C \cdot R}$ [Hz]

(b) ボード線図

[図2-9] 1次進み回路…CRハイ・パス・フィルタとその周波数特性
カット・オフ周波数f_c = 1kHzのハイ・パス・フィルタの構成.[C = 0.1μF, R = 1.59kΩ]とした

位相 $\phi(f)$ は,

$$\phi(f) = \tan^{-1}\left(\frac{f_c}{f}\right) \quad \cdots\cdots (2\text{-}8)$$

カットオフ周波数 f_c は, 式(2-4)です.

● カット・オフ点が二つある高域減衰フィルタ

これは少し特徴のあるフィルタです. 特定の周波数で位相が大きく変化します. 図2-10に回路構成とゲイン-位相特性を示します.

$$\frac{V_o}{V_i} = \frac{R_2 + \dfrac{1}{j\omega C}}{R_1 + R_2 + \dfrac{1}{j\omega C}} = \frac{1 + j\omega C \cdot R_2}{1 + j\omega C \cdot (R_1 + R_2)} \quad \cdots\cdots (2\text{-}9)$$

カットオフ周波数は f_{c0} と f_{c1} の2カ所があります.

$$f_{c0} = \frac{1}{2\pi \cdot C \cdot R_2} \quad \cdots\cdots (2\text{-}10)$$

$$f_{c1} = \frac{1}{2\pi \cdot C \cdot (R_1 + R_2)} \quad \cdots\cdots (2\text{-}11)$$

位相は $\phi(\max)$ を頂点として山のようになります. ゲイン $G(f)$, 位相 $\phi(f)$ は,

$$G(f) = \frac{\sqrt{1 + \left(\dfrac{f}{f_{c0}}\right)^2}}{\sqrt{1 + \left(\dfrac{f}{f_{c1}}\right)^2}} \quad \cdots\cdots (2\text{-}12)$$

$$\phi(f) = -\tan^{-1}\frac{f}{f_{c1}} + \tan^{-1}\frac{f}{f_{c0}} \quad \cdots\cdots (2\text{-}13)$$

$$f_\phi \max = \frac{1}{2\pi C\sqrt{R_2 \cdot (R_1 + R_2)}} \quad \cdots\cdots (2\text{-}14)$$

$$\phi\max = \tan^{-1}\frac{f_\phi(\max)}{f_{c1}} - \tan^{-1}\frac{f_\phi(\max)}{f_{c0}} \quad \cdots\cdots (2\text{-}15)$$

$$G(\min) = \frac{R_2}{R_1 + R_2} \quad \cdots\cdots (2\text{-}16)$$

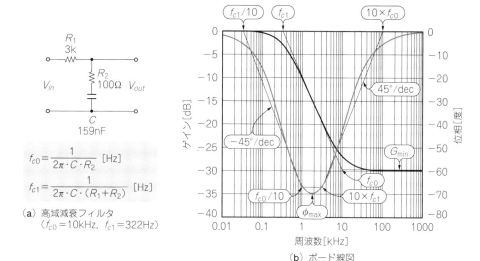

[図2-10] 高域減衰フィルタとその周波数特性
二つのカットオフ周波数f_{c0}, f_{c1}がある。$f_{c0}=10\text{kHz}$, $f_{c1}=322\text{Hz}$の高域減衰フィルタ

● OPアンプと組み合わせたCR高域フィルタ

　CRフィルタとOPアンプを組み合わせると，増幅度をもったフィルタを構成することができます．**図2-11**にその一例を示します．

　OPアンプの入力部で，R_1と並列に(R_4+C_4)を接続すると高域を増幅するフィルタになり，R_2と並列にCRを接続すると高域を減衰させるフィルタになります．この考えは制御工学に出てくるPID制御において，R_1とR_3がP(比例)動作，R_1と並列に入れるCRがD(微分)動作，R_3と並列に入れるCRがI(積分)動作とも呼ばれる構成です．

　伝達関数は，

$$G=\frac{R_3}{R_1/\!/\left(R_4+\dfrac{1}{j\omega C_4}\right)}=\frac{R_3}{R_1}\cdot\frac{1+j\omega\cdot C_4\cdot(R_1+R_4)}{1+j\omega\cdot C_4\cdot R_4}$$

カットオフ周波数は高域減衰フィルタと同じく，f_{c0}とf_{c1}の2カ所があります．

$$f_{c0}=\frac{1}{2\pi\cdot C_4\cdot(R_1+R_4)} \quad\cdots\cdots\cdots\cdots\cdots\cdots\cdots\cdots\cdots\cdots\cdots\cdots\cdots (2\text{-}17)$$

$$f_{c1} = \frac{1}{2\pi \cdot C_4 \cdot R_4} \quad \cdots\cdots (2\text{-}18)$$

これよりゲイン$G(f)$，位相$\phi(f)$のそれぞれは，

$$G(f) = \frac{\sqrt{1+\left(\dfrac{f}{f_{c1}}\right)^2}}{\sqrt{1+\left(\dfrac{f}{f_{c0}}\right)^2}} \quad \cdots\cdots (2\text{-}19)$$

$$\phi(f) = \tan^{-1}\frac{f}{f_{c1}} - \tan^{-1}\frac{f}{f_{c0}} \quad \cdots\cdots (2\text{-}20)$$

$$G(\max) = \frac{R_3}{R_1 /\!/ R_4} = \frac{R_3}{R_1} \cdot \frac{R_1+R_4}{R_4} \quad \cdots\cdots (2\text{-}21)$$

$$f_\phi \max = \frac{1}{2\pi C\sqrt{R_4 \cdot (R_1+R_4)}} \quad \cdots\cdots (2\text{-}22)$$

$$\phi\max = \tan^{-1}\frac{f_\phi(\max)}{f_1} - \tan^{-1}\frac{f_\phi(\max)}{f_0} \quad \cdots\cdots (2\text{-}23)$$

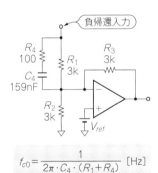

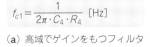

$f_{c0} = \dfrac{1}{2\pi \cdot C_4 \cdot (R_1+R_4)}$ [Hz]

$f_{c1} = \dfrac{1}{2\pi \cdot C_4 \cdot R_4}$ [Hz]

（a）高域でゲインをもつフィルタ

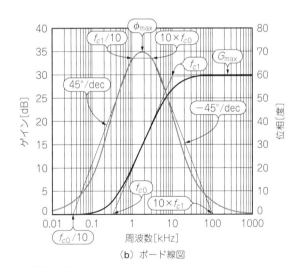

（b）ボード線図

[図2-11] CR高域フィルタとOPアンプの組み合わせ
図2-10…高域減衰フィルタの変形版をOPアンプの入力部においた構成．増幅特性をもったフィルタになっている

図2-12に示すのは，図2-11と同じCRを，OPアンプの負帰還側に接続したものです．図2-11と比べると，ゲイン-位相・周波数特性が逆になっていることがわかります．つまり，高域でゲインが低下するフィルタです．このときの各式は，

$$f_{c0} = \frac{1}{2\pi \cdot C_4 \cdot (R_1 + R_4)} \quad \cdots\cdots (2\text{-}17)$$

$$f_{c1} = \frac{1}{2\pi \cdot C_4 \cdot R_4} \quad \cdots\cdots (2\text{-}18)$$

$$G(f) = \frac{\sqrt{1 + \left(\frac{f}{f_{c0}}\right)^2}}{\sqrt{1 + \left(\frac{f}{f_{c1}}\right)^2}} \quad \cdots\cdots (2\text{-}24)$$

$$\phi(f) = -\tan^{-1}\frac{f}{f_{c1}} + \tan^{-1}\frac{f}{f_{c0}} \quad \cdots\cdots (2\text{-}25)$$

となります．

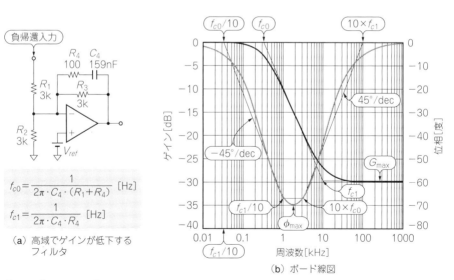

[図2-12] OPアンプの負帰還側に高域減衰フィルタをおいた構成
図2-11とは逆特性のフィルタになっている

2-2 *CR*回路でゲイン-位相特性を調整する

2-3 スイッチング電源の安定性を確認するには

● ボード線図による負帰還回路の安定性判定…ゲイン余裕と位相余裕

出力電圧を安定にするための負帰還回路は，負帰還をかけた閉ループ回路のゲインと位相が適正であることが重要です．ゲインと位相が適正になるよう調整することを，**ゲイン-位相調整**と呼んでいます．ゲイン，位相が適正でないと動作が不安定になったり，発振を生じたりします．たとえば負荷の急変や入力電圧の急変などがあったとき，図2-13に示すように出力電圧が振動したり，極端な場合は発振したりします．また，負荷変動とそれに伴う振動（リンギング）の周期が合致したりすると大きな振動になったり，温度が大きく変化すると発振に変わってしまうというケースもあります．

負帰還回路は図2-2でも示したように，出力電圧を逆極性にして入力側に戻して目的の出力電圧を安定化します．このときの閉回路の安定性を測定するには，実際に負荷変動や入力変動を起こして出力電圧の波形を観測したり，ゲイン-位相特性を測ることで判定します．

系が不安定になる原因は，負帰還系の位相遅れや位相進みにあります．負帰還回路はゲインが1以上で，そのとき位相が±180°遅れたり進んだりすると発振器になります．また，位相が180°に近かったりすると振動が続いたりします．

スイッチング電源の場合の位相遅れは，インダクタや各回路に挿入されているコンデンサなどによって発生します．負帰還回路での極性反転は180°の位相として計算されます．また位相遅れϕは，遅れ時間をtとすると，

$$\phi = \frac{360}{f \cdot t} \quad (°) \quad \cdots\cdots\cdots\cdots\cdots\cdots\cdots\cdots\cdots\cdots\cdots\cdots\cdots\cdots\cdots\cdots\cdots\cdots\cdots\cdots\cdots\cdots (2\text{-}26)$$

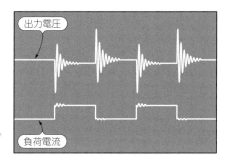

[図2-13]
不安定な電源の応答
負帰還におけるゲインと位相の調整が適正でないと，出力で大きな負荷変動があったときなどにリンギングなどを起こしてしまう

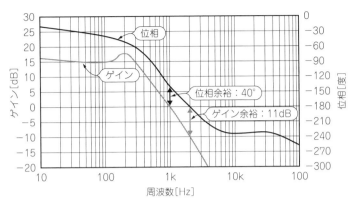

[図2-14]
ゲイン-位相特性を描く…ボード線図
横軸に周波数をおき，使用周波数範囲における各周波数において縦軸にゲイン，位相差をプロットしたグラフをボード線図(Bode plot)と呼んでいる

の位相遅れとして計算されます．そして，負帰還ループにおけるゲインと位相を縦軸に，周波数を横軸に書くと，ゲイン-位相特性のボード線図になります．その一例を図2-14に示します．このときの判定は，

- **ゲイン余裕**…位相が－180°のところでゲインが0dB以下であるか，0dBになるまでに何dBの余裕があるか
- **位相余裕**…ゲインが0dBのところで位相が－180°まで遅れていないか，そして－180°まであと何度の余裕があるか

をチェックします．図2-14でゲイン余裕を見ると，位相－180°のところでゲインは0dBまで11dBの余裕があります．位相余裕を見ると，ゲイン1(0dB)のところで位相は－180°まで40°の余裕があることがわかります．余裕が小さすぎると，負荷変動などにおいて，図2-13に示したような振動波形になります．発振はしないが，過渡現象において振動(減衰振動)するので，バラツキなどを含めるとおよそ，**ゲイン余裕は7dB，位相余裕は45°以上**とするのが目安となります．

実際には，どの程度のゲイン余裕，位相余裕があればよいかの目安を表2-1に示します．ボード線図を作成し，安定領域になるように各回路定数を決めることになります．図2-15に示す負荷変動への応答波形は，適正な位相補償が行われているときの波形です．

● 位相余裕が小さいときの振動と過渡変動

負帰還回路で位相余裕が小さくなると，発振はしないまでも，負荷変動などによって出力電圧が振動します．どのくらいの振動になるかはQで表すことができます．図2-16に位相余裕と出力回路のQの関係を示します．表2-1で示したように多

[表2-1][(4)]
負帰還回路における位相余裕とゲイン余裕の目安
安定な負帰還を実現をするには位相余裕：約60°，利得余裕：約10dBほどもつ回路にしたい

位相余裕 (°)	ゲイン余裕 (dB)	状　態
20	3	ひどいリンギング，絶対的に悪い
30	5	多少のリンギング，やや悪い
45	7	きわどいダンピング，最良の応答時間
60	10	一般に適切な値
72	12	基準としたい値，開ループ応答でピークが出ない

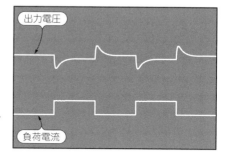

[図2-15]
安定な電源の応答
適正な負帰還が施された電源では，大きな負荷変動が生じても適正な修正動作があるので，出力電圧はあまり変動しない

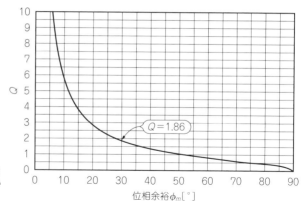

[図2-16]
位相余裕 ϕ_m と Q の関係
負荷変動によるリンギングの大きさ Q は，位相余裕 ϕ_m に関連している．位相余裕は45°くらい欲しい

少リンギングのある状態…位相余裕30°のときの Q は1.86です．

この位相余裕（ϕ_m）と Q の関係は，

$$\phi_m = \tan^{-1}\sqrt{\frac{1+\sqrt{1+4Q^4}}{2Q^4}} = \tan^{-1}\sqrt{\frac{2}{\sqrt{1+4Q^4}-1}} \quad \cdots\cdots\cdots\cdots (2\text{-}27)$$

$$Q = \frac{\sqrt[4]{1+\tan(\phi_m)}}{\tan(\phi_m)} \quad \cdots\cdots\cdots\cdots (2\text{-}28)$$

で示されます.

● **ステップ応答による減衰振動とQの関係**

前述のように負荷を変動させ,そのときの応答特性を見ることは,ボード線図を描かなくても負帰還回路の安定性を簡易的に確認していることになります.ステップ応答特性と呼んでいます.

負荷変動…ステップ応答による出力電圧の振動は,位相余裕の違いによる波形の減衰振動Qの違いとして現れます.ステップ応答によって,どのような減衰振動波形になるかを示したステップ応答を**図2-17**に示します.ただし,実際の応答は直流やその他の周波数によってゲインが異なり,スタート時の波形が違ってきます.

たとえば直流分の変動は**図2-17**ではステップ応答の前後では1になっていますが,直流のゲインによって決まるスタティックな変動電圧になります.正確な過渡応答は,回路方式や定数によって決まります.位相余裕を大きくして,振動を少なくすることが重要です.

計算によって振動の大きさを求めてみましょう.電源回路出力部は,形としてL_o,C_o,Rの共振回路となるので,共振周波数をω_0とし,Qの大きさによって三つのモードで考えます.

① $Q = 0.5$以上のとき…**振動モード**
② $Q = 0.5$のとき…**臨界モード**
③ $Q = 0.5$以下のとき…**減衰モード**

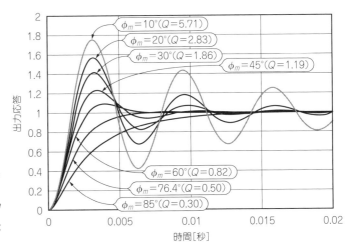

[図2-17]
ステップ応答における減衰振動と位相余裕
減衰振動と位相余裕ϕ_mとの関係を示したもの.ϕ_mが小さいと振動が大きくなっている

電圧変動を V とすると,

$$H(s) = \cfrac{1}{\cfrac{s^2}{\omega_0^2} + 2\zeta \cdot \cfrac{s}{\omega_0} + 1} = \cfrac{1}{\cfrac{s^2}{\omega_0^2} + \cfrac{s}{Q \cdot \omega_0} + 1}$$

ここで,

$$\alpha = \frac{R}{2L_o} = \frac{1}{2Q} \cdot \sqrt{\frac{1}{L_o \cdot C_o}}$$

$$\beta = \sqrt{\mathrm{abs}\left(\frac{1}{L_o \cdot C_o} - \alpha^2\right)}$$

とすると,

① $Q = 0.5$ 以上の振動モードなら,

$$V_c = V - V \cdot \exp(-\alpha \cdot t) \cdot \left(\cos(\beta \cdot t) + \frac{\alpha}{\beta} \cdot \sin(\beta \cdot t)\right) \quad \cdots\cdots\cdots\cdots (2\text{-}29)$$

② $Q = 0.5$ の臨界モードなら,

$$V_c = V - V \cdot (1 + \alpha \cdot t) \cdot \exp(-\alpha \cdot t) \quad \cdots\cdots\cdots\cdots\cdots\cdots\cdots\cdots\cdots (2\text{-}30)$$

③ $Q = 0.5$ 以下の減衰モードなら,

$$V_c = V + V \cdot \frac{\alpha - \beta}{2\beta} \cdot \exp((-\alpha - \beta) \cdot t) + V \cdot \frac{-\alpha - \beta}{2\beta} \cdot \exp((-\alpha + \beta) \cdot t) \quad \cdots\cdots (2\text{-}31)$$

となります.$Q = 0.5$ 以下ではオーバシュートは生じません.また,ピーク電圧 V_p と Q の関係は,

$$V_p = V - V \cdot \exp\left(\frac{-\pi}{\sqrt{4Q^2 - 1}}\right) \quad \cdots\cdots\cdots\cdots\cdots\cdots\cdots\cdots\cdots\cdots\cdots (2\text{-}32)$$

$$Q = -\frac{\sqrt{\pi^2 + \left(\ell n \frac{V_p - V}{V}\right)^2}}{2 \cdot \ell n \frac{V_p - V}{V}} \quad \cdots\cdots\cdots\cdots\cdots\cdots\cdots\cdots\cdots\cdots\cdots (2\text{-}33)$$

となります.

| 2-4 | 安定なスイッチング電源を設計するには |

　ボード線図は設計段階でも描くことができます．設計段階で安定かどうかを判断し，安定度不足のときは，回路や定数を変更することで安定動作になるようもっていきたいものです．ここではシンプルな構成の降圧コンバータを例に，安定な特性の得られるスイッチング電源の設計法を検討してみます．

● 安定動作のためのボード線図

　ボード線図は，主スイッチやインダクタを含むメイン回路と，負帰還およびPWM回路を含んだ制御回路でそれぞれに描きます．そして二つのボード線図を加算して，負帰還全体・閉ループのゲイン-位相特性を作り，先の**表**2-1にしたがって判定します．

　ボード線図には**図**2-14に示したような普通のボード線図と，折れ線によるボード線図があります．言い換えると，電源回路のLCRによってゲインと位相を計算する方法と，近似の折れ線によって概略のボード線図を書く方法になります．

　もちろんパソコン(シミュレーション)を使えばいずれも計算できますが，ゲインや位相を思うように動かすには，折れ線の折れ点のことを理解して，定数を変更することのほうが効率的です．

　ここでは**図**2-18に示す，もっとも基本となる降圧コンバータのゲイン-位相特性について説明します．メイン回路の範囲はPWM出力から(**図**2-18のD点)，パワー段の出力端子までとします．制御回路のゲイン-位相特性はパワー段の出力端子からPWM出力までとします．

　またPWM出力はデューティ比なので0～1の無単位ですが，これを1Vとしてゲインを dB で表記しています．ゲインは，**図**2-18のV_{fb}点からパワー出力までとすると単位なしの dB になります．

　なお，図において$R_L = 10$mΩはインダクタL_oの直流抵抗分，C_oに直列にあるR_{esr}は，平滑コンデンサC_oの内部に存在する等価直列抵抗(ESR)分を示したものです．**図**2-19にアルミ電解コンデンサにおけるESRの周波数特性ならびに温度特性を示しますが，その変動には注意が必要です．周波数の高い領域で効いてきます．

● 負帰還をもつ降圧コンバータを解析すると

　降圧コンバータの回路構成は**図**2-18です．負帰還のためには出力電圧の検出が

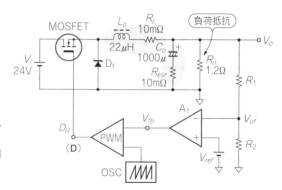

[図2-18] 負帰還をもつ降圧コンバータのモデル回路

負帰還回路を設計するためのモデル回路. R_L はインダクタ L_o の直流抵抗分, R_{esr} はコンデンサ C_o の等価直列抵抗分

必要ですが，これは出力 V_o を抵抗 R_1, R_2 で分割して V_{of} を得ています．そして V_{of} と基準電圧 V_{ref} とを比較し，差分をアンプ A_1 で増幅して V_{fb} とし，それをパルス幅変調（PWM）しています．PWM出力はON/OFFのデューティ比 D_R です．メイン・スイッチMOSFETは D_R によってON/OFFのスイッチング動作を行います．

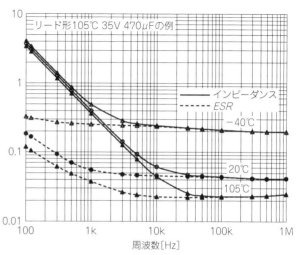

[図2-19] アルミ電解コンデンサ ESR の周波数特性と温度特性

何らかの原因で出力電圧 V_o が高くなると，PWM出力のデューティ比 D_R を小さくして出力電圧を下げるよう動作します．逆に出力電圧 V_o が低くなると，D_R を大きくして出力電圧を上げるよう動作します．このような動作が「負帰還」というわけです．

ここで負帰還のルートは，出力電圧 V_o からアンプ A_1 を通り，PWM回路を通り，メイン・スイッチMOSFETを通って出力 V_o に戻っています．この間の増幅率を**ループ・ゲイン**（一巡増幅率）と呼んでいます．このゲインは大きくはメイン回路のゲインと，制御回路のゲインに分けられます．負帰還が安定に動作するかどうかは，この負帰還回路の構成にかかっています．

▶メイン回路の増幅率

メイン回路の増幅率は，図2-18におけるPWM出力[D_R]から出力V_oまでとしています．PWM出力のデューティ比D_Rが0～100％変化すると，出力V_oが0～V_iまで変化するので，PWM出力のデューティ比D_Rと出力電圧V_oは，

$$V_o = D_R \times V_i$$

となります．またごく低域のPWMからのゲインG_oは，

$$G_o = \frac{dV_o}{dD_R} = V_i$$

になります．

▶*LC*回路の交流分

次に，LCの交流分を検討してみましょう．インダクタL_oから見た電源側インピーダンスは0なので，等価回路としてはインピーダンス0の信号源と見なし，L_oの抵抗分(R_L)とC_oの抵抗分(R_{esr})を考慮します．L_oとR_Lの直列インピーダンスをZ_L，C_oとR_{esr}の直列インピーダンスをZ_Cとすると，

$$Z_L = R_L + j\omega \cdot L_o$$

$$Z_C = R_{esr} + \frac{1}{j\omega \cdot C_o}$$

したがって負荷抵抗をR_oとすると，複素数でのゲインGは，

$$G = V_i \cdot \frac{Z_C /\!/ R_o}{Z_C /\!/ R_o + Z_L} = \frac{V_i \cdot Z_C \cdot R_o}{Z_C \cdot R_o + Z_L \cdot (Z_C + R_o)}$$

$$= V_i \cdot \frac{R_o + j\omega C_o \cdot R_{esr} \cdot R_o}{R_o + R_L - \omega^2 \cdot L_o \cdot C_o(R_{esr} + R_o) + j\omega(C_o(R_{esr} \cdot R_o + R_L \cdot R_{esr} + R_L \cdot R_o) + L_o)}$$

ゲインは　$G(f) = \text{abs}(G)$

位相は　　$\phi(f) = \arg(G)$

共振周波数は $f_0 = \dfrac{\omega_0}{2\pi} = \dfrac{1}{2 \cdot \pi \cdot \sqrt{(L_o \cdot C_o)}}$ ･････････････････････････(2-34)

コンデンサC_oのESRによるカットオフ周波数f_{esr}は，

$f_{esr} = \dfrac{\omega_{esr}}{2\pi} = \dfrac{1}{2\pi \cdot R_{esr} \cdot C_o}$ ･････････････････････････････････(2-35)

で求めることができます．

● まず電流連続モード：CCMのときのパラメータを求める

次に伝達関数で考えると$R_{esr} \leqq R_o$, $R_L \leqq R_o$として,

$$G(s) \fallingdotseq V_i \cdot \frac{1 + \dfrac{s}{\omega_{esr}}}{1 + \dfrac{s}{\omega_0 \cdot Q} + \left(\dfrac{s}{\omega_0}\right)^2}$$

となり，ゲイン，位相，共振周波数などは以下のようになります．

低域ゲイン　$G_0 = \dfrac{dV_o}{dD_R} = V_i$ ……………………………………………… (2-36)

共振周波数　$f_0 = \dfrac{1}{2\pi \cdot \sqrt{(L_o \cdot C_o)}}$ ……………………………………………… (2-37)

選択度Q　$Q = \dfrac{1}{(R_{esr} + R_{qon} \cdot D_R + R_L) \cdot \sqrt{\dfrac{C_o}{L_o}} + \dfrac{1}{R_o + R_{esr}} \cdot \sqrt{\dfrac{L_o}{C_o}}}$ …… (2-38)

選択度QはLC共振回路における損失，選択度を表すもので，損失係数$\tan\delta$の逆数でもあります．共振性能指数とかクオリティ・ファクタとも呼ばれています．

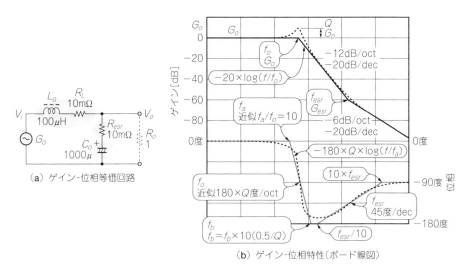

[図2-20] 降圧コンバータ（電流連続モード：CCM）のゲイン-位相特性
降圧コンバータの等価回路から，シミュレーションによってゲイン-位相特性をプロットした

ゲイン曲線は $\quad G(f) = G_0 \dfrac{\sqrt{1 + \left(\dfrac{f}{f_{esr}}\right)^2}}{\sqrt{\left(1 - \left(\dfrac{f}{f_0}\right)^2\right)^2 + \left(\dfrac{f}{f_0 \cdot Q}\right)^2}}$ ･････････････ (2-39)

位相曲線は $\quad \phi(f) = \tan^{-1}\dfrac{f}{f_{esr}} - \tan^{-1}\dfrac{f \cdot f_0}{Q \cdot (f_0{}^2 - f^2)}$ ･････････････ (2-40)

共振点の共振増加ゲイン G_p は $\quad G_p = \dfrac{2Q^2}{\sqrt{4Q^2 - 1}}$ ･････････････ (2-41)

ESRのカットオフ周波数f_{esr}は $\quad f_{esr} = \dfrac{1}{2\pi \cdot C_o \cdot R_{esr}}$ ･････････････ (2-42)

ESRのカットオフ周波数のゲインG_{esr}は $\quad G_{esr} = G_0 \cdot \dfrac{C_o \cdot R_{esr}{}^2}{L_o}$ ･･････ (2-43)

共振点の位相折れ点f_a, f_bは $\quad f_a = f_0 \cdot 10^{-\frac{1}{2 \cdot Q}}$ ･････････････ (2-44)

$$f_b = f_0 \cdot 10^{\frac{1}{2 \cdot Q}}$$ ･････････････ (2-45)

このときの等価回路とこの式で作図したゲイン-位相特性を**図2-20**に示します．複素数の式との比較ですが，複素数計算では無視している項目がないので正確です．しかし，ゲインの式と位相の式ではR_LとR_{esr}は，R_oにくらべて無視しているところもあるので，多少の誤差が出ています．ただし，グラフではわからない範囲です．

● **電流不連続モード：DCM のときのパラメータ**

降圧コンバータで負荷が軽いときは，インダクタL_oが電流不連続モード：DCM動作になります．このとき入力電流はループ・ゲインの測定周波数に関係なく，いつも1サイクル分のエネルギーを出し終えて終了します．これは測定周波数に関係

[図2-21]
還流ダイオードD_fを流れる電流の放電/放電デューティ比
インダクタ，電流不連続モードにおける還流ダイオードの電流の流れ方

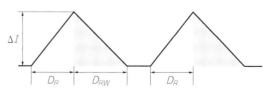

なく一定です．つまり周波数特性をもたない抵抗と同じで，その値が入力電圧や出力電圧，スイッチングのデューティ比で変化するものと考えられます．

したがって周波数特性をとると，高域では−6dB/oct（20dB/dec）で減衰し，メイン回路では位相が最大90°までしか遅れません．つまり電流連続モード：CCMに比べると発振しにくくなります．

そこで**図2-21**に示すように，還流ダイオードD_fがONするときのデューティ比D_{RW}について求めてみます．出力の負荷抵抗R_oとしたとき，ピーク電流をΔIとします．MOSFETのスイッチング・デューティ比をD_R，スイッチング周波数をf，インダクタをL_oとすると，D_Rが小信号によって変化するので，V_oをD_RとR_oの関数にすると，（DCM）降圧コンバータの式から，D_{RW}ほかのパラメータは以下のようになります．

$$D_{RW} = \frac{V_i - V_o}{V_o} \cdot D_R \quad \cdots\cdots (2\text{-}46)$$

$$I_o = \frac{V_i - V_o}{L_o \cdot D_R} \cdot \frac{D_R \cdot (D_R + D_{RW})}{2f} \quad \cdots\cdots (2\text{-}47)$$

$$R_o = \frac{V_o}{I_o} \quad \cdots\cdots (2\text{-}48)$$

$$V_o = \frac{V_i \cdot D_R^2 \cdot R_o}{4 \cdot L_o \cdot f} \cdot \left(\sqrt{1 + \frac{8 \cdot L_o \cdot f}{D_R^2 \cdot R_o}} - 1 \right) \quad \cdots\cdots (2\text{-}49)$$

$$G_0 = \frac{dV_o}{dD_R} = \frac{2 \cdot V_o \cdot (V_i - V_o)}{(2 \cdot V_i - V_o) \cdot D_R} = \frac{2 \cdot V_i \cdot D_{RW}}{(D_R + D_{RW}) \cdot (D_R + 2D_{RW})} \quad \cdots\cdots (2\text{-}50)$$

$$f_0 = \frac{1}{2\pi \cdot C_o \cdot R_o} \cdot \frac{2V_i - V_o}{V_i - V_o} = \frac{1}{2\pi \cdot C_o \cdot R_o} \cdot \frac{D_R + 2 \cdot D_{RW}}{D_{RW}} \quad \cdots\cdots (2\text{-}51)$$

$$G(s) = G_0 \cdot \frac{1 + \dfrac{s}{\omega_{esr}}}{1 + \dfrac{s}{\omega_0}} \quad \cdots\cdots (2\text{-}52)$$

$$f_{esr} = \frac{1}{2\pi \cdot C_o \cdot R_{esr}} \quad \cdots\cdots (2\text{-}53)$$

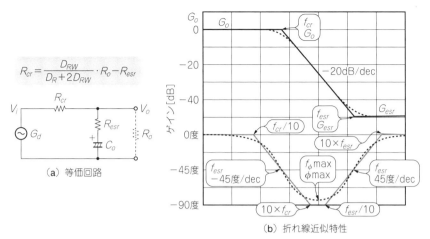

[図2-22] 降圧コンバータ（電流不連続モード：DCM）のゲイン-位相特性

$$G_{esr} = \frac{2 \cdot V_o}{D_R} \cdot \frac{R_{esr}}{R_o} = \frac{2V_i}{D_R + D_{RW}} \cdot \frac{R_{esr}}{R_o} \quad \cdots (2\text{-}54)$$

$$G(f) = G_o \cdot \frac{\sqrt{1 + \left(\dfrac{f}{f_{esr}}\right)^2}}{\sqrt{1 + \left(\dfrac{f}{f_0}\right)^2}} \quad \cdots (2\text{-}55)$$

$$\phi(f) = \tan^{-1}\frac{f}{f_{esr}} - \tan^{-1}\frac{f}{f_o} \quad \cdots (2\text{-}56)$$

となります．

DCMモードにおける降圧コンバータの等価回路とゲイン-位相特性を図2-22に示します．等価回路における直列等価抵抗R_{cr}は，$(R_{cr} + R_{esr})$とC_oがカットオフ周波数になります．つまり，

$$R_{cr} = \frac{1}{2\pi \cdot C_o \cdot f_o} - R_{esr} = \frac{V_i - V_o}{2V_i - V_o} \cdot R_o - R_{esr}$$

$$= \frac{D_{RW}}{D_R + 2 \cdot D_{RW}} \cdot R_o - R_{esr} \quad \cdots (2\text{-}57)$$

位相遅れの最大値ϕmaxは，その周波数を$f_\phi$maxとすると，

$$f_\phi \max = \cfrac{1}{2\pi \cdot C_o \cdot \sqrt{R_{esr} \cdot (R_{esr} + R_{cr})}} \quad \cdots\cdots\cdots\cdots\cdots\cdots\cdots\cdots\cdots (2\text{-}58)$$

$$\phi \max = \tan^{-1}\cfrac{f_\phi \max}{f_{esr}} - \tan^{-1}\cfrac{f_\phi \max}{f_0} \quad \cdots\cdots\cdots\cdots\cdots\cdots\cdots\cdots (2\text{-}59)$$

と求めることができます.

2-5　降圧コンバータの実際の特性を確認すると

● 降圧コンバータ…実際のゲイン-位相特性例

　図2-23に負帰還およびPWM回路を加えた降圧コンバータ全体の構成を示します．また，ボード線図を図2-24に示します．実際の回路に近づけるために，メイン回路のインダクタL_oには直列抵抗R_Lを，平滑コンデンサC_oには等価直列抵抗R_{esr}を挿入しました．しかし，共振周波数f_0のところでゲイン特性に少しピークが発生しています．ここでf_0は，

$$f_0 = \cfrac{1}{2\pi \cdot \sqrt{L_o \cdot C_o}}$$

となっています.

　特性にこのようなピークがあると，電源は発振しやすくなります．そこで制御回路では，進み位相になるよう$(R_4 + C_4)$の直列回路を挿入しました．この結果，制

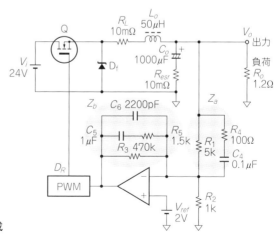

[図2-23]
降圧コンバータの全体構成

御回路のボード線図では1k～10kHzで進み位相特性になり,ゲインは発振しやすいL_oとC_oの共振周波数付近(1k～2kHz付近)で減衰しています.

全体のボード線図では位相特性は180°までにならず,ゲイン特性がゼロを横切るときは位相余裕が75°近くあります.

● 降圧コンバータ…制御回路のボード線図

スイッチング電源における負帰還制御回路は,図2-25に示すように三つのタイプに分かれています.図において,(a)がもっとも部品の少ないタイプです.(b),(c)になると部品が増えています.OPアンプのゲインが低い場合はR_3も不要です.応答が遅くても良い簡単な電源のときは(a)のタイプ1を使用します.

これより応答の速い安定した電源には(b)のタイプ2を,さらに安定した応答を得るには(c)のタイプ3になります.

もっとも安定性の良いタイプ3の形で説明します.タイプ1,タイプ2ではR_4を無限大,C_4を0に,R_5を無限大,C_5を0として計算します.R_1,R_4,C_4の合成インピーダンスをZ_aとし,C_6,C_5,R_5,R_3の合成インピーダンスをZ_bとすると,

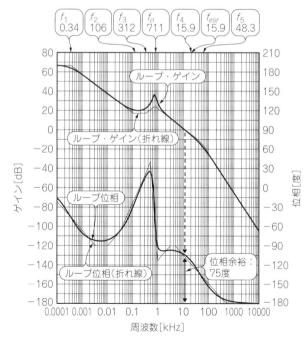

[図2-24]
降圧コンバータ全体のゲイン-位相特性

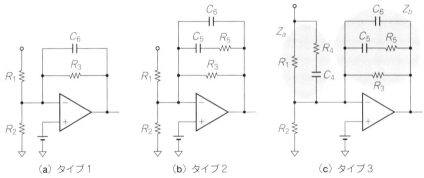

[図2-25] OPアンプを使った位相補償回路の基本形

$$Z_a = R_1 /\!/ \left(R_4 + \frac{1}{j\omega \cdot C_4}\right)$$

$$Z_b = R_3 /\!/ (R_5 + \frac{1}{j\omega \cdot C_5}) /\!/ \frac{1}{j\omega \cdot C_6}$$

となるのでゲインGは,

$$G = G_{pwm} \cdot \frac{Z_b}{Z_a}$$

となります．G_{pwm}はパルス幅変調器のゲインです．三角波のp-p電圧V_{pwm}の電圧分だけ入力電圧をかえると，デューティ比D_Rが0から1まで変化します．つまり，ゲイン$1/V_{pwm}$になります．ゲインは$1/V_{pwm}$となり，位相ずれはなくて0°と考えます．

また，この制御回路の特性(Z_a/Z_b)の値はR_2に関係しません．よって，R_2は直流出力電圧を変える可変抵抗として使用することができます．ボード線図を変えずに出力電圧を可変できることになります．

V_{pwm}を$1V_{p\text{-}p}$とし，ゲインを1とすると，この制御回路の折れ線近似は図2-26のようになり，ボード線図は図2-27のようになります．すべての折れ点を記入すると複雑になるので，ゲイン折れ点の周波数5カ所($f_1 \sim f_5$)が記入されており，位相の折れ点10カ所は省略しています．その折れ点の時定数は，

$$f_1 = \frac{1}{2\pi \cdot \tau_1} = \frac{1}{2\pi \cdot C_5 \cdot (R_3 + R_5)} \fallingdotseq \frac{1}{2\pi \cdot C_5 \cdot R_3}$$

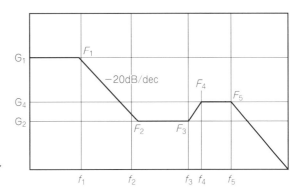

[図2-26]
OPアンプ・タイプ3によるゲイン特性（折れ線近似）

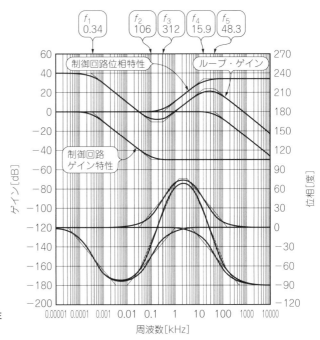

[図2-27]
制御回路のゲイン-位相特性の実際

$$f_2 = \frac{1}{2\pi \cdot \tau_2} = \frac{1}{2\pi \cdot C_5 \cdot R_5}$$

$$f_3 = \frac{1}{2\pi \cdot \tau_3} = \frac{1}{2\pi \cdot C_4 \cdot (R_1 + R_4)} \fallingdotseq \frac{1}{2\pi \cdot C_4 \cdot R_1}$$

2-5 降圧コンバータの実際の特性を確認すると

$$f_4 = \frac{1}{2\pi \cdot \tau_4} = \frac{1}{2\pi \cdot C_4 \cdot R_4}$$

$$f_5 = \frac{1}{2\pi \cdot \tau_5} = \frac{1}{2\pi \cdot C_6 \cdot (R_5 /\!/ R_3)} = \frac{R_3 + R_5}{2\pi \cdot C_6 \cdot R_3 \cdot R_5} \fallingdotseq \frac{1}{2\pi \cdot C_6 \cdot R_5}$$

また,制御回路の低周波数のゲイン(G_1)は,

$$G_1 = G_{pwm} \cdot \frac{R_3}{R_1} \quad \cdots\cdots (周波数が低いので C_5, C_4, C_6 オープンと考える)$$

$R_5 < R_3$ とするとOPアンプのゲイン G は,

$$G = G_1 \cdot \frac{(1 + j\omega \cdot \tau_2) \cdot (1 + j\omega \cdot \tau_3)}{(1 + j\omega \cdot \tau_1) \cdot (1 + j\omega \cdot \tau_4) \cdot (1 + j\omega \cdot \tau_5)}$$

よってゲイン $G(f)$ と位相 $\phi(f)$ は,

$$G(f) = G_{pwm} \cdot \frac{R_3}{R_1} \cdot \frac{\sqrt{1 + \left(\frac{f}{f_2}\right)^2} \cdot \sqrt{1 + \left(\frac{f}{f_3}\right)^2}}{\sqrt{1 + \left(\frac{f}{f_1}\right)^2} \cdot \sqrt{1 + \left(\frac{f}{f_4}\right)^2} \cdot \sqrt{1 + \left(\frac{f}{f_5}\right)^2}}$$

$$\phi(f) = \frac{180}{\pi}\left(-\tan^{-1}\frac{f}{f_1} + \tan^{-1}\frac{f}{f_2} + \tan^{-1}\frac{f}{f_3} - \tan^{-1}\frac{f}{f_4} - \tan^{-1}\frac{f}{f_5}\right)$$

となり,折れ線ゲイン図の平坦なところのゲインは,$f_2 > f_3$ のときは

$$G_2 = \frac{R_3 /\!/ R_5}{R_1} = \frac{R_3 \cdot R_5}{(R_3 + R_5) \cdot R_1} \fallingdotseq \frac{R_5}{R_1}$$

……($f_2 \sim f_3$ の周波数なので C_5 ショート,C_4, C_6 オープン,$R_3 \gg R_5$ と考える)

同様に $f_5 > f_4$ のときのゲインは

$$G_4 = \frac{R_3 /\!/ R_5}{R_1 /\!/ R_4} = \frac{R_1 + R_4}{R_1 \cdot R_4} \cdot \frac{R_3 \cdot R_5}{R_3 + R_5} \fallingdotseq \frac{R_5}{R_1} \cdot \frac{R_1 + R_4}{R_4}$$

……($f_4 \sim f_5$ の周波数なので C_5, C_4 ショート,C_6 オープン,$R_3 \gg R_5$ と考える)

● 降圧コンバータ…全体のボード線図

　メイン回路のゲイン-位相特性と,制御回路のゲイン-位相特性を加算したものが全体の特性です.これによってボード線図の位相余裕とゲイン余裕の判定を行います.このときゲインが1になるときの位相は105°なので,180°までの位相余裕は

75°になり，かなり安定と判断できます．ゲイン余裕では位相が180°遅れる(廻る)ところまで行かないので，判定はなしです．

スイッチング周波数との関係では，スイッチング周波数でリプル電圧を増幅する可能性があるので，ゲイン1になる周波数はスイッチング周波数の1/3〜1/5程度以下にする必要があります．

図2-28に各部分および回路全体のボード線図と折れ線近似のグラフを示します．なお，コンバータ全体のボード線図と折れ線近似については図2-23に示しました．この近似式はメイン回路と制御回路それぞれのゲインと位相から，全体のゲイン曲線 $G(f)$ は，

$$G(f) = V_o \cdot \frac{\sqrt{1+\left(\frac{f}{f_{esr}}\right)^2}}{\sqrt{\left(1+\left(\frac{f}{f_0}\right)^2\right)^2 + \left(\frac{f}{f_0 \cdot Q}\right)^2}} \cdot G_{pwm} \cdot \frac{R_3}{R_1} \cdot \rightarrow$$

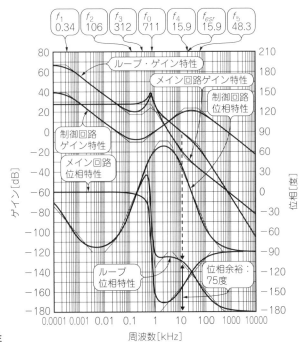

[図2-28]
全体のループ・ゲイン-位相特性

$$\times \frac{\sqrt{1+\left(\frac{f}{f_2}\right)^2} \cdot \sqrt{1+\left(\frac{f}{f_3}\right)^2}}{\sqrt{1+\left(\frac{f}{f_1}\right)^2} \cdot \sqrt{1+\left(\frac{f}{f_4}\right)^2} \cdot \sqrt{1+\left(\frac{f}{f_5}\right)^2}}$$

全体の位相曲線は

$$\phi(f) = \tan^{-1}\frac{f}{f_{esr}} - \tan^{-1}\frac{f \cdot f_0}{Q \cdot (f_0^2 - f^2)} - \tan^{-1}\frac{f}{f_1} \to$$

$$\to + \tan^{-1}\frac{f}{f_2} + \tan^{-1}\frac{f}{f_3} - \tan^{-1}\frac{f}{f_4} - \tan^{-1}\frac{f}{f_5}$$

これでほぼ実際に近い特性を書くことができます．

なお，折れ線近似はメイン回路のゲインはf_0，f_{esr}と制御回路のf_1，f_2，f_3，f_4，f_5の折れ点として，位相の折れ線近似はこの周波数の0.1倍と10倍およびf_a，f_bで結線します．

● ゲイン-位相(ボード線図)を測定するには

ボード線図を測定するには，(信号発生器＋オシロスコープ)を方法と**写真2-1**でも紹介した**FRA**を使用する方法があります．**図2-29**に基本的な接続例を示します．

まずスイッチング電源出力には分割抵抗を接続し，出力電圧V_oの一部V_{of}を取り出します．V_{of}は基準電圧V_{ref}と比較され，エラー・アンプを通ってPWM回路に入り，スイッチング素子→LCフィルタを通して出力に戻す系を構成します．

全体のゲインを測定するには，負帰還用分割抵抗のところで回路を切断し，そこから測定用に微小の正弦波信号を注入します．そして出力電圧V_oに重畳した交流分を測定することで，回路のゲイン-位相特性を測定することができます．

電源は直流的な負帰還ループを形成してないとうまく動作しません．直流的な負帰還ループの安定を保って，そこに微小交流信号を注入する形です．図に示すように負帰還の途中に，正弦波発振器から微小レベル交流信号を注入して動作させます．すると交流信号がポイント(A)からエラー・アンプを経てPWM回路を通り，メイン回路を通って出力され，負帰還によって戻ってきます．

つまり，交流信号入力の一端のポイント(A)とグラウンド間が交流信号入力となり，反対側のポイント(B)とグラウンド間が交流出力になります．ポイント(A)とポイント(B)の電圧比がループ・ゲインになります．

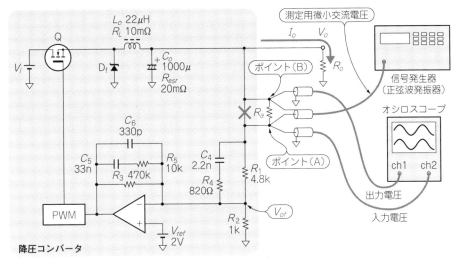

(a) 信号発生器とオシロスコープによる測定

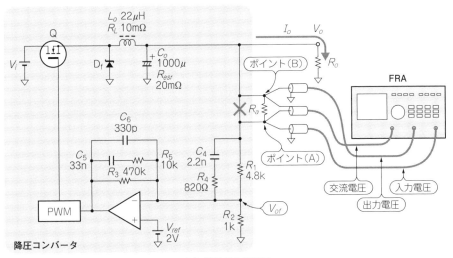

(b) FRAによる測定

[図2-29] ゲイン-位相特性の測定法

● 実際のボード線図を描くには
▶ FRAを使用しないとき
　正弦波発振器とオシロスコープを使って測定します．
① 低抵抗R_aの両端に正弦波発振器を接続し，信号を注入します．発振器の出力は，

電圧レベルが大き過ぎると動作点が変わって測定条件が変わってしまう可能性があります．オシロスコープで測定できる範囲で，できるだけ小さくします(数十～数百 mV オーダ)．
② 位相は，2現象オシロスコープでゼロ・クロス・タイミングで見るか，X-Y 表示によるリサージュを描かせて測定します．
③ ゲインを計算するときの測定電圧は，注入する正弦波信号が大きすぎると測定電圧が歪むことがあるので注意が必要です．
④ 正弦波発振器の周波数を変えて，全域でのゲイン-位相をプロットします．
⑤ 動作点が変わるとゲイン-位相特性が変わります．軽負荷から重負荷までの間で測定します．とくにインダクタの電流連続モード(CCM)と電流不連続モード(DCM)では大きく変わります．また，周囲温度が変わるととくに平滑コンデンサ…電解コンデンサ C_0 の ESR が変わり，特性も変化するので確認が必要です．
⑥ 正弦波発振器の漏れ電流が問題になるときは，発振器の電源に交流トランスを挿入して絶縁します．周波数範囲が広いので，広範囲に使えるトランスが必要です．

▶ FRA を使用したとき

① 電源の負帰還の途中に測定用の微小交流電圧を挿入します．FRA 測定端子があるときは問題ありませんが，FRA 測定端子がないときは負帰還ループの一部を切断し，電源としての動作に影響のないような低抵抗 R_a を挿入して測定します．
② 低抵抗 R_a の両端に FRA からの交流信号を挿入します．
③ ポイント(A)とグラウンド間が帰還ループの入力です．ポイント(B)とグラウンド間が帰還ループの出力です．この波形を観測します．入力した交流信号は，入力電圧と出力電圧の差電圧になりますが，測定値とは直接関係がありません．
④ [ポイント(B)の電圧]/[ポイント(A)の電圧]をゲインとし，ポイント(B)の電圧とポイント(A)の電圧の位相差を測定します．
⑤ 測定周波数を設定してゲイン-位相を測定します．
　以上でボード線図が描けます．

スイッチング電源[2] 要素技術のマスター

第3章
スイッチング電源用ICの活用技術

現代の電子回路は，ICの利用なしでは語れません．
スイッチング電源用ICには効率や制御性を改善するため，
あるいはさまざまな安全上の工夫，低待機電力のための工夫
などを加えた素子が用意されています．

3-1 スイッチング電源制御ICのあらまし

● 電圧制御の基本はパルス幅変調…PWM（Pulse Width Modulation）

　スイッチング電源回路の電圧調整は負帰還＋パワー・スイッチング素子のデューティ比（D_R）制御によって行います．この動作を現実のものにするのが，パルス幅変調…PWMと呼ばれる回路です．スイッチング電源制御用と呼ばれるICが登場する以前，PWM回路はOPアンプなどの汎用アナログICを使用して構成されていました．典型的な例を図3-1に示します．

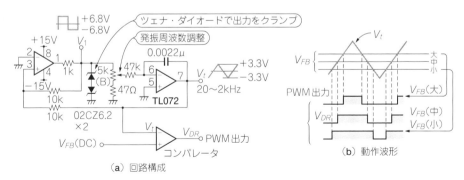

[図3-1] OPアンプによる三角波発生とPWM制御回路の典型的な構成
初段OPアンプはヒステリシス・コンパレータ．2段目がOPアンプ使用の積分回路．矩形波V_1が積分回路に入力されると，出力にはきれいな三角波V_tが得られる．三角波V_tと入力V_{FB}とを比較すると，PWM出力V_{DR}が得られる．V_{FB}が高いときはデューティ比を小さく，V_{FB}が低いときはデューティ比を大きくする

3-1 スイッチング電源制御ICのあらまし | 109

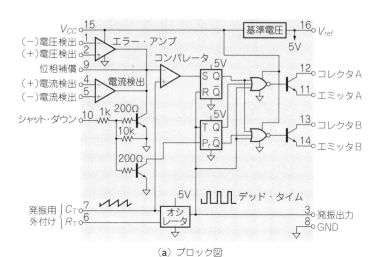

(a) ブロック図

[図3-2][(5)] スイッチング電源制御ICのオリジンともいえるSG3524のブロック図

SG3524は旧SGSトムソン社．多くのメーカからPWM制御ICとして販売されていた．9ピンの電圧が1～3.5Vになると，0～50%弱のデューティ比出力が得られる

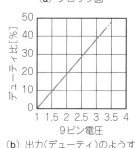

(b) 出力(デューティ)のようす

　基本は三角波発生回路とコンパレータ（電圧比較器）の組み合わせです．三角波はのこぎり波（ランプ波）でもかまいません．OPアンプを使用するとほぼ理想的な積分回路が容易に得られるので直線性の良い三角波をつくることができますが，スイッチング電源におけるPWM回路は負帰還ループの中にあるので，波形の直線性はさほど要求されません．

　図3-2に示すのは，スイッチング電源用PWM制御ICのオリジンともいえるSG3524（LM3524）のブロック図です．基準電圧源，エラー・アンプ，発振回路，PWMコンパレータ，過電流制限回路，出力駆動回路から構成されています．図を見ると発振回路は三角波ではなく，のこぎり波になっていることがうかがえますが，機能的にはほとんど同じです．同図に（負帰還）入力電圧と出力パルス幅デューティ比との入出力関係を示しますが，実際のICでは入力信号と出力デューティ比とが必ずしも正比例になってない素子もあります．またいわゆるPWMを行うので

[表3-1] 初期のスイッチング電源用PWM制御ICの例

型　名	メーカ	パッケージ[注5]	入力電圧	基準電圧	発振周波数	デューティ比	出力形式
LM3524[注1]	TI	DIP16	8〜40V	5V±5%	20〜350kHz	45%(max)	プッシュプル用
TL494	TI	DIP16	7〜40V	5V±1.5%	1〜300kHz	45%(max)	プッシュプル用
FA5510[注2]	富士電機	DIP8/SOP8	10〜28V	5V±5%	10〜500kHz	46%(max)	シングル用
UC3842[注3]	TI	DIP8/SOP8	12〜25V	5V±5%	10〜500kHz	97%(max)	シングル用

(注1) PWM ICのオリジン．オリジナル・メーカはSGS社だが，TI(旧NS)社のデータを参照した
(注2) CMOS，過電流検出：パルス・バイ・パルス．デューティ比，過電流検出の違いにより他に5511/5514/5515がある
(注3) 電流制御モードPWM，デューティ比，UVLO電圧により3843/3844/3845がある．CMOSタイプもある
(注4) パッケージは表記外にも多数あるので要確認

はなく，ON時間を固定，あるいはOFF時間を固定にして周波数変調でデューティ比を変える素子もあります．PWMとほぼ同様のふるまいなのですが，ICの選択にあたっては注意が必要です．

　近年のスイッチング電源制御用ICにおいては，このほかスイッチング電源の安全動作において有用なさまざまな保護回路などが収納されています．表3-1に代表的(古典的)なスイッチング電源用PWM制御ICの例を示しておきます．

● 電圧安定度は内蔵の基準電圧によって定まるが…

　図3-2にも示しましたが，スイッチング電源制御用ICにはほとんどの素子に基準電圧V_{ref}が内蔵されています．入力電圧や周囲温度の変動があっても変動しない基準電圧V_{ref}と，変動する出力電圧V_oを比較し，つねにV_oが一定になるよう負帰還制御したいからです．出力電圧の安定度は，この基準電圧V_{ref}の安定度によってほぼ決まります．

　基準電圧V_{ref}の値は2.0Vや2.5V，5.0Vなどまちまちですが，精度は一般に±5%くらいです．たとえば，2.0Vなら±0.1V…1.9〜2.1Vといった感じです．高精度には感じないかもしれませんが，出力電圧自体はあらゆる誤差を加味して可変抵抗で最終調整を行います．温度変化は，2.0Vの基準電圧で±0.2mV/℃と書いてあれば，50℃の温度変化で10mV変動するわけですから，これは0.5%の変動になります．一般の電源回路用としては許容できる値です．

　ところで実際のスイッチング電源においては第1章・図1-1でも示したように，

AC入力側…1次側と2次側とを絶縁するのが一般的です．出力電圧V_oは2次側にあって，制御用IC…基準電圧V_{ref}が1次側にあったのでは，容易に二つの電圧を比較し，負帰還制御を行うことができません．

そこで，現実解としては2次側に新たな基準電圧V_{ref}を設け，電圧比較の結果をフォト・カプラで絶縁して1次側に負帰還する方法がよく使用されています．新たな基準電圧の追加は不合理ですが，それでも基準電圧とOPアンプ機能をあわせもった素子…TL431などを使用すれば，コスト増は最小で済ますことができます．広く利用されている方法です．TL431の使い方については**3-2節**で解説します．

● スイッチング電源制御ICに備わっている保護回路機能

スイッチング電源制御用ICは，半導体メーカ各社で開発され多くの種類が販売されていますが，過負荷（過電流）への保護回路が特徴的です．ICそれぞれの，保護回路機能を理解して使い分けることも重要です．過電圧保護，外部信号によるラッチしゃ断機能を備えているICもあります．

▶ **UVLO**（Under Voltage Lock-Out）**低電圧誤動作防止回路**：この機能はほとんどの制御ICに組み込まれています．ICの電源電圧が定格値以下のとき，ICが不正な出力を出さないようにするための保護回路です．

▶ **ソフト・スタート機能**：この機能も現在はほとんどの制御ICに組み込まれています．電源の起動時，電源内部の部品にストレスをかけないように，また負荷となる機器へのストレスを軽減するために出力電圧を徐々に上昇させる機能です．電源電圧が規定電圧以上になると，デューティ比を0から徐々に規定値まで数msかけて上昇させます．**図3-3**にソフト・スタートにおける動作例を示します．AC入力部のサイリスタによる突入電流制限との連動も有効です．

▶ **過電圧保護機能**：制御ICのほとんどが商用ACの1次側に接続されるので，制御ICの電源電圧V_{CC}が何らかの要因で規定電圧以上になったとき，故障と判断して出力をしゃ断し，負荷を保護します．V_{CC}が所定電圧以下に戻ったら自動復帰するタイプと，電源を再投入しなおすタイプがあります．

過電圧検出機能を備えたICでは，出力電圧に比例した電圧をICに供給することによって，供給電源の電圧で過電圧保護を行っています．

▶ **過電流保護…自動復帰型**：過電流を検出したら出力電圧を下げて保護します．定電流垂下もこのタイプに含まれます．

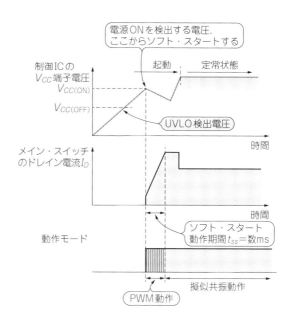

[図3-3] 電源起動時の制御用ICの動作例
UVLO，ソフト・スタート機能をもった擬似共振型電源制御ICの起動時の動作タイミング例を示している

▶ **過負荷保護…タイマ・ラッチ(ラッチしゃ断)型**：異常(過電流)が一定時間以上継続すると，完全に動作が停止…シャット・ダウンします．再起動するには電源をいったんOFFにし，電源回路内のコンデンサが放電する時間をおいてから再び電源投入すると，動作を開始します．決まった負荷が接続されていて，「一定時間継続して過電流が流れるのは負荷の故障のときだけ」というようなときに使います．

▶ **過負荷保護…自動復帰型**：過電流保護により動作を一時停止します．そして，一定時間後に再起動します．再起動して過電流状態がなくなっていれば定常状態に復帰します．過電流状態がさらに続いているときは，一定の遅延時間経過の後ふたたび停止します．この起動・停止を繰り返します．実験設備や，モータのような起動電流が大きい負荷，電源が止まっては困るときはこちらが便利です．定電流垂下もこのタイプに含まれます．

▶ **パルス・バイ・パルス(サイクルごと)過電流制限**：出力の過電流を，スイッチング周期ごとに検出して，過電流に対する応答をすばやくしたものです．スイッチングの1サイクルごとに過電流制限を行い，この過電流制限値を変えて出力を制御する方式です．

[表3-2][6] DIP/SOP 8ピンPWM制御ICの例[富士電機(株)]

ここに示したのはPWM制御IC. 出力段スイッチング素子…MOSFET駆動回路が内蔵されている. MOSFETは用途(容量)に応じて選択する

型　名	制御モード	低待機電力	デューティ比	動作周波数[Hz]	入力電圧[V]	過負荷保護	V_{cc}過電圧保護	過電力保護
FA3641P/N	電圧	リニア	70%	30k～500k	10～28	タイマ・ラッチ	ラッチ	
FA3647P/N								
FA5604N			46%	100k～300k	10～30	自動復帰		
FA5605N			70%					
FA5606N								
FA13842P/N	電流		96%	10k～500k	10～25			—
FA13843P/N								
FA13844P/N			48%					
FA13845P/N								
FA5504P/N	電圧	—	46%	10k～500k	10～28	タイマ・ラッチ	ラッチ	
FA5510P/N								
FA5511P/N			70%					
FA5514P/N			46%					
FA5515P/N			70%					
FA5607N					10～30	自動復帰		
FA5628N[注3]	電流	リニア	85%	65k	11～24	自動復帰	ラッチ	1段階
FA5627N[注3]						タイマ・ラッチ		
FA8A00N[注4]	電流	リニア＋間欠	83%	65k	12～24	自動復帰	ラッチ	2段階
FA8A01N[注4]						タイマ・ラッチ		
FA8A27N[注4]					10～28	タイマ・ラッチ		
FA5528N	電流	リニア	80%	60k	10～26	タイマ・ラッチ	ラッチ	1段階
FA5527N				100k				
FA5526N				130k				
FA5538N				60k		自動復帰	自動復帰	
FA5537N				100k				
FA5536N				130k				
FA5637N	電流	リニア＋間欠	85%	65k	11～24	タイマ・ラッチ	ラッチ	
FA5639N				100k	10～24			
FA5680N				65k	11～24	自動復帰		
FA5681N				65k	11～24	タイマ・ラッチ		
FA8A60N	電流	リニア＋間欠	83%	65k	10～24	自動復帰	ラッチ	1段階
FA8A61N						タイマ・ラッチ		
FA8A70N						自動復帰		
FA8A71N						タイマ・ラッチ		
FA8A12N						自動復帰		2段階

(注1) パッケージはサフィックスPがDIP8, サフィックスNがSOP8
(注2) UVLO機能はすべてに内蔵されている
(注3) ブラウンアウト機能を内蔵
(注4) ブラウンアウト機能, X-Con放電機能を内蔵

▶ **ブラウンアウト**(Brownout)：AC入力電圧の一時的な電圧低下のことをブラウンアウトと呼びます．同じAC電源ラインで他の機器で大きな起動電流が流れたときなどに生じる現象です．AC入力電圧が瞬時低下し，しかし停電にはいたらず正常電圧にもどるケースです．AC入力を整流した電圧を検出して，ブラウンアウトになったら一定時間（数十ms）後にスイッチング動作を止めます．AC入力電圧が正常に復帰したらスイッチング動作を開始します（ブラウンイン）．入力電圧低下でコンバータが正常に動作できない，LLCコンバータなどにおいて使用されています．

表3-2に，国内メーカとして多くのPWM制御ICを用意している富士電機の商品例を示します．いずれもDIPあるいはSOP8ピンに収納されているところが，一つの特徴です．出力段に用意するMOSFETは目的・容量などに合わせて用意します．

3-2　2次側に可変型基準電圧IC TL431を活用する

● 基準電圧とフォト・カプラ駆動を兼ねる

TL431は，TI（Texas Instruments）社オリジナルの可変型基準電圧（Programable Voltage reference）ICです．図3-4に示すような記号を使い，スイッチング電源な

(a) ピン配置とシンボル　　　　(b) ブロック図

項　目	min	typ	max	単　位	
カソード電圧(V_{KA})	V_{ref}	—	36	V	注(1)
カソード電流(I_{KA})	1	—	100	mA	
基準電圧(V_{ref})	2440	2495	2550	mV	注(1)
基準電圧変動($V_{I(dev)}$)	—	4	25	mV	注(2)
電圧変動($\Delta V_{ref}/\Delta V_{KA}$)	—	−1.4	−2.7	mV/V	注(3)
	—	−1	−2	mV/V	注(4)

注(1)：$V_{KA} = V_{ref}$，$I_{KA} = 10$mA
注(2)：注(1) + $T_A = 0 \sim 70$℃
注(3)：$I_{KA} = 10$mA，$\Delta V_{KA} = 10$V − V_{ref}
注(4)：$I_{KA} = 10$mA，$\Delta V_{KA} = 36$V − 10V

(c) TL431Cのおもな特性　　(d) 外観

[図3-4][7] **可変型基準電圧IC TL431の構成**
(d)の写真は昔の小信号用トランジスタと同じ形状のものを示したが，現実にはSOパッケージ形が多用されている

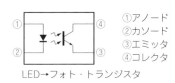

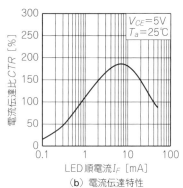

(a) ピン接続と外観　　　　　　(b) 電流伝達特性

[図3-5][(8)] 2次側から1次側への負帰還に使用されるフォト・カプラの例
［シャープ(株)，PC123シリーズの例から］
スイッチング電源1次-2次間の絶縁に使用するので絶縁が強化され，各種安全規格で認定されていることも重要な選択肢となる．PC123はDIP形で，入出力間絶縁耐圧は5kV，電流伝達比 CTR …入力側電流に対する出力電流比率は50～400%（@ I_F =5mA）．

どにおける基準電圧素子として広く使用されています．多くのICメーカから互換品が発売され，価格がこなれていることも特徴です．約2.5Vの基準電圧とOPアンプで構成されています．

　基準電圧といえば従来は温度補償型ツェナ・ダイオードと呼ばれるものが使用されていましたが，TL431などによれば低電力で安定した基準電圧を作ることができ，OPアンプも内蔵されているので，抵抗値の設定によって出力を2.5V以外に設定することも容易です．ピン数が3ピンというのも特徴で，そのため出力端子（Cathode）とOPアンプの電源が共通になっています．ここでは互換品をふくめて代表的であるTL431の名称を使います．

　スイッチング電源では，第1章・図1-6でも示したようにスイッチング電源の制御ICを1次側におくと，パワー・スイッチング用MOSFETを制御ICから直接駆動することができます．このため制御ICを1次側におくことが多いのですが，出力はトランス絶縁した2次側になるので，2次側出力からの負帰還信号を制御ICに送るため，絶縁の必要が生じます．

　この負帰還信号はアナログ値なので，一般に図3-5に示すようなフォト・カプラが利用されています．出力電圧が変動するとフォト・カプラLEDの光量が変化し，光量の変化を捉えた1次側配置のフォト・トランジスタの電流が変化します．この電流変化を制御ICに伝えることで，負帰還ループが構成されます．フォト・カプ

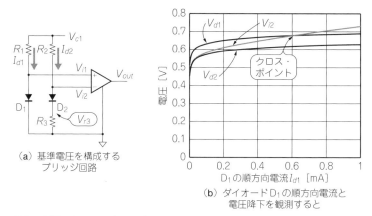

[図3-6](7) バンド・ギャップ・リファレンスのしくみ
微小回路…IC内であるがゆえの回路といえる. 相似形が作りやすく, 温度は均一と考えられるので実現することができる

ラにおけるLEDの変化とフォト・トランジスタの変化は必ずしも線形ではありませんが, OPアンプの利得がそれをカバーします. 負帰還のおもしろいところです.

このような負帰還回路の構成は, 以前はツェナ・ダイオードとトランジスタあるいはOPアンプとフォト・カプラが使用されていましたが, 現在はこのTL431とフォト・カプラの組み合わせがもっともポピュラです.

● 基準電圧…バンド・ギャップ・リファレンスのしくみ

TL431の基準電圧はバンド・ギャップ・リファレンスと呼ばれる原理を使っています(図3-6). バンド・ギャップ・リファレンスは, ダイオードの順方向電圧降下を利用して作る基準電圧です. 図(a)に示すように, R_1, D_1, R_2, ($D_2 + R_3$)の4辺のブリッジ回路でV_{c1}を変えてバランスをとると, R_3の両端電圧がつねに一定になる原理を使っています.

I_{d1}：R_1, D_1に流れる電流, I_{d2}：R_2, ($D_2 + R_3$)に流れる電流とすると, それぞれのダイオードの順方向電圧V_fの計算式は,

$$V_f = V_T \cdot \ln\left(\frac{I_f}{I_s} - 1\right) \quad \cdots\cdots (3\text{-}1)$$

で表されます. V_Tは熱電圧と呼ばれ, 常温(@25℃)では,

$$V_T = \frac{k \times T}{q} = 0.025692577 \quad (\text{V}) \quad \cdots\cdots (3\text{-}2)$$

k：ボルツマン定数 = 1.38×10^{-23} （J/K）

T：絶対温度 = 298.15 （K）

q：電子の電荷 = 1.602×10^{-19} （C：クーロン）

I_s：逆方向飽和電流 $\fallingdotseq 2 \times 10^{-15}$ （A），（温度と作り方によって変わる）

で示すことができます．

　ここでI_{d2}をI_{d1}の1/10，そしてR_3を1kΩとすると，**図(b)**に示すような電流-電圧特性が得られます．横軸はダイオードD_1の電流I_{d1}で，V_{i1}はD_1の順方向電圧，かつOPアンプの入力電圧．V_{i2}はD_2とR_3における合計の電圧降下です．V_{d2}はD_2による順方向電圧です．したがって$(V_{i2} - V_{d2})$は抵抗R_3の電圧降下になり，これは電流I_{d1}に比例しています．

　またV_{d2}の特性は，流れる電流がD_1の1/10なので，V_{d1}の特性の横軸を10倍にしたグラフになっています．V_{d1}とV_{i2}が等しい電圧になる電流を求めると，グラフから0.6mAが求められます．ここがブリッジのバランスする点になり，このバランスする電流のときの抵抗R_3の電圧V_{r3}は電源電圧に関係なく，つねに(0.6mA/10×1kΩ) = 0.06Vになるのです．V_{r3}がつねに一定になる理由は，ダイオードの順方向電流が，電圧の指数関数になっているからです．V_{i1}は，

$$V_{i1} = V_T \cdot \ell n\left(\frac{I_{d1}}{I_s} - 1\right) = \frac{k \cdot T}{q} \cdot \ell n\left(\frac{I_{d1}}{I_s} - 1\right)$$

V_{i2}は，

$$V_{i2} = \frac{k \cdot T}{q} \cdot \ell n\left(\frac{I_{d1}}{n \cdot I_s} - 1\right) + I_{d1} \cdot R_3$$

ブリッジ回路がバランスしているとすると，$V_{i1} = V_{i2}$となるので，

$$V_T \cdot \ell n\left(\frac{I_{d1}}{I_s} - 1\right) = V_T \cdot \ell n\left(\frac{I_{d1}}{n \cdot I_s} - 1\right) + I_d \cdot R_3$$

ここで$I_{d1} \gg I_s$なので(10桁程度違う)無視すると，

$$V_T \cdot \ell n\left(\frac{I_{d1}}{I_s}\right) = V_T \cdot \ell n\left(\frac{I_{d1}}{n \cdot I_s}\right) + I_d \cdot R_3$$

$$V_{r3} = I_{d1} \cdot R_3 = V_T \cdot \ell n(n) = \frac{k \cdot T}{q} \cdot \ell n(10) \quad \cdots\cdots\cdots\cdots (3\text{-}3)$$

となります．

　ブリッジ回路がバランスするよう構成すれば，V_{r3}は電源電圧や電流I_{d1}, I_sの項目が入っていないので，絶対温度に比例する一定電圧になります．ただし，これだけでは温度が上がると電圧が上がってしまいます．

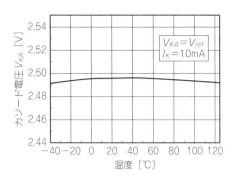

[図3-7][(7)] TL431の温度特性
汎用の電源装置としては十分な温度特性といえるが，現実には他の要素の温度特性が問題になることが多い

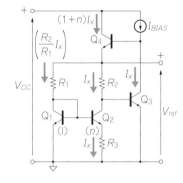

[図3-8][(7)] 実際のバンド・ギャップ・リファレンス回路
TL431はバイポーラによるICだが，近年のスイッチング電源制御ICはCMOS化したものも多い．もちろんCMOSによるバンド・ギャップ・リファレンス回路が構成されている

しかし，I_s：飽和電流は温度によって大きく変わり，$\exp(-E_g/kT)$にほぼ比例した値です．E_gはシリコンのバンド・ギャップ・エネルギーです．ここではI_sの温度変化のほうが大きく，ダイオードの温度係数は$-2.4\mathrm{mV}/°C$程度の温度係数になので，R_2を大きな値にするとV_{ref}は＋の温度係数になり，小さくすると－の温度係数になるので，この抵抗を温度係数が0になるよう設定しています．

図3-7にTL431の実際の温度特性を示します．20～60℃近辺の温度変化が少なくなっていることがわかります．使用温度範囲内で約100ppm/℃の特性なので，普通の電源装置の特性としては十分といえます．

● バンド・ギャップ・リファレンスの実際の回路構成
アナログICの中でよく用いられている基準電圧…V_{ref}の回路は図3-8のようになっています．R_2に対してR_1を同じに，あるいはR_1を小さくし，トランジスタQ_2の面積をQ_1よりもn倍大きくして，Q_1とQ_2のV_{be}の電圧差を発生させ，R_3の電圧にしています．そして，Q_2とQ_3それぞれのコレクタ電流とベース電流を同じにすると，R_2の電流とR_3の電流が同じになります．するとQ_1とQ_3のベースが差動増

幅の入力になり，ブリッジ回路の検出器になり，R_1とR_2の差電圧がQ_3で増幅され，Q_3を駆動してブリッジがバランスするよう定電圧…V_{ref}の電圧を調整しています．そして定電圧が絶対温度に比例した基準電圧のV_{r3}になるので，そのときのV_{ref}は，

$$V_{ref} = V_{be3} + \frac{R_2}{R_3} \cdot V_T \cdot \ell n\left(\frac{n \cdot R_2}{R_1}\right) \quad \cdots\cdots\cdots\cdots\cdots\cdots\cdots\cdots\cdots\cdots\cdots\cdots (3\text{-}4)$$

n：トランジスタ面積比

になります．この結果，第1項目がダイオードの順方向電圧降下で負の温度係数，第2項目が正の温度係数になるので，キャンセルするように抵抗値を選んであります．

● スイッチング電源における**TL431**の基本的な使い方

OPアンプと基準電圧とで構成した電圧変動の検出回路が，TL431になると何が異なるかというと，

(1) オープン・コレクタ出力動作である(図3-4)
(2) 出力電圧をV_{ref}以下にできない
(3) 出力端子にOPアンプと基準電圧の消費電流が常に流れている．完全OFFにできない

などがあります．

図3-9は絶縁型スイッチング電源に使われる，OPアンプを使用したときの負帰

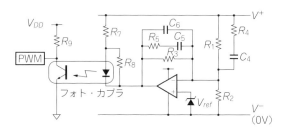

[図3-9] 基準電圧＋OPアンプによる負帰還回路
TL431を使用しなかった頃の負帰還回路．OPアンプはスイッチング電源における負帰還回路の周波数特性を補償する機能も担っている

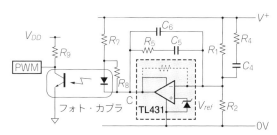

[図3-10] TL431を使用したときの負帰還回路
TL431は2.5Vの基準電圧源とOPアンプとを一体化したICである．ただし，OPアンプ部の利得はあまり高くないので，注意が必要

還のためのフォト・カプラ駆動回路です．OPアンプに位相調整のためのCR部品がすべてついています．

　図3-10がTL431を使ったときのフォト・カプラ駆動回路です．図3-9との違いは，TL431は出力と電源が同一になっていること．結果，出力が入力よりも高い電圧で使うので，比例制御（P制御）のための帰還抵抗R_5をつけると，それによる入出力間電圧差が入力誤差になってしまうことです．そのため直流帰還がなくとも安定動作するようにします．

　またTL431は図3-8に示したように，MOS回路ではなくトランジスタ回路です．入力電流としてベース電流が流れます．この値はデータ・シートから$2\mu A_{(typ)}/4\mu A_{(max)}$です．そのためベース電流が無視できる程度の電流を$R_1$，$R_2$に流して，TL431の端子REFから見たインピーダンスを下げておかなければなりません．

　TL431の計算上の出力電圧V_{rout}は，

$$V_{rout} = V_{ref} \cdot \frac{R_1 + R_2}{R_2} + I_{ref} \cdot R_1 \quad \cdots\cdots\cdots\cdots\cdots\cdots\cdots\cdots\cdots\cdots\cdots \quad (3\text{-}5)$$

の関係です．TL431の入力電流I_{ref}が変化すると，出力電圧V_{rout}に影響を与えます．したがってR_1の値が大きければ，TL431の入力電流で誤差が生じます．これを1％以下に抑えるには，I_{ref}の最大値$4\mu A$の100倍程度の$400\mu A$の電流をR_1，R_2に流す必要があります．ということで，

$$(R_1 + R_2) = \frac{V_{ref}}{400\mu A} = \frac{2.5}{400 \times 10^{-6}} \leq 6.25\text{k}\Omega \quad \cdots\cdots\cdots\cdots\cdots\cdots \quad (3\text{-}6)$$

に選ぶ必要があります．

　またTL431ではOPアンプの電源が，出力（カソード）に接続されています．そのため消費電流のすべてが出力のカソードを流れます．この電流が最大値であってもフォト・カプラが消えるまで制御できなければなりません．

　カソードに流れる電流は$1\text{mA}_{(max)}$なので，カソードに1mA流れてもフォト・カプラのLEDが点灯しないようにしなければなりません．また，フォト・カプラLEDの順方向電圧は最小1Vです．そのためフォト・カプラLEDの両端に(1V/1mA) = 1kΩを並列に接続しておけばよいことになりますが，この値は常温でフォト・カプラLEDに10mA流したときなので，順方向電圧のばらつき，温度変化をなどを考えて半分として，フォト・カプラLEDに対して470Ω～1.5kΩ程度の抵抗R_8を並列に接続します．

● 安定な負帰還のためには位相補償回路が必要

　スイッチング電源では，2次側出力電圧を1次側に負帰還（フィードバック）します．負帰還は，元の電圧に対して逆極性の電圧を加えることで出力電圧の誤差を小さくすることが目的です．しかし実際には，回路の途中に存在する部品の影響で位相遅れ（時間遅れ）が生じます．位相が180°遅れると，元の信号の反転（180°遅れとみなせる）と同じになってしまいます．負帰還ではなく正帰還になってしまい，発振してしまいます．

　そのため負帰還回路では安定動作を確認するために，入力された信号の周波数と，回路利得の関係を確認しておくことが重要です．そのため第2章でも紹介した**ボード線図**と呼ばれるものがしばしば利用されています．

　回路が発振する条件は，負帰還におけるループ・ゲイン（ひと回り利得）が1以上あって，位相遅れが180°（変転も含めて360°）を超えることです．位相が180°遅れる周波数でゲインが1以上になっても，発振します．

　また，ゲインや位相が発振条件に近いと，負荷変動や入力変動などによって出力電圧が振動してしまいます．そうならないためには位相差の余裕…位相余裕が必要です．たとえば常温では正常であった電源回路が，周囲温度が高くなって2次側平滑コンデンサ（アルミ電解コンデンサ）のESR（等価直列抵抗）が下がった結果，発振してしまったというのはよくある例です（第2章．**図2-19**参照）．

　安定な動作を実現するには，ゲイン0dBのとき，位相があと何度遅れたら発振条件の180°になるかを示す「位相余裕」と，位相が180°遅れたときのゲインがあと何dB高くなったら発振条件の0dBになるかを示す「ゲイン余裕」の両方で検討します．それぞれ第2章・**表2-1**に示したような余裕が必要です．位相余裕あるいはゲイン余裕を実現するために付加する回路を，一般に位相補償回路と呼んでいます．

　ボード線図によらないで安定度を確認するには，入力変動あるいは出力変動…負荷変動によって出力電圧の波形を測定します．具体的には負荷をゼロ負荷〜全負荷

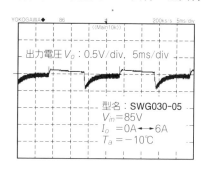

[図3-11][9]　TL431を使用したスイッチング電源における負荷変動特性の例
市販スイッチング電源において，負荷を0A⇔6Aと変動させたときの出力電圧の変化．負帰還が良好に機能していることがわかる

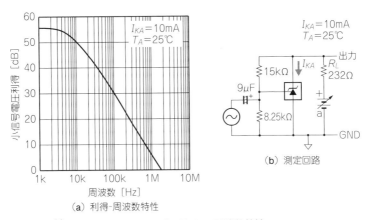

[図3-12] (7) TL431内蔵OPアンプのゲイン−周波数特性
TL431を負帰還に利用するには，まず内蔵されているOPアンプのゲイン−周波数特性を確認することから始まる

に急変，あるいは全負荷～ゼロ負荷に急変して，出力電圧の波形を観測することです．オーバシュートが何Vあったか，振動がどの程度であったかを測定します．TL431を使用したスイッチング電源における負荷変動特性結果の一例を図3-11に示しておきます．

● **TL431から負帰還するには**

TL431の内部OPアンプの開ループ・ゲイン（利得…増幅度）は，汎用OPアンプにくらべてあまり大きくありません．データシートを見ると図3-12から約56dB（630倍）と読み取れます．

また，出力がオープン・コレクタ形式で電流出力動作なので，ゲインは負荷抵抗に比例することになります．ゲイン630倍のときの負荷抵抗R_Lが232Ωなので，負荷抵抗を1kΩとすると，630 × 1000/232 = 2700倍（≒69dB）ということです．ここではTL431内のOPアンプのゲインを69dBとして，位相補償回路を検討します．

位相補償回路は，一般にPID（Proportional–Integral–Derivative Control：比例，積分，微分）制御で考えます．図3-13をご覧ください．P制御とはOPアンプの入力−出力間に抵抗を入れて利得を落とす動作です．この例では69dBなので，TL431内部のOPアンプにR_3 = 2.7MΩが入っていることと同等になります．

OPアンプ以外にフォト・カプラのゲインCTR…電流伝達特性があります．図3-13を例にすると（$R_9/R_7 \times CTR$）を5倍としています．なお，TL431は入出力の

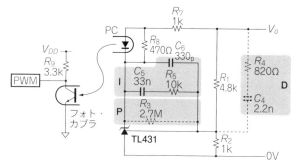

[図3-13] TL431による負帰還の構成

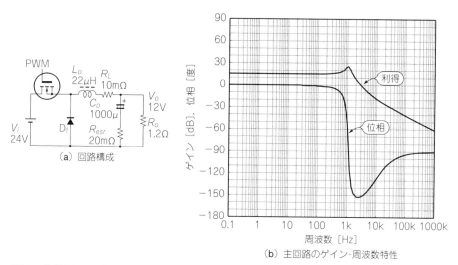

[図3-14] 降圧コンバータ主回路の構成
実験に使用する降圧コンバータについても，その回路のゲイン-周波数特性を確認することが必要になる

直流レベルが異なるので，比例制御（直流帰還）がかけにくいこと，元来のTL431内部OPアンプのゲインが56dBなので，この値をそのまま使います．以下，OPアンプの負帰還回路に，

(1) コンデンサC_6だけによる積分帰還
(2) 負帰還回路にC_5，R_5の直列回路も加えた積分帰還
(3) OPアンプ入力側にC_4，R_4を加えた微分帰還

についてボード線図を使用して説明します．

ボード線図はゲインと位相の周波数特性をグラフで表したもので，位相余裕がど

図(a)においてC₆, R₃によるゲイン特性の折点①は,

$$f = \frac{1}{2\pi \cdot C_6 \cdot R_3}$$
$$= \frac{1}{2\pi \times 330e^{-12} \times 2.7e^6}$$
$$= 179 \text{Hz} \quad \text{となる.}$$

同様にC_6, R_3による位相特性の折点は2か所ある.
- 周波数1/10倍の点
  …①/10 = 17.9Hz
- 周波数10倍の点
  …①×10 = 1790Hz

図3-16(b), 図3-17(b)でも同様になる

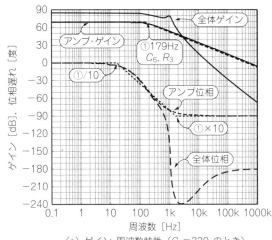

(a) ゲイン-周波数特性（$C_6=330_p$のとき）

[図3-15] ($C_5 + R_5$) なし. C_6 だけで位相補償を考えると

TL431のOPアンプに位相補償を施すことにして, C_6の値を替えてゲイン-周波数特性を確認してみる

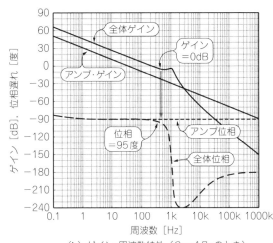

(b) ゲイン-周波数特性（$C_6=4.7\mu$のとき）

の程度あるかで安定度を判定するとき使用します. 位相についてはOPアンプで反転された波形を0°とし, 位相遅れ分だけをグラフ化しています. よって発振条件は180°になります.

図3-14に示す降圧コンバータを例にして, まずは（スイッチング）主回路の応答特性を検討してみましょう. LCによる共振周波数はほぼ1kHzになっています. このため1kHz以上で位相が大きく変化し, 最大153°遅れになっています. そして, C_oのESR…R_{esr}を加味すると, R_{esr}が小さいほど180°に近づいて発振しやすくな

ります．ゲインは，PWM制御の入力電圧から直流出力電圧までとしています．制御のゲインは出力検出からPWM入力までとしています．回路定数は平滑コンデンサに電解コンデンサを使った，電流連続モードの12V・10Aの一般的な定数です．

● 遅れ補償回路として C_6 だけを付けたとき

図3-14に示した降圧コンバータへの負帰還回路は，先の図3-13です．TL431のOPアンプにおける負帰還は（$C_5 + R_5$）なしで，C_6 だけです．このときのゲイン−位相特性は図3-15(a)のようになります．カットオフ周波数（$1/(2\pi \times C_6 \times R_3)$）以上では位相が90°以上遅れるため，図3-14の主回路の遅れと加算すると180°以上になってしまいます．図3-14(b)の主回路コンバータの特性と図3-15(a)のOPアンプによる位相遅れを加算すると2.5kHz近辺で最大の240°近くになり，トータル・ゲインが1以上なので，これだと発振してしまいます．

したがって C_6 の挿入だけで発振を止めようとすると，C_6 の値をかなり大きくしなければなりません．この回路構成で発振しないようにするには，主回路コンバータのLC付近の1kHzでは位相が常に180°以上遅れるので，このポイントでのゲインを1以下にしなければなりません．そのためには $C_6 = 4.7\mu F$ 以上にして，1kHzでのゲインが1以下になるようにします．ただし，応答はたいへん遅れます．このときのボード線図は図3-15(b)のようになり，$C_6 \times R_3$ のカットオフ周波数は0.013Hzになります．

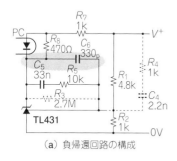

[図3-16] C_6 と（$C_5 + R_5$）によって位相補償すると

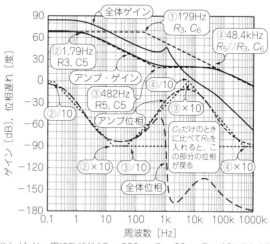

(a) 負帰還回路の構成

(b) ゲイン-周波数特性（C_6=330p，C_5=33n，R_5=10kのとき）

● 位相補償が C_6 と $(C_5 + R_5)$ の場合

位相補償を C_6 と $(C_5 + R_5)$ にすると，図3-16のような構成になります．ゲイン-周波数特性は図(b)のようになり，ゲイン特性の途中で平らな部分が出てきます．そして，平らな部分の位相特性はいったん0近くに戻ります．しかし二つのカットオフ周波数(③，④)が離れていると位相遅れは0に戻りますが，近づいていると0まで戻らないで再び遅れ方向になってしまいます．

この例では周波数が100倍離れているので，折れ線ではちょうど0°まで戻りますが，曲線では−10°まで戻って再び遅れになっています．この遅れを発振しそうな周波数に合わせるようにすると，位相遅れがキャンセルされて位相余裕を取ることができます．

● 進み位相補償を加えると

位相補償を C_6 と $(C_5 + R_5)$ および $(R_4 + C_4)$ にすると，図3-17のような構成になります．図3-16に $(R_4 + C_4)$ を追加しているわけですが，この部分で進み位相を作っています．このときのゲイン-周波数特性は図3-17(b)のようになり，ゲイン特性が途中で平らに盛り上がり，少し上がってまた下がります．そして，位相特性は0を越えて進み領域まで行って遅れに戻ります．図3-16(b)の位相に比べると $(R_4 + C_4)$ のぶん進みになって発振しにくくなります．したがって $(R_4 + C_4)$ の中心周波数を発振しやすい周波数にもっていくとそのぶん位相余裕ができ，発振しにくく

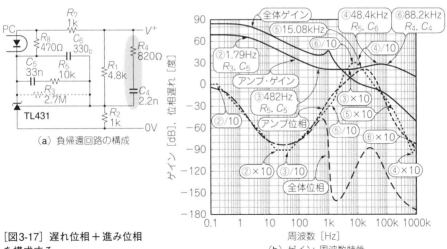

[図3-17] 遅れ位相＋進み位相を構成する

(a) 負帰還回路の構成

(b) ゲイン-周波数特性

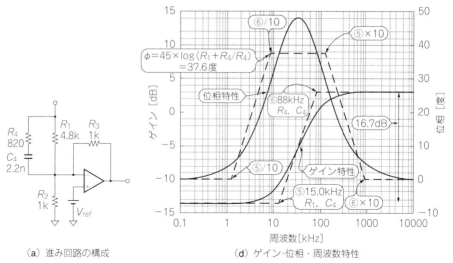

（a）進み回路の構成　　　　（d）ゲイン-位相・周波数特性

[図3-18] 進み位相部分だけを取り出すと

なります．

　$(R_4 + C_4)$の進相回路（微分回路）は**図3-18**のような回路で，**図(b)**に示すように位相を進ませる回路です．位相は高周波も低周波も位相0で，中間の周波数だけが進みになります．位相の進みは山のようになり，位相が進む周波数は，

$$f_{\min} = \frac{1}{20 \times \pi \times C_4 \times (R_1 + R_2)} = 12.8 \text{kHz} \quad \cdots\cdots (3\text{-}7)$$

$$f_{\max} = \frac{10}{2 \times \pi \times C_4 \times R_4} = 88.2 \text{kHz} \quad \cdots\cdots (3\text{-}8)$$

$$\phi = 45 \times \ell og \frac{R_1 + R_4}{R_4} = 37.6° \quad \cdots\cdots (3\text{-}9)$$

$$f_{center} = \frac{1}{2 \times \pi \times \sqrt{(R_1 + R_4) \times R_4}} = 33.7 \text{kHz} \quad \cdots\cdots (3\text{-}10)$$

のような台形（図の点線）で近似できます．そして定数の決め方は，この中心周波数f_{center}を一番発振しやすい周波数近くに合わせ位相を進ませて，位相余裕を大きくします．

　図3-19に示すのが回路全体のボード線図になります．

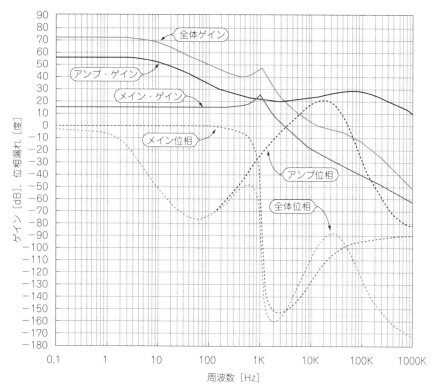

[図3-19] TL431による降圧コンバータ全体のボード線図

3-3　設計を簡単にする多様なスイッチング電源用IC

● 出力段パワーMOSFET内蔵のスイッチング電源ICも増えてきた

　半導体の集積技術はとどまることを知らず，製造プロセスの進化とともに，高集積化，高機能化が進んでいます．スイッチング電源用ICの世界でも，スイッチング電源制御機能＋出力用MOSFETを一体化した素子が多く製品化されています．制御回路と出力用MOSFETを完全にワンチップ化したタイプ，あるいは制御回路と出力用MOSFETは別チップだが，ワン・パッケージに収納したタイプがあります．

　表3-3に示すのはDIP8ピンながら，制御ICとMOSFETを一体化したスイッチング電源ICの一例です．PWM制御のデューティ比が70％以上の素子はフライバ

[表3-3][10] 8ピンDIPのMOSFET内蔵スイッチング電源ICの例(サンケン電気)

型　名	デューティ比	動作周波数[Hz]	V_{DSS}(min)	$R_{DS(ON)}$ Ω(max)	出力[W]	無負荷 P_{IN}
STR3A151	74%	67k	650V	4	19.5	15mW以下
STR3A152				3	23.5	
STR3A153				1.9	27.5	
STR3A154				1.4	31	
STR3A155				1.1	35	
STR3A161HD	83%	100k	700V	4.2	20	
STR3A162HD				3.2	23	
STR3A163HD				2.2	26.5	
STR-A6051M	83%	67k	650V	3.95	16	25mW以下
STR-A6052M				2.8	19	
STR-A6053M				1.9	22	
STR-A6079M			800V	19.2	6	
STR-A6059H			650V	6	11	
STR-A6061H		100k	700V	3.95	15	
STR-A6062H				2.8	18	
STR-A6069H				6	11	
STR5A162D	57%	65k	700V	24.6	3.5	30mW以下
STR5A164D				13	5.5	

▶おもな特徴
- 8ピンDIPパッケージ，出力MOSFET内蔵
- 電流モードPWM制御
- 軽負荷時：バースト動作…オート・スタンバイ
- 保護機能…過電流，過電圧，過負荷，過熱保護，ブラウンアウト
- EMIノイズ低減…発振の周波数ランダム

(注1) STR5A162/164Dは一次側検出制御
(注2) 出力はワールド・ワイド対応ACアダプタのときの一例

ック・コンバータとして利用するのに適し，50%以下の素子はフォワード・コンバータへの利用が適しています．出力段MOSFETの定格＝出力容量によって型番が分かれていますが，20W程度までの電源を実現することができます．

　図3-20がDIP 8ピンに収納された電流モードPWM制御＋MOSFETの一体型ICの例です．ピン接続図を見ると6ピンが欠けていますが，これは出力段MOSFETに高電圧が加わるため，プリント基板実装における沿面距離を確保するためのものです．図3-21にSTR-A6059Mによる7.5W出力フライバック・コンバータの設計例を示します．基準電圧および2次側からの負帰還にはTL431とフォト・カプラが使用されています．

　表3-4は放熱量の大きいTO-220サイズ・パッケージに収納された一体型ICの例です．制御用チップは表3-3ものと同等と思われますが，MOSFETとパッケージ・

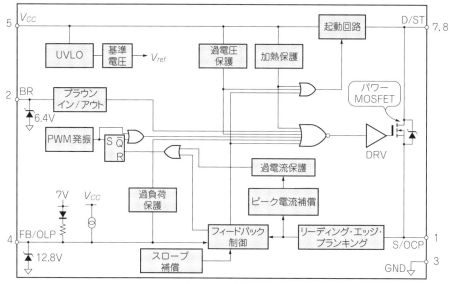

(a) ブロック図

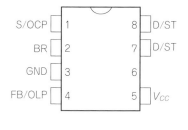

端子番号	記号	機能
1	S/OCP	MOSFETソース/過電流保護検出信号入力
2	BR	ブラウンイン/ブラウンアウト機能検出信号入力
3	GND	グラウンド
4	FB/OLP	低電圧制御信号入力/過負荷保護信号入力
5	V_{CC}	制御回路電源入力/過電圧保護信号入力
6	—	(抜きピン)
7, 8	D/ST	MOSFETドレイン/起動電流入力

(b) ピン接続図と機能

[図3-20][11] **MOSFET内蔵スイッチング電源ICの例　STR-A6051M**(サンケン電気)

サイズの変更により，40〜60W出力のフライバック・コンバータが実現できるようになっています．

また，メイン・スイッチ用MOSFETを内蔵したICでは出力段での電力消費…発熱が大きくなるので，過負荷(過電流)による発熱事故を抑える目的の過熱保護(過熱シャットダウン)回路が内蔵されているのがふつうです．また，出力容量が大きくなるに従い，パッケージが放熱を考慮したものになっています．

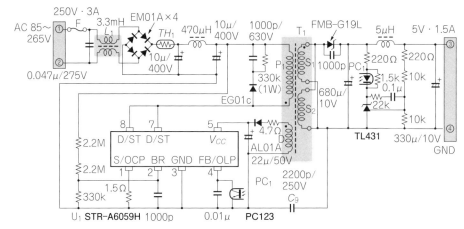

▶トランス仕様
- 1次側インダクタンス L_p：704μH
- コア・サイズ：EI-16
- ギャップ：0.26mm（センタ・ギャップ）
- 巻き線仕様

巻き線名称	巻き線[T]	線形[mm]	形式
1次巻き線P_1	73	2UEW-φ0.18	2層密巻き
V_{CC}用補助巻き線D	17	2UEW-φ0.18×2	1層密巻き
出力巻き線S_1	6	TEX-φ0.3×2	1層密巻き
出力巻き線S_2			

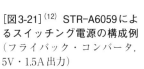

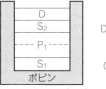

ボビン
トランス断面図（1/2）

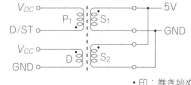

・印：巻き始め

[図3-21][12] STR-A6059によるスイッチング電源の構成例
（フライバック・コンバータ，5V・1.5A出力）

[表3-4] TO-220パッケージのMOSFET内蔵スイッチング電源ICの例（サンケン電気）

型名	デューティ比	V_{DSS} (min)	$R_{DS(ON)}$ Ω(max)	出力 [W]	無負荷 P_{IN}
STR2W152D	74%	650V	3	40	25mW以下
STR2W153D			1.9	60	
STR-W6051S	71%		3.95	30	30mW以下
STR-W6052S			2.8	40	
STR-W6053S			1.9	60	
STR-W6072S		800V	3.6	32	

▶おもな特徴
- TO220F-6パッケージ，出力MOSFET内蔵
- 電流モードPWM制御，動作周波数：67kHz
- 軽負荷時：バースト動作…オート・スタンバイ
- 保護機能…過電流，過電圧，過負荷，過熱保護，ブラウンアウト
- EMIノイズ低減…発振の周波数ランダム

（注）出力はワールド・ワイド対応ACアダプタのときの一例

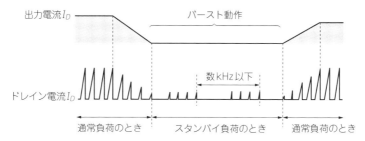

[図3-22] オート・スタンバイ時の動作波形
フライバック・コンバータは軽負荷時に発振が間欠発振動作となり，消費電力を小さくすることができる…スタンバイ・モード

● 低待機電力対応のスイッチングICも

　家電機器や情報機器などでは，能動的に使用していないとき…電源OFFのときでもリモコンやスケジュール機能だけは保護しておくために，スタンバイ電源と呼ばれる機能をもつ電源を使用することが一般的になってきました（既刊「スイッチング電源[1]」の図2-4を参照）．また，わざわざスタンバイ電源というものを用意するのではなく，現在ではメインのスイッチング電源そのものに待機電力（軽負荷）…スタンバイ・モードが用意されています．電源の主出力はOFFしているけれど，待機回路についてだけは微小な電力を供給し続けようという電源です．低待機電力電源とも呼ばれています．

　各種あるスイッチング電源方式において，このような低待機電力を実現しうるのは，フライバック型，擬似共振型と呼ばれるコンバータ方式です．**表3-3**，**表3-4**に示したパワーMOSFET内蔵のICにも，低待機電力…数十mWであることを売り物にしたものが多くなっています．

　図3-22は出力電流（≒スイッチングMOSFETのドレイン電流I_D）が，定格出力の15%以下…軽負荷になると自動的にスタンバイ・モードに移行するオート・スタンバイと呼ばれるときのタイミングを示しています．軽負荷を検出すると制御回路がスイッチング素子を数kHz以下の間欠（バースト）発振動作にすることで，消費電力を数十mWオーダまで小さくできるようになっています．軽負荷時とは，電子機器においてはじつはスタンバイ時で，テレビでいうならばリモコンの待ち受けと予約機能にあるということです．

● ノイズおよび効率を改善した擬似共振用ICも多い

　情報機器の急減な増加で，数十W以下の小容量ACアダプタの需要が急増してい

ます．回路方式として，以前はRCC回路やフライバック・コンバータが多かったのですが，近年では発生ノイズ(EMI)を抑え，かつ高効率をめざした擬似共振型コンバータと呼ぶ方式が開発されました．

　この擬似共振型コンバータは第1章でも紹介したように，スイッチング用MOSFETのターンOFF後に，MOSFET電圧の共振ボトム点でターンONを行い，ターンON損失最小を実現するものです．結果，スイッチング時の効率アップとノイズ発生を抑えることを特徴にし，広く使用されるようになりました．

　擬似共振型コンバータを実現するための制御用ICとしては，富士電機のFA5570シリーズ，FA5640シリーズが代表的です．また，制御用ICとMOSFETとを一体化し，TO-220あるいはTO-3といったパワー・パッケージに収納した擬似共振用パワーICが，サンケン電気から出力容量ごとにラインナップされています．

　なお，これら擬似共振型コンバータICも軽負荷時は間欠発振動作となって，消費電力を数十mWオーダまで大幅に削減できるようになっています．擬似共振コンバータの具体的な詳細設計については，次巻「スイッチング電源[3]」で詳しく紹介します．

3-4　負荷応答を改善する制御ICのさまざまな工夫

● スイッチング電源の負帰還には電圧帰還と電流帰還がある

　3-2節で，2次側に設けたTL431からフォト・カプラを介しての負帰還技術を示しました．また，3-3節では実用上の工夫を施したスイッチング電源用制御ICを紹介しました．このほか実際の制御ICでは，負荷変動による応答特性を改善するために負帰還回路に多くの工夫が行われています．

　スイッチング電源における出力電圧を安定にする負帰還には，じつは第1章・図1-6に示した出力電圧を直接帰還する方法のほかに，出力電流を制御し，出力電圧を安定にしようとする方式があります．前者を電圧帰還(あるいは**電圧モード制御**)，後者を電流帰還(あるいは**電流モード制御**)と呼んでいます．

　図3-23に電圧帰還のときの構成を改めて示します．出力電圧V_oを抵抗R_1とR_2で分割した電圧V_{of}と，基準電圧V_{ref}とを比較してA_1で増幅し，PWM回路に入力します．そしてパルス幅変調されたデューティ比D_Rによってスイッチング素子をドライブします．これによって，出力電圧の安定化制御しています．

　図3-24は電流帰還のときの構成です．図(a)に示す構成ではスイッチングした電流をシャント抵抗R_{sh}で検出し，R_{sh}の両端電圧と，電流基準の元になる電圧V_{iref}

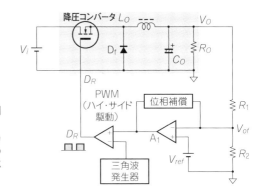

[図3-23] 電圧モード制御によるPWM制御回路
従来からよく使用されている負帰還回路．出力段LCフィルタによって2次遅れ回路になるので，平滑コンデンサC_OにESR(等価直列抵抗成分)がないと応答特性に難がある

とを比較してA_1で増幅し，出力をPWM回路に入力しています．そしてパルス幅変調されたデューティ比D_Rで，スイッチング素子をドライブします．こうすれば，出力電流を一定に制御することができます．しかし，これでは出力電流I_oは一定になりますが，出力電圧V_oは一定になりません．

スイッチング電源は，定電圧電源として使うことがふつうです．そこで電流帰還によって出力電圧V_oを一定にするには，図(a)に示した定電流特性を利用して，定電圧になるよう工夫します．その構成が図(b)です．

これは図(a)の基準電流の元であるV_{iref}の代わりに，A_1の出力を基準電圧として使うものです．A_1は出力電圧V_oをR_1とR_2で分割した電圧V_{of}と，基準電圧V_{ref}を比較して増幅した電圧V_{o2}を出力します．このV_{o2}を電流帰還の基準V_{iref}の代わりに使うわけです．出力電圧V_oが下がると，R_1とR_2で分割した電圧V_{of}と基準電圧V_{ref}とを比較してA_2で増幅し，電流の基準V_{iref}に相当するA_2の出力電圧V_{o2}を増加させます．結果，出力電流I_oが上昇し，出力電圧V_oも上昇することになり，定電圧を保ちます．こうして，電流帰還を生かしながら出力電圧V_oを一定にすることが可能になります．

このように，電流帰還を使って定電圧化することを電流モード制御と呼んでいます．いろいろなメリットがあるため，近年よく使われるようになってきました．一方，従来の電圧帰還を使う回路は，電圧モード制御と呼ばれています．

● 2次遅れ系なので電圧モード制御は位相補償に難点

電圧モード制御の構成は，図3-23に示しました．出力V_oをR_1とR_2で分割した電圧V_{of}を基準電圧V_{ref}と比較増幅し，その信号をパルス幅変調し，デューティ比出力でMOSFETをドライブし，出力を安定化しています．出力の負荷電流I_oが増

えて出力電圧が低くなろうとすると，R_1とR_2で分割した電圧V_{of}が下がり，基準電圧V_{ref}と比較した結果，A_1の（−）入力の電圧が下がるので，A_1の出力電圧は上昇します．A_1の出力はPWM回路の（＋）入力になっているので，PWM出力のデューティ比D_Rが増加し，出力電圧が上昇し，定電圧化します．

負荷電流が減少して出力電圧V_oが上昇しそうになったときは，この逆動作です．R_1とR_2で分割した電圧V_{of}が上がり，基準電圧V_{ref}と比較した結果，A_1の（−）入力の電圧が上がるので，A_1の出力電圧は低下します．そして，A_1の出力電圧がPWM回路の（＋）入力になっているのでPWM出力のデューティ比D_Rが減少し，出力電圧が低下して定電圧に戻します．

動作を以上のように示すと簡単なことのようですが，実際には回路のなかに平滑用インダクタL_oと大容量平滑コンデンサC_oが入っているので，L_oとC_oとで大きな位相遅れを生じます．それも2次遅れ伝達関数となっているので，基本回路だけで最大180°の遅れになってしまいます．そのため，実際の負帰還回路においては位相補償回路が必要となります．図3-24ではA_1の入出力間に挿入してあります．

しかも，この負帰還ループは2次遅れなので位相補償が難しくなり，負荷の種類によっては異常発振状態となり，発振を止めるのに苦労することがあります．平滑用コンデンサC_oが理想的で，損失（ESR：Equivalent Series Resistance…等価直列抵抗）の低いセラミック・コンデンサを使っているときなどです．

とはいえ電圧モード制御では，パルス幅などが自由に設定でき，極小パルス幅から最大パルス幅まで簡単に幅広く変化させることができるメリットもあります．

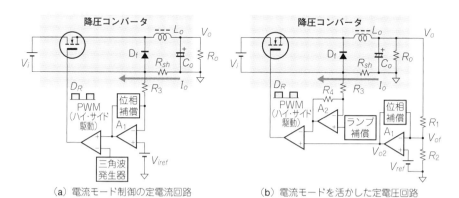

(a) 電流モード制御の定電流回路　　(b) 電流モードを活かした定電圧回路

[図3-24] 電流モード制御によるPWM制御回路の実現
電流帰還による定電圧回路構成の考え方

● 電流モード制御のメリットとデメリット

電流モード制御で定電圧出力を得るには，図3-24(b)に示したような構成になります．この回路では基準電流に相当する電圧V_{iref}をA_2の出力によって制御するので，図3-23に示した定電圧制御よりも複雑です．しかし，2次遅れにならずに1次遅れで制御できるので，出力平滑用コンデンサがESRの低いセラミック・コンデンサであっても安定に制御することができます．

ただし，電流モード制御の負帰還と電圧モード制御の負帰還という二重の負帰還になり，回路は複雑に感じます．しかし電圧モード制御でも実際に使うときは，負荷が短絡したときの保護に電流検出回路などは必要です．結局，図3-25に示すように電圧モード制御で定電流垂下特性が必要になると，やはり同程度の複雑さとなります．

ただし，電流モード制御は出力電圧が急変したときの応答速度を考えると，若干の難ありです．電圧検出が働き，A_2が働き，そののち基準電流の電圧を増やしてA_2で比較し，PWM制御して，入力電流を増やして，出力平滑用コンデンサC_oを充電して出力電圧を上げるというプロセスになるので，やや時間がかかって応答は遅くなります．

● 応答特性の良いヒステリシス制御

電圧モード制御では出力電圧の変動を検出するのに，図3-24に示したような平均電圧の検出が主に使われていますが，そのほかにヒステリシス制御と呼ぶ方法も使用されています．

ヒステリシス制御とは図3-26に示すような波形で，出力電圧の上限電圧と下限

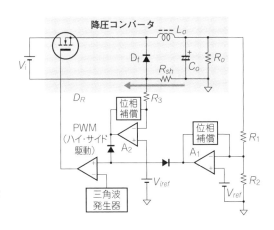

[図3-25] 電圧モードでも過電流検出などは欠かせない

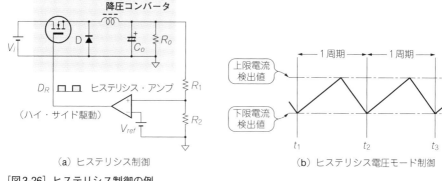

[図3-26] ヒステリシス制御の例

電圧を設け，出力電圧が上限電圧まで上昇するとMOSFETをOFFし，下限電圧まで下降するとMOSFETをONします．

　ヒステリシス制御の特徴は，出力電圧のリプル電圧が常に一定であることです．そして安定に動作させるには，出力電圧にリプルが必要です．リプルを小さくすると動作が不安定になりますが，後述するスロープ補償を行うと，安定な制御が行えます．起動時は出力電圧が0からスタートするので上限電圧と下限電圧の間に入っていなくて，MOSFETがONになりっぱなしになります．そのため電流の制御も必要になります．

　出力電圧が下がると下限電圧を割るので，すぐにMOSFETがONします．負荷変動に対する応答性が良いという特徴があります．

● 電流の平均値ではなくピーク電流を見て制御する

　スイッチング電源制御用ICの近年のトレンドを見ていると，応答特性や過負荷への特性から電流モード制御を使用するケースが多くなっています．

　先に示した電流モード制御では，電流波形のどこを見て制御するかについて述べませんでした．一般にはインダクタに流れている電流をCRなどで平均化して，基準電流の電圧と比較して制御することを想像します．これは平均値検出になります．しかし，平均値検出ではCRの時定数分だけ検出遅れが生じる問題があります．また，スイッチング素子を流れる電流で検出して平均値制御にすると，還流ダイオードの電流分が誤差になって，入力電圧の変化幅が広いと垂下電流が大きく変化します．

　そのため平均値を検出するには，第1章・図1-22に示したようにインダクタL_o

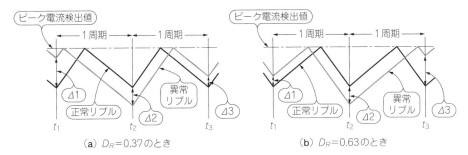

[図3-27] ピーク電流検出による電流モード制御

の三角波電流が流れているところを電流検出する必要があります．

　周波数は固定でも変化しても関係なく，自由に決めることができます．しかし，実際の電流モード制御では出力電流の変化を検出して負帰還制御するわけですが，電源装置においては負荷短絡などもあり，そのときは応答が速くなければ電源を保護できないことにもなりかねません．つまり平均電流の検出では，平均値にするためのCRフィルタによる時間遅れを生じるので，負荷短絡などのときはスイッチング素子…MOSFETなどに過電流が生じかねません．

　そこで応答遅れが生じないようにするには電流検出は平均値検出ではなく，ピーク電流検出を行うのが一般的です．ピーク電流検出であればスイッチング素子（MOSFETなど）の電流，またはインダクタL_oの電流を検出して，そのピークで瞬時にスイッチをターンOFFできるので，スイッチング素子に過電流の問題は生じません．

　以上のことから，応答遅れがない電流モード制御というときには，おもに周波数固定のピーク電流制御あるいは，OFF時間一定のピーク電流制御が行われています．

● 周波数固定のピーク電流制御…デューティ比0.5以上で低調波発振

　ピーク電流検出はスイッチング素子…MOSFETの電流を検出すればよいのでIC化に適していると共に，過電流になったとき瞬時にターンOFFできるので，過負荷応答を速くすることができます．

　しかし，周波数固定ではデューティ比が0.5以上のとき，発振周波数の**低調波**が発生する問題があります．**サブハーモニック発振**とも呼びますが，デューティ比$D_R = 0.5$のときの波形を**図3-27**に示します．

　図(a)の$D_R < 0.5$のとき，正常なリプル波形からのずれが$\Delta 1$であると，次のサイクルで$\Delta 2$となり，次は$\Delta 3$になり，そのずれはサイクルごとに小さくなっていきま

す．

　図(b)はデューティ比が0.5以上になったときの波形です．正常波形からの最初のサイクルのずれを$\Delta 1$とすると，次のサイクルではずれがもっと大きくなり，その次のサイクルではさらにずれが大きくなります．すなわち，デューティ比がD_R＞0.5になったときは，図(b)に示すように，ずれは1サイクルごとに大きくなり，発振周波数より低い周波数で低調波発振を生じます．

　このとき，正常の発振との差分(Δ)の大きさが周期ごとに大きくなるため，すぐに低調波発振となります．正常波形からはずれ分の電流は，

　　S_{on}：MOSFETがONしているときの電流の傾き
　　S_{off}：MOSFETがOFFしているときの電流の傾き
　　$\Delta 1$，$\Delta 2$，$\Delta 3$：それぞれt_1，t_2，t_3のときの電流のずれとすると，

$$\Delta 2 = \frac{-S_{on}}{S_{off}} \times \Delta 1$$

$$\Delta 3 = \frac{-S_{on}}{S_{off}} \times \Delta 2$$

$$\vdots$$

$$\Delta n = \frac{-S_{on}}{S_{off}} \times \Delta_{n-1}$$

と計算され，はずれ分の電流はON時の傾きとOFF時の傾きの比率で決まります．したがって，デューティ比が0.5以下のときは減衰し，0.5のときはそのまま維持し，0.5以上のときにはΔが1サイクルごとに大きくなって，低調波発振となるのです．

● 低調波発振への対策…スロープ補償

　低調波発振の対策としては，スロープ補償(Compensation slope)を行います．スロープ補償は，三角波を加えて図3-28に示すようにピーク電流検出値を1サイクルごとに傾かせること，すなわち変換周波数の三角波を電流の基準電圧に加算することによって，補償します．三角波を加えることによって，前記の式は下記の式に変わり安定になります．

$$\Delta 2 = \frac{-(S_{on} - S_s)}{S_{off} + S_s} \times \Delta_1$$

$$\Delta 3 = \frac{-(S_{on} - S_s)}{S_{off} + S_s} \times \Delta 2$$

$$\vdots$$

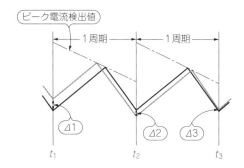

[図3-28] スロープ補償付きピーク電流検出電流モード制御

$$\Delta n = \frac{-(S_{on} - S_s)}{S_{off} + S_s} \times \Delta_{n-1}$$

S_{on}：MOSFETがONしているときの電流の傾き
S_{off}：MOSFETがOFFしているときの電流の傾き
$\Delta 1$, $\Delta 2$, $\Delta 3$：それぞれt_1, t_2, t_3のときの電流のずれ
S_s：スロープ補償電圧の傾き

となり，デューティ比が少し大きくても（D_Rが0.5以上でも）Δの大きさが1サイクルごとに小さくなるので，低調波発振が発生しなくなります．しかし，式からもわかるようにデューティ比が1近くなると，かなりの傾きのスロープ補償を入力しなければなりません．補償しきれない所以上で発振します．

　電流モード制御のピーク電流検出の波形は，MOSFETのドレイン電流だけでも検出可能なので，IC化に適しています．端子数が減らせるので多く使われています．

　ただし，MOSFETの電流検出では，MOSFETがターンONするとき，浮遊容量やCRスナバなどの充電電流において，図3-29に示すようにサージ電流が流れます．つまり，コイル電流のときとは異なり，このサージ電流で電流検出が働き，誤動作の原因になることがあります．よって，ピーク電流制御では，この期間の電流検出が働かないようブランキング期間（LEB…リーディング・エッジ・ブランキング）を設ける必要があります．このぶんON期間が短くできず，軽負荷まで制御するには周波数を下げたり，間歇発振にして対処する必要があります．

● そのほかの電流モード制御
▶ OFF時間一定 ピーク電流検出モード

　OFF時間一定 ピーク電流検出モードは，図3-30のような波形になります．OFF時間が一定なので周波数は固定されませんが，制御は安定に動作します．ただ，過

電流検出が必要になることもあり，現実には使われていません．

▶ ON時間一定 電流検出電流モード

ON時間一定 電流検出電流モードは，図3-31のような波形になります．ON時間が一定なので周波数は固定されませんが，制御は安定に動作します．

▶ ヒステリシス制御

ヒステリシス電流モード制御のときは図3-32に示すように，インダクタL_oを流れる電流を検出します．上限電流値と下限電流値を決め，インダクタの電流が上限電流値まで増えるとMOSFETをOFFし，インダクタの電流を下げます．インダク

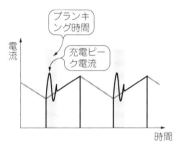

[図3-29] MOSFETターンOFF時にサージ電流が流れる

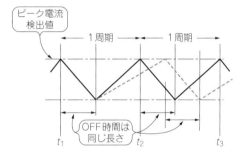

[図3-30] OFF時間一定ピーク電流検出のとき

[図3-31] ON時間一定ボトム電流検出のとき

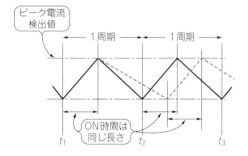

[図3-32] ヒステリシス電流モード制御のとき

力率改善回路PFCの入力電流制御などに使われている．インダクタを流れる電流の上限，下限を検出し，それを制御している

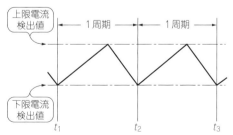

タの電流が下限まで下がると，MOSFETをONします．すなわちピーク電流とボトム電流を決め，この2本の線の上限と下限の電流値の間を行ったり来たりして電流を制御します．その電流値の基準を電圧検出回路で制御します．PFCの入力電流制御などに使われています．

Column (5)
スイッチング周波数は固定タイプ/変動タイプ？

　スイッチング電源のスイッチング周波数には，周波数固定タイプと周波数が変動するタイプがあります．代表的な周波数固定タイプはフォワード・コンバータ，フライバック・コンバータ，ハーフ・ブリッジ・コンバータ，位相制御コンバータなどです．

　周波数変動タイプというのは，周波数を変えることによって出力電圧などを制御しているもので，RCC，擬似共振コンバータ，LLCコンバータ，電流共振コンバータなどがあります．

　スイッチング電源のスイッチング周波数に関する論点は，設計時点では物理的な大きさや重さ，効率などです．しかし，でき上がったコンバータにおいては「ノイズ」への対応が論点になります．

● ノイズ・フィルタ特性は容易に変えられない

　スイッチング電源では伝導ノイズを減らすために，ノイズ・フィルタ（コモン・モード・フィルタなど）を用意するのが一般的です．ところがこのノイズ・フィルタ，裸の特性と実際の実装後では**浮遊容量**や**浮遊インダクタンス**など，電磁誘導によって特性が変わってしまうのです（**図3-A**）．たいていは減衰特性が悪化しますが，良くなるときもあります．減衰特性が悪化した周波数と電源のスイッチング周波数が重なったりすると，外部に漏れるノイズが増えることになります．

　つまり電源のスイッチング周波数が，減衰特性が悪化したポイントに当たったりすると所望のノイズ減衰を得ることができず，外部に漏れるノイズが増加するわけです．たとえば周波数が変動するRCC方式の電源で，周波数が30k～200kHzまで変化すると，負荷の大きさや入力電圧変動によっては用意したフィルタでは減衰しない周波数になってしまう事態が生じるわけです．また，ノイズ・マージンに余裕がないときはこのポイントをチェックするために，負荷を変えたり入力電圧を変えたりして確認しなければなりません．新たな工数がかかります．

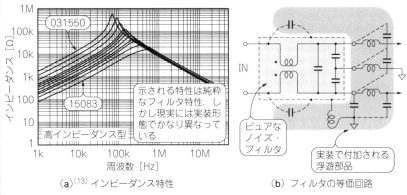

(a)[13] インピーダンス特性　　　(b) フィルタの等価回路

[図3-A] ノイズ・フィルタの特性は実装方法によって減衰特性が変化することがある

● 固定周波数のスイッチング電源では

　固定周波数のスイッチング電源ではノイズに関して，負荷変動や入力電圧変動を気にしなくてよいので，短時間でノイズの確認ができます．この点で固定周波数コンバータのほうが好まれます．ただし，普通は物理的な大きさ，重さ，効率，コストのほうが優先されます．

　なお，ノイズには電源から放射するものと，負荷から放射するものがあります．そのノイズが大きいと電源ノイズと負荷ノイズが互いに干渉することもあります．干渉すると引き込み現象で同じ周波数になってしまうことがありますが，干渉すると電源が放射するノイズと負荷のノイズの成分が加算されてしまうこともあります．そのため，ノイズ・マージンに余裕がない場合は，負荷電流を変えたり，入力電圧を変えたりして確認しなくてはなりません．この点でも簡単に確認できる固定周波数のほうが好まれます．

　固定周波数コンバータのスイッチング周波数は，とくに決められた周波数である必要はありません．周波数が多少変わっても問題ないので，特定周波数にノイズ（エネルギー）の集中を防ぐためスイッチング周波数をランダムに微変動させ，ノイズ周波数を拡散させて，ノイズ・レベルを低減する周波数拡散方式なども利用されています．

第4章 パワー・スイッチング素子のあらまし

スイッチング電源回路を支えるパワー・スイッチング素子…
とくにパワーMOSFETおよび高速スイッチング・ダイオードの技術動向と，
それぞれの基本的な使い方をマスターします．

4-1　スイッチング電源用パワー素子のあらまし

● パワエレ時代の代表的なパワー・スイッチング素子

　スイッチング電源などパワー・エレクトロニクスと呼ばれる分野に利用される半導体素子は，パワー回路をON/OFFすることによって電力をコントロールする重要な役割を担っています．しかも**高電圧・大電流スイッチ**として使用するわけですから，用途および定格に応じた使い方をマスターすることが重要です．

　表4-1に，半導体パワー・スイッチング素子の代表例を示します．スイッチング電源に使用する素子としては大量生産される数百W以下の家電機器において，BJT（バイポーラ接合型トランジスタ…従来からのトランジスタ），MOSFET，IGBTなどが使用されています．近年は，スイッチングを電圧駆動によって行えるMOSFETとIGBTのシェアが大きくなっています．MOSFETやIGBTをパワーIC内部に取り込むものも普及してきています．

　大電力のほうでは，5kV以上の高耐圧IGBTが商品化されています．従来のGTO（Gate Turn-Off thyrister）やSCR（Silicon Controlled Rectifier）よりも使いやすく，UPS（Uninterruptible Power Supply：無停電電源装置），インバータ，EV用充電器，周波数変換機，電気鉄道用などに広く使われています．大電力用素子としてはほかに，逆導通サイリスタ，光サイリスタ，MCT，逆導通GTOなどもあります．

　一般の電子機器への利用においてはインダクタやトランスの小型化のために，スイッチング周波数をできるだけ高周波にしようとする傾向があります．しかし，図

[表4-1] 代表的なパワー・スイッチング素子の構成

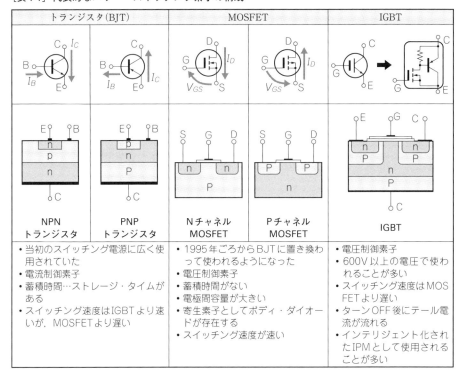

4-1に示すようにスイッチング素子のターンON/ターンOFFのスピードは理想的には0であっても，実際には10ns～10μsのオーダをもっています．そして，図(c)の $t_{d(on)}$, t_r, $t_{d(off)}$, t_f の時間によって**スイッチング時の損失**が発生するので，周波数を高く上げ過ぎるとスイッチング損失が増え，効率が悪くなり，発熱によって信頼性が悪くなったりします．

スイッチング素子は，素子の耐電圧や電流容量，オン抵抗，スイッチング速度などによって選ばれます．図4-2に各種パワー・デバイスの使用されている分野を示します．各素子とも示した周波数より低い分野や電力の低い分野はカバーできるので，あとは使いやすさとコストで決まります．

スイッチング素子を選ぶときの一つの目安に，スイッチON時のオン抵抗があります．耐電圧500～600V・パッケージTO-3Pタイプ品におけるオン抵抗(=電圧/電流)の比較を図4-3に示しておきます．各素子の特徴がわかると思います．

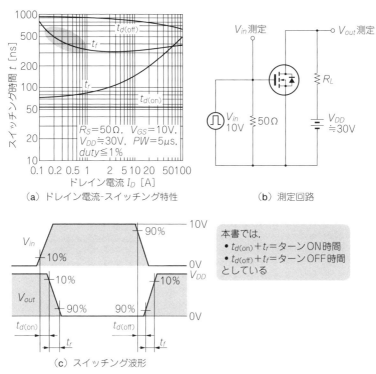

[図4-1][14] **パワー・スイッチング素子のポイントはスイッチング時間**（2SK3418 の特性）
汎用MOSFETのスイッチング特性を示している．従来のトランジスタ（BJT）には蓄積時間があるので，この特性より遅い

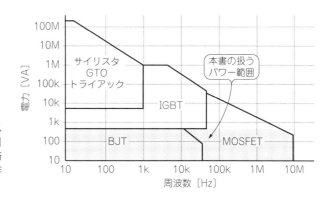

[図4-2][15] **各種パワー・スイッチング素子のカバー範囲**
MOSFETは微細加工などの新技術導入によって，周波数特性が大幅に改善されている

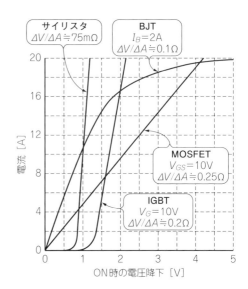

[図4-3] パワー・スイッチング素子のオン電圧を比較すると
ON時の電圧降下を流れる電流で微分するとオン動作抵抗になる

● 電力損失＝導通損＋スイッチング損

　スイッチング素子は，大きな電力…パワーを扱うところをON/OFFします．したがって重要なことは，**OFF時の耐電圧**が高いこと，**ON時に大電流**が流せることです．とくにスイッチをOFFしたときは，予期しない高電圧サージを発生することがあります．そのようなときでも素子の耐電圧を越えないことが必要です．

　スイッチがONしたときの抵抗（オン抵抗）は0Ωが理想です．しかし現実にはオン抵抗があるので，そのオン抵抗と流れる電流による**オーム損**（$I^2 \cdot R_{DS(on)}$）＝**導通損**が発生し，損失（W：ワット）によって発熱します．

　さらに，スイッチがONからOFF（**ターンOFF**）へ，あるいはOFFからON（**ターンON**）に移るとき，まったく瞬時（0sec）に移るわけではなく，短いけれど有限の時間で移ります．その移行時間の中では，あたかもスイッチの端子間に抵抗があるように値が変化します．このときスイッチング素子には電圧もかかっていて電流が流れることになり，その電圧と電流を乗算した損失が発生します．**スイッチング損失**と呼びます．図4-4にスイッチングしているときの電流波形と電圧波形，スイッチング損失の波形を示します．

　スイッチング損失は，ほかの損失にくらべて瞬時でもかなり大きな値です．たとえば$D_R = 0.5$，$V_i = 100V$，$I_D = 1A$のフォワード・コンバータは出力が約50Wですが，スイッチング時のピークI_{Dp}は1.2A，V_{Dp}は200Vとなり，瞬時の損失は$I_{Dp}/2$

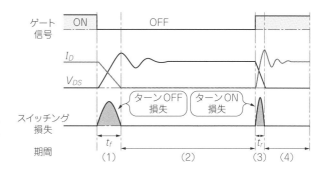

[図4-4] スイッチング素子の損失はスイッチング損による割合が大きい
ターンON損失とターンOFF損失の合成値がスイッチング損失．周波数が高くなるとスイッチング損失が増える

$\times V_{Dp}/2 = 60W$ で，これは出力電力よりも大きくなります．スイッチング速度は素子固有の特性です．したがって，スイッチング速度が短ければ短いほど（スピードが速ければ速いほど）発生損失は小さくでき，その回数が少なければ少ないほど（周波数が低ければ低いほど）スイッチング損失は小さくなります．

電力損失…発熱はスイッチング損失によっても決まるので，使用周波数によってスイッチング素子の種類を選択する必要があります．

● ふつうのトランジスタBJTのふるまい

バイポーラ・トランジスタ…一般にはトランジスタと呼ばれていますが，NPNトランジスタとPNPトランジスタという二つのタイプがあります．いずれも，n型半導体とp型半導体を組み合わせたものです．表4-1に示しましたが，半導体の中央をベース（B），それをはさんで両側にコレクタ（C），エミッタ（E）と呼ぶ電極があり，3本足構造です．

NPNトランジスタの動作を例にすると，ベースからエミッタに向けてベース電流I_Bを流すと，コレクタからエミッタに向けて（5～200倍）増幅されたコレクタ電流I_Cが流れます．小さなベース電流I_Bで大きなコレクタ電流I_Cを制御できることになります．半導体スイッチング素子として，もっとも古くから実用化されている素子です．

トランジスタというと初期のころはバイポーラ型トランジスタだけだったのですが，後に**ユニポーラ型トランジスタ**であるFETが実用化されたので，区別するときはバイポーラ・トランジスタとかBJT（Bipolar Junction Transistor）と呼んでいます．

BJTの特性はベース電流駆動型です．図4-5に示すようにベース電流を何A流したかによって，コレクタに何Aまで電流を流せるかが決まります．ところがスイ

[図4-5]⁽¹⁶⁾ **トランジスタの動作を表す I_C–V_{CE}特性の例**(2SC3336の特性)
示している例はパワー用トランジスタなので増幅率h_{fe}は大きくないが，小信号用トランジスタのh_{fe}は数千オーダのものもある．近年はBJTの使用が減り，保守廃止部品化し，入手しにくいものも多くなっている

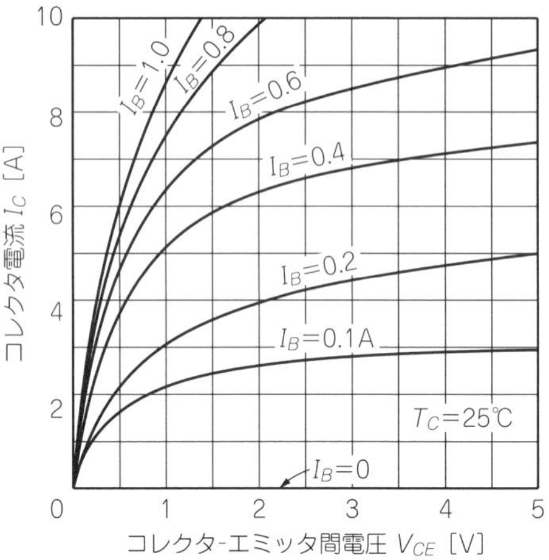

ッチング素子として使うとき，スイッチOFFするためにベース電流I_Bを止めても，トランジスタ内にキャリアが残るためコレクタ電流I_Cが止まるまで時間遅れを生じます．**蓄積時間**(ストレージ・タイム：t_{stg})と呼びますが，これはBJT固有の特性です．

BJTを安全に動作させることのできる電圧(V_{CE})–電流(I_C)範囲のことを，**ASO**(Area of Safty Operation)と呼んでいます．図4-6にASO動作領域の例を示しますが，一番内側の範囲がV_{CE}の耐電圧と$I_{C(\max)}$によるものです．加えてBJTチップ接合部の温度$T_{j(\max)}$による限界と，**2次降伏**：S/B(セカンド・ブレーク・ダウン)による限界とがあります．$T_{j(\max)}$による限界は，同じパルス幅ならば電力はほぼ一定になり，コレクタ電圧とコレクタ電流の積がほぼ一定になるので限界線の傾きで，電圧は「電流の逆数に比例」しますが，2次降伏による限界は，およそ電流の2乗に逆比例します．

BJTは歴史も実績も豊富な素子ですが，ベース電流を流す必要があるので，ドライブ回路には駆動電力が必要で，かつ複雑です．さらに，蓄積時間t_{stg}があるためスイッチング速度も遅いので，パワー・スイッチングにおいては20年ほど前から，MOSFETやIGBTへの置き換えが進んでいます．BJTの特徴を以下に整理しておきます．

(1) ONしたときのコレクタ–エミッタ間オン抵抗はかなり低い．高耐圧BJTでも，ベース電流を十分に流せばオン抵抗による電圧降下は0.5V程度にできる．低電流領域でのオン抵抗は他の素子に比べてかなり低くなる(図4-3参照)

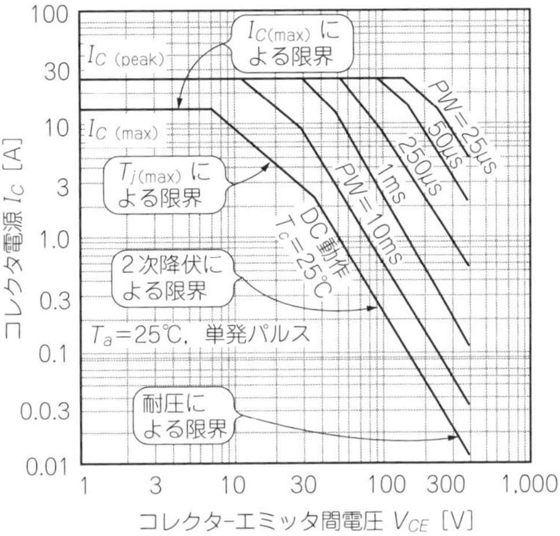

[図4-6](16) **トランジスタの安全動作領域(ASO)特性**
コレクタ電流I_C，コレクタ-エミッタ間電圧V_{CE}とも，それぞれに最大定格が定められている．しかし，それぞれの最大値を印加して良いわけではない．印加できるI_C-V_{CE}の最大値範囲を示すのがASO(Area of Safty Operation)

(2) 電流ドライブなので，基本的には電流増幅モードで動作する．h_{fe}と呼ぶ電流増幅率(パワー・トランジスタで5～50)があり，図4-5に示すようにかなりの駆動電流(ベース電流)が必要

(3) 図4-6に示すように2次降伏があり，それを超えると破損が起きる

(4) スイッチング速度はIGBTに比べると少し速いが，MOSFETに比べると小数キャリア制御なのでかなり遅い($t_r = 0.5\mu s$，$t_f = 0.5\mu s$)

(5) 蓄積時間がある($t_{stg} = 1.5\mu s$)．MOSFETにはない

● **高速スイッチングではMOSFETが主流になってきた**

MOSFETはFET(**電界効果トランジスタ**：Field-Effect Transistor)の一種で，NチャネルMOSFETとPチャネルMOSFETがあります．MOSFET(Metal-Oxide-Semiconductor Field-Effect Transistor)は表4-1に示したようにドレイン(D)，ソース(S)，ゲート(G)の3本電極からなっています．ほとんどがゲート-ソース間電圧$V_{GS} = 0V$ではドレイン電流が流れない(スイッチOFFしている)．**エンハンスメント型**と呼ばれる素子です．$V_{GS} = 0V$でドレイン電流の流れるタイプも，少数ですがあります．**デプレッション型**と呼ばれています．

Nch MOSFETを例にすると，ゲート-ソース間に素子固有のV_{TH}(スレッショルド電圧：**しきい値電圧**)以上の(+)電圧を加えるか0Vにするかで，ドレインからソースに流れる電流をON/OFFすることができます．同じくPch MOSFETでは，ソースからドレインに流れる電流を，(負電圧ですが)V_{TH}以上のゲート電圧を加え

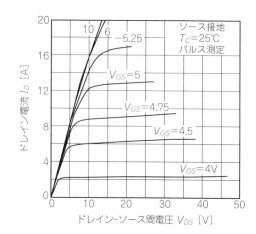

[図4-7][(17)] **MOSFETの動作を表す I_D–V_{DS}特性**(汎用MOSFET 2SK1170の例)

るか0VにすることでON/OFFすることができます．

　Nch MOSFETの動作は図4-7のようになっています．BJTと違って電圧駆動型素子であるため，ゲート電圧V_{GS}を加えるだけで，電流は流さない小さなゲート電力でスイッチをドライブすることができます．とはいえ，MOSFETのゲートは高インピーダンスになっていて，チップ・サイズに比例したゲート入力容量が存在するので，駆動時の立ち上がり/立ち上がりにピーク電流が流れます．

　スイッチング速度は多数キャリア・デバイスであるため，本質的に高速です．小電流領域では図4-7に示したようにオン電圧（V_{DS}）を低くすることができ，トランジスタやサイリスタに比べて，全体の損失を少なくできます．

　MOSFETの特徴を，以下に整理しておきます．

(1) 電圧駆動であるため駆動時のゲート電流は過渡的にしか流れず，ゲート駆動損失が少ない
(2) 多数キャリア素子なのでスイッチング速度が速い（t_r = 100ns，t_f = 90ns）
(3) トランジスタのような蓄積時間がなく，ターンOFFの応答も速い
(4) 小電流領域でのオン電圧はIGBTより低いが，大電流領域でのオン抵抗はトランジスタやIGBTに比べると大きい（図4-3参照）
(5) IGBTのようにターンOFFした後のテール電流が流れない
(6) 原則的にセカンド・ブレーク・ダウンがないので，ASO（安全動作領域）は耐電圧と最大電流と温度制限だけで決まる（後述…図5-2参照）
(7) 電極間容量がBJTに比べて大きい
(8) MOSFETでの逆方向は等価的にNPNトランジスタができるので，そのベース–

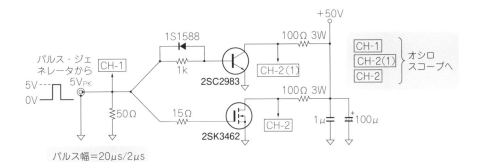

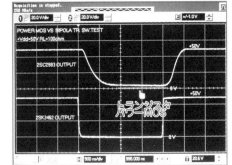

(a) バイポーラ・トランジスタとMOSFETのスイッチング・テスト回路
2SC2983と2SK3462に5Vパルスを同時に加え，スイッチング特性を確保するためのテスト回避

(b) バイポーラ・トランジスタとMOSFETの比較（上：20V/div., 下：20V/div., 500ns/div.）
時間を10倍に拡大するとスイッチング波形の違いがはっきりわかる

[写真4-1] [18] **BJTとMOSFETのスイッチング特性の違い**
両者のスイッチング特性の違いがわかるように同時駆動で電圧波形を測定したもの

コレクタ間の寄生ダイオードがMOSFETに並列に入る
(9) 場合によってはMOSFETの寄生ダイオードがトランジスタ動作を行い，ドレイン電圧の立ち上がりが急峻のとき，このトランジスタがASOに引っかかることがある

写真4-1に，BJTとMOSFETのスイッチング特性の違いを示しておきます．MOSFETの特徴がよくわかると思います．

● 高電圧・大電流スイッチングでは**IGBT**が主流

IGBT（Insulated Gate Bipolar Transistor）は，絶縁ゲート・バイポーラ・トランジスタとも呼ばれます．シンボルと構造は**表4-1**をご覧ください．IGBTはMOSFETと同じく電圧駆動で，ゲート駆動の電流は必要なく，少ない電力で駆動することができます．

表4-1に示した等価回路からわかるように，MOSFETとトランジスタを組み合

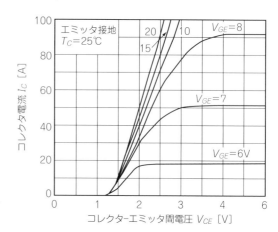

[図4-8][19] IGBT の I_C-V_{CE} 特性（GT30J121 の特性）

わせ，Nch MOSFET でトランジスタを駆動する構成になっています．縦型 MOSFET の n^+ ドレインを正孔注入用 p^+ 層に置きかえた構造をしていて，トランジスタやサイリスタと同じく伝導度変調特性をもっています．そのため同じチップ面積でも MOSFET よりかなり多くの電流が流せ，電流容量に対して低コストに製造することができます．MOSFET にくらべると高耐圧・大電流で，低周波の負荷を制御することができます．

端子の名称は BJT と同じくエミッタ，ゲート，コレクタと呼ばれています．ただし，**寄生 npn トランジスタ**が動作すると，**寄生サイリスタ**がラッチアップして破壊にいたる場合があります．

また IGBT はターン OFF したとき，伝導度変調効果で素子内に蓄積されたキャリアによって**テール電流**が流れます．スイッチング電源においては，かなりの電圧がかかっている期間なので，大きな損失になってしまいます．

IGBT の特徴を整理すると，

(1) ドライブが電圧駆動であるため，ゲートに電圧を加えるだけでよく，電流は流れないのでゲート・ドライブ時の損失は少ない
(2) 小電流領域では図4-8 に示すように，接合電位 0.7〜1.5V ほどの電圧降下が生じる．そのため小電流領域でのオン電圧は大きいが，伝導度変調特性をもつためオン時の動作抵抗は低く，大電流でも電圧降下は小さい
(3) 安全動作領域（ASO）はセカンド・ブレーク・ダウンがなく，図4-9 に示すように $T_{j(max)}$ による限界だけの特性になる
(4) スイッチング速度は MOSFET に比べると遅く，注入したキャリアの消滅に時

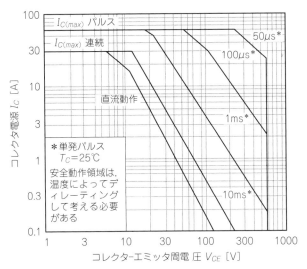

[図4-9][19] IGBTの安全動作領域(ASO)

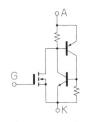

[図4-10] IGBT寄生素子の等価回路

サージなどで逆電圧が加わると，寄生トランジスタによってサイリスタ動作になってしまうことがある

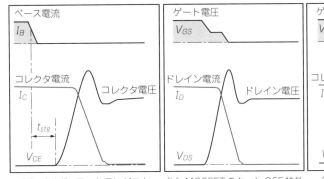

(a) バイポーラ・トランジスタのターンOFF特性　(b) MOSFETのターンOFF特性　(c) IGBTのターンOFF特性

[図4-11] 各種パワー・スイッチング素子のターンOFF特性
BJTには蓄積時間t_{stg}がある．IGBTではテール電流が流れる

間がかかるため，ターンOFF時間がやや長い（t_r = 70ns，t_f = 50ns）
(5) ターンOFFののちテール電流が流れるため，損失が発生する
(6) 600V以上の耐圧で使われることが多い
(7) 内部のサイリスタ構造でONしてしまうことがある（図4-10）

　図4-11に，BJT，MOSFET，IGBTそれぞれのターンOFF時ドライブ波形と，スイッチとしての電流-電圧特性を示します．

● 数百W以下のスイッチング電源ではMOSFET

　数百W以下の一般的なスイッチング電源では，使用するスイッチング素子はほとんどの場合MOSFETで，一部の大容量品にIGBTが使われています．以前はコストの関係からBJTが多く使われていましたが，現在はMOSFETが主流です．素子性能向上による変換効率の向上と，ドライブが電圧駆動で使いやすく，安価になってきたからです．

　IGBTも同じ理由で使われていますが，耐電圧が600V以上で電流も数十A以上と大きな分野のときです．低電圧を扱う場合は，IGBTではONしたときの電圧降下 V_{CE} …ドロップ電圧(0.7〜1.5V)が大きく，高周波対応もできないのでMOSFETのほうが有利です．

　IGBTは低い周波数で高電圧・大電流に有利なので，商用電源を整流した直流で駆動するモータ・インバータ，具体的にはエアコンや冷蔵庫のモータ・インバータに利用されています．モータ・インバータはモータのインダクタンスが十分あるので高周波フィルタは不要で，周波数は15k〜30kHz程度です．また，近年普及している家庭用ソーラ発電におけるDC→AC変換…インバータ(パワコン…パワー・コンディショナと呼ばれている)にも広く使用されています．この周波数も100kHzに上げるメリットはほとんどありません．

　一方，MOSFETは高い周波数で有利です．低電圧であってもそれなりにオン抵抗が低くなるので，DC-DCコンバータに適しています．低電圧入力DC-DCコンバータでは，周波数を上げれば上げるほどトランスもコンデンサも小型化できるので，損失が許容できる限り周波数を上げて使います．つまり，一般家庭で使われる数百W以下の機器では，スイッチング素子はほとんどMOSFETということになります．MOSFETはパワー・スイッチング用に使われることがメインであるため，パワーMOSとも呼ばれています．

　表4-2にスイッチング電源の**1次側高電圧スイッチング**をターゲットとして販売されている，近年のMOSFETの代表例を示しておきます．MOSFETの具体的な使用法については第5章で詳しく紹介します．

4-2　スイッチング電源用MOSFETのトレンド

● 高耐圧・低オン抵抗…スーパジャンクションMOSFETが台頭

　新たにスイッチング電源を設計することになったら，まずはスーパジャンクションMOSFET(**SJ-MOS**)と呼ばれる品種からの検討をお勧めします．1988年に発明

[表4-2][20] スイッチング電源1次側高電圧スイッチングをターゲットとしたパワーMOSFET（スーパジャンクション型）の例

東芝（株）DTMOS IIシリーズは2008年の開発，IVシリーズは2012年に投入された商品．IVシリーズはIIシリーズに比べると同じスーパジャンクションでも性能指数（単位面積あたりのオン抵抗）$R_{on}\cdot A$ が30％ほど改善されている．オン抵抗だけでなく，C_{iss}（入力容量）も改善されている

I_D/R_{on}	Q_g C_{iss}	パッケージ	型名	I_D/R_{on}	Q_g C_{iss}	パッケージ	型名
50A/ 0.065Ω	67nC 4500p	TO-3P(N)	TK50J60U	15A/ 0.3Ω	17nC 950p	TO-3P(N)	TK15J60U
40A/ 0.08Ω	55nC 3400p	TO-3P(N)	TK40J60U			TO-220SIS	TK15A60U
		TO-3P(N)IS	TK40M60U			TO-220	TK15E60U
20A/ 0.19Ω	27nC 1470p	TO-3P(N)	TK20J60U	12A/ 0.4Ω	14nC 720p	TO-3P(N)	TK12J60U
		TO-220SIS	TK20A60U			TO-220SIS	TK12A60U
		TO-220	TK20E60U			TO-220	TK12E60U

(a) DTMOS II（$V_{DSS}=600$V）シリーズ

I_D/R_{on} r_g	Q_g C_{iss}	パッケージ	型名	I_D/R_{on} r_g	Q_g C_{iss}	パッケージ	型名
100A/ 0.018Ω $r_g=1.8$Ω	360nC 15000p	TO-3P(L)	TK100L60W	11.5A /0.3Ω $r_g=6.5$Ω	25nC 890p	TO-3P(N)	TK12J60W
						TO-220SIS	TK12A60W
						TO-220	TK12E60W
61.8A/ 0.04Ω $r_g=2$Ω	180nC 6500p	TO-3P(N)	TK62J60W	11.5A /0.34Ω $r_g=6.5$Ω		IPAK	TK12Q60W
		TO-247	TK62N60W			DPAK	TK12P60W
38.8A/ 0.065Ω $r_g=2$Ω	110nC 4100p	TO-3P(N)	TK39J60W	11.5A /0.3Ω		DFN 8x8	TK12V60W
		TO-247	TK39N60W				
		TO-220SIS	TK39A60W	9.7A /0.38Ω $r_g=7.5$Ω	20nC 700p	TO-220SIS	TK10A60W
30.8A/ 0.088Ω $r_g=2$Ω	86nC 3000p	TO-3P(N)	TK31J60W			TO-220	TK10E60W
		TO-247	TK31N60W	9.7A 0.43Ω $r_g=7.5$		IPAK	TK10Q60W
		TO-220SIS	TK31A60W			DPAK	TK10P60W
		TO-220	TK31E60W	9.7A /0.38Ω		DFN 8x8	TK10V60W
		DFN 8x8	TK31V60W				
20A/ 0.155Ω $r_g=1.5$Ω	48nC 1680p	TO-3P(N)	TK20J60W	8A /0.5Ω $r_g=7.5$Ω	18.5nC 570p	TO-220SIS	TK8A60W
		TO-247	TK20N60W			IPAK	TK8Q60W
		TO-220SIS	TK20A60W			DPAK	TK8P60W
		TO-220	TK20E60W	7A /0.6Ω $r_g=7.0$Ω	15nC 490p	TO-220SIS	TK7A60W
		I2PAK	TK20C60W			IPAK	TK7Q60W
		DFN 8x8	TK20V60W			DPAK	TK7P60W
		D2PAK	TK20G60W				
15.8A/ 0.19Ω $r_g=6.0$Ω	38nC 1350p	TO-3P(N)	TK16J60W	6.2A /0.75Ω	12nC 390p	TO-220SIS	TK6A60W
		TO-247	TK16N60W	6.2A /0.82Ω $r_g=7.5$Ω		IPAK	TK6Q60W
		TO-220SIS	TK16A60W			DPAK	TK6P60W
		TO-220	TK16E60W				
		I2PAK	TK16C60W	5.4A/0.9Ω $r_g=8.2$Ω	10.5nC 380p	TO-220SIS	TK5A60W
		DFN 8x8	TK16V60W			IPAK	TK5Q60W
		D2PAK	TK16G60W			DPAK	TK5P60W

(b) DTMOS IV（$V_{DSS}=600$V）シリーズ

（注1）詳細データは必ず個別データシートでご確認ください
（注2）I_D/R_{on}は最大値
（注3）r_gは内部ゲート配線抵抗（$V_{DS}=$オープン，$f=1$MHz）
（注4）Q_gはV_{DD}，V_{GS}印加時の代表値
（注5）C_{iss}はV_{DS}印加，$V_{GS}=0$，$f=1$MHz印加時の代表値

されたSuper-Junctionと呼ばれる半導体の構造は，逆バイアス時に電界強度が均一になって耐圧が高くできるというものでした．これをMOSFETに応用したのが，シーメンス社から1998年にCool MOS(クールMOS)という名前で登場しました．今では多くのメーカから提供されるようになってきました．

SJ-MOSは図4-12に示すような構造です．従来のMOSFETでは電界強度はソース付近が最大になり，これによって素子の耐圧が決まっていました．ところがSJ-MOSFETでは電界強度を均一にすることができるので，同じn^-層の厚さであれば素子の耐圧を高くすることができるのです．ただし構造が複雑なので作りにくく，当初はコストに合わないといわれていました．それでも低いオン抵抗への要求は大きく，オン抵抗の低さから使われはじめ，各社からSJ-MOSが商品化されました．

とくに数百Vという高い耐圧のところでオン抵抗が低くできるので，現在はスイッチング電源用途には最適な素子になっています．従来のMOSFETでは，オン抵抗の値が耐圧のおよそ2～3乗に逆比例していましたが，SJ-MOSでは耐圧の1乗に逆比例していて，図4-13に示すように高い耐圧のほうが有利です．現状では600～650Vの範囲で販売されています．

SJ-MOSの特徴は，さらに図4-13からわかるように単位面積当たりのオン抵抗が従来構造のチップより低くできることです．そのためチップ・サイズが小さくでき，表4-3に示すように電極間容量や入力電荷量も小さくなり，駆動電力も小さく

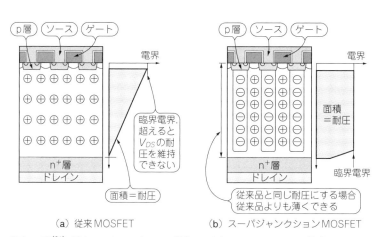

(a) 従来MOSFET　　(b) スーパジャンクションMOSFET

[図4-12] (21) 従来MOSFETとスーパジャンクションMOSFETの構造
スーパジャンクション構造は従来MOSFETとn^-層が同じ厚さならば，より高いV_{DS}耐圧を得ることができる

て済みます．高効率のスイッチング電源を作るとき，スイッチング素子を駆動するための電力は意外と大きく，無視できません．MOSFETゲートの入力容量を充放電するとき電力を消費するので，入力容量が小さければ，比例して駆動電力を小さくすることができます．

また電極間容量が小さいために，図4-14に示すようにスイッチング速度もそのぶん速くなり，スイッチング損失を少なくすることができます．

ただし，スピードが速くなるのでプリント基板での配線実装は多少むずかしくなります．配線を短くし，安定に動作させることができれば，スイッチON時の導通損失，ターンON/ターンOFF時の損失，駆動電力のすべてを減らすことができ，効率をかなりアップすることができます．

図4-15に示すスイッチング波形で，(a)は降圧コンバータにおけるハイ・サイド波形とスイッチング素子の波形です．SJ-MOSでは同じ耐電圧・オン抵抗だと，素子のチップ・サイズが小さくなっており，同じ発熱ならば温度上昇は大きくなり，ASO（安全動作領域）は小さくなってしまいます．このSJ-MOSは微細化によってさらにオン抵抗を小さくできます．

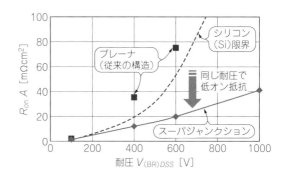

[図4-13][(22)] 従来MOSFETとSJ-MOSFETの $R_{on} \cdot A$ 特性

$R_{on} \cdot A$ 特性とは単位面積(cm^2)×R_{on}の値．小サイズで低いオン抵抗が実現できている

[表4-3] 従来MOSFETとSJ-MOSFETの電極間容量の違い

従来MOSFETの2SK3911の$R_{DS(on)}$＝0.22Ω，SJ-MOS TK15A60Uの$R_{DS(on)}$＝0.24Ω．ほぼ同等のオン抵抗だが，ゲート入力電荷は1/3以下になっている

項　目	2SK3911	TK15A60U
ゲート入力電荷量(Q_g)	60nC	17nC
ゲート-ソース間電荷量(Q_{gs})	50nC	10nC
ゲート-ドレイン間電荷量(Q_{gd})	10nC	7nC
ON抵抗($R_{DS(on)}$)	0.22Ω	0.24Ω

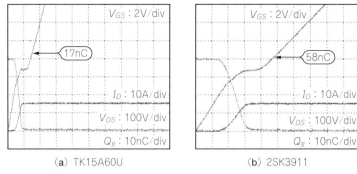

(a) TK15A60U　　　　　　　　(b) 2SK3911

[図4-14][22] スイッチング時のゲート入力電荷の違い
入力電荷が小さいことからスイッチング時の損失や駆動電力を小さくできることがわかる

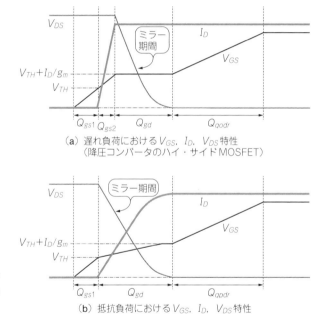

(a) 遅れ負荷における V_{GS}, I_D, V_{DS} 特性
（降圧コンバータのハイ・サイドMOSFET）

[図4-15] SJ-MOSFETによるスイッチング時の各部波形

(b) 抵抗負荷における V_{GS}, I_D, V_{DS} 特性

● シリコンMOSFETから化合物MOSFETへ進むか？

　これまでは，シリコン（珪素：Si）半導体による素子がスイッチング素子の主流でした．しかし近年，シリコン・カーバイド（SiC）や窒化ガリウム（ガリウム・ナイトライド：GaN）などの化合物半導体を使った素子が登場してきました．化合物半導体は表4-4に示すような各定数をもっており，バリガ性能指数（同じ面積，同じ

[表4-4][23] **各種半導体の各定数**

項　目	Si	SiC(4H)	GaN	Diamond	β Ga2O3
バンドギャップ(eV)	1.1	3.3	3.4	5.5	4.8
絶縁破壊電界(MV/cm)	0.3	2.5	3.3	10	8
キャリア移動度(cm^2/Vs)	1400	1000	1200	2000	300
電子飽和密度(10^7cm/s)	1	2.7	2.7	—	—
熱伝導度(W/cm℃)	1.5	4.9	2	—	0.23
比誘電率	11.8	9.7	9	5.5	10
バリガ性能指数	1	340	870	24664	3444

(注) バリガ性能指数：MOSFETの性能を示すといわれているこの指数は，$\varepsilon * \mu e * E^3$ で計算されるSi MOSFETの値との比である．物性定数で決まり素子の限界特性になる．
μe：電子移動度，ε：誘電率，Ec：絶縁破壊電界強度である．理想的なMOSFETでは単位面積当たりのオン抵抗と耐圧はトレードオフの関係があり，単位面積当たりのオン抵抗は理想的には耐圧の2乗に比例するが，現実は2.5乗くらいになっている．

厚さ，同じ耐圧でのオン抵抗の理論計算比）と呼ばれるものによって性能が比較されています．

これまでのMOSFETの理論上の限界のオン抵抗と，そのほかのMOSFETのオン抵抗をグラフにすると**図4-16**のようになります．SiC-MOSFETは，Si-MOSFETよりも3桁近く低オン抵抗になる可能性があり，GaN-MOSFETはさらに低オン抵抗になる可能性をもつ有望な素子です．

SiCではまず，**SiC-SBD**（ショットキ・バリア・ダイオード）が高耐圧でスピードの速いダイオードとして実用化され，その次に**SiC-MOSFET**が発売されました．そして，SiC-MOSFETにはノーマリON型とノーマリOFF型があります．SiCはGaNよりもノーマリOFF型のMOSFETが作りやすく，ノーマリOFF型のSiC-MOSFETが販売されています．

SiC MOSFETの特徴はSiやGaNよりも耐圧の高い…数kVのところまでの素子が作りやすいので，従来のIGBTの領域まで侵食し始めています．すでにオン抵抗では同等以下，耐圧で同等以上であり，IGBTにくらべるとスイッチング速度，スイッチング損失では大幅に優位となっています．

GaN-MOSFETは，市場にサンプルが出始めています．GaN-MOSFETはオン抵抗が非常に低い**ノーマリON型**（デプレッション型）が作りやすく，これが市場に出ています．しかし，ノーマリON型はスイッチング電源では使いにくいです．一方，ノーマリOFF型MOSFETもサンプルが出はじめました．GaN-MOSFETはSiC-MOSFETより耐圧が低く，500〜800V程度のものがサンプル出荷されています．GaN MOSFETはGHz帯RFアンプに使えるくらいスピードが速くできるので，

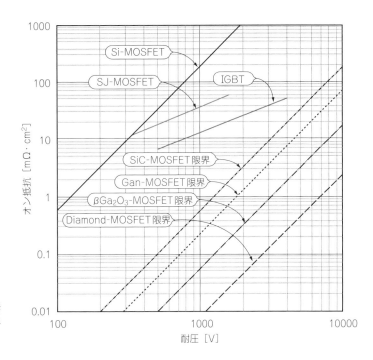

[図4-16]⁽²⁴⁾ 各素材の耐電圧と限界オン抵抗

GaN-MOSFETのスイッチング速度スピードも速く，スイッチング電源に使うとスピードが早過ぎて，使うのに苦労しそうなほどです．このため駆動回路をふくめてICにしたもののサンプルが出始めています．

いずれにしてもSiC，GaN共に将来的に期待される素子です．化合物半導体ではほかに酸化ガリウムやダイヤモンドなどがあります．物理定数から計算するとさらにオン抵抗を小さくできそうで，これからを期待したいところです．

● パッケージ形状は面実装形が主流になってきた

MOSFETに限らず，近年の半導体素子は用途に合わせていろいろな形状のパッケージが用意されるようになってきました．従来からのパワーMOSFETは，リードが付いて放熱器（フィン）に取り付けるリード線形が主流でした．これらは本体にフィンを付けて放熱するタイプで，かなり大きな損失でもフィンを大きくすることによって放熱可能なので，大電力用途に向いていました．

しかし近年はセットの小型化・薄型化への要求が強く，面実装形パワーMOSFETが急速に増えてきています．数的にも面実装形が過半を超えています．

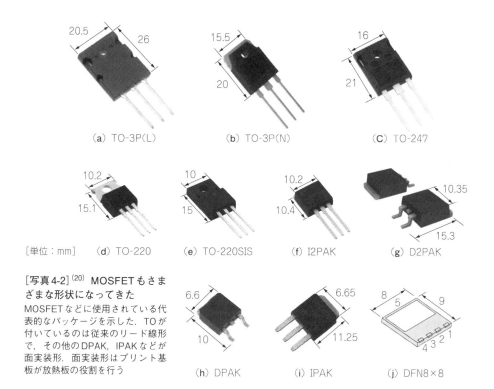

[写真4-2][20] MOSFETもさまざまな形状になってきた
MOSFETなどに使用されている代表的なパッケージを示した. TOが付いているのは従来のリード線形で, その他のDPAK, IPAKなどが面実装形. 面実装形はプリント基板が放熱板の役割を行う

 とはいえ**面実装形の部品は放熱にプリント基板の銅箔部分を使用**するので, 損失をあまり大きくすることはできません. 損失が1W程度以下の用途には向いています.
 面実装形は, リード線形にくらべると格段に小型・軽量化が可能です. しかもリード線がないので配線も短くでき, 配線による浮遊インダクタンスも少なくできるので, 高速スイッチングに対応できます.
 スイッチング電源用600V耐圧のMOSFETで見ると, 面実装形となっているのはR_{DS}オン抵抗が100mΩ程度以上のMOSFETがシリーズ化されています. つまり, スイッチング電源の1次側スイッチング電流としては, 仮に1W・100mΩとすると, 3A以下の電流を扱うスイッチング電源のMOSFETということになります.
 面実装形の代表的パッケージとしては, **D2PAK(LDPAK)**と呼ばれるものがあり, これより少し小さいDPAK(MP3A)などが使われています. リード線形ではTO-220, TO-3Pを元にしたその変形タイプが使われています. TO3P(L)では無限大のフィンをつけた場合はP_d = 800Wにも達します.
 写真4-2にさまざまな形状のMOSFETの例を示します.

4-3 スイッチング電源2次側整流用パワー・ダイオード

● パワー・ダイオードのあらまし

　スイッチング電源の1次側AC入力段に使用する商用周波数の整流ダイオード・ブリッジについては，既刊「スイッチング電源(1)」第4章で使い方を紹介しています．ここではスイッチング・トランスの2次側に使用する，高速スイッチングのパワー・ダイオードの選び方を紹介します．

　スイッチング電源にはいくつもの方式が提案され，使用されていますが，スイッチング周波数としては数十kHz～数百kHzが使用されています．50/60Hzの商用周波数の整流においては，いわゆる一般整流用ダイオードを使用することができましたが，数十kHz～数百kHzの高周波整流となると，一般整流用ダイオードでは用を足すことができません．ファスト・リカバリ・ダイオード(FRD)，あるいはショットキー・バリア・ダイオード(SBD)と呼ばれる高速ダイオードを使用します．

　写真4-3にFRDおよびSBDの一例を示します．小信号用ダイオードではアキシャル型(同一軸のリード形)がなじみ多いかもしれませんが，パワー用では放熱が重要なので，パワー・トランジスタの**3端子パッケージ**(TO-220PやTO-3P)を利用したものが多く用意されています．結果，ダイオード2素子を封入したタイプが多くあります．このようなツイン・ダイオードは図4-17に示すように，**並列使い**が前提になっています．I_o = 10A定格の素子では，それぞれのダイオードに$I_o/2$ = 5Aまで流せるということです．

　なお，ふつうのパワー・ダイオードの並列接続はダイオードの順方向特性の温度係数が「−（マイナス）」なので，同じ型名であっても素子のバラツキで電流アンバランスが生じるため，電流が集中した素子に発熱が集中して温度が上がり，さらに順方向電圧が下がって，さらに電流が流れるという循環…**熱暴走**を生じます．チップ温度が同じになる1パッケージに素子が二つ入ったツイン・ダイオード以外ではバランス回路が必要です．これは一般用ダイオード，FRD，SBDとも共通です．ただし，SiC-SBDの温度特性は温度が上がると大電流領域では順方向電圧も上がる傾向にあるので，一部の製品は並列接続は可能です．

● ダイオードの周波数特性…逆回復特性として現れる

　一般整流用ダイオードは，商用周波数用もしくはそれに準じる周波数の整流用で，1kHz以下で使われます．素材はシリコンで，P型およびN型半導体で構成さ

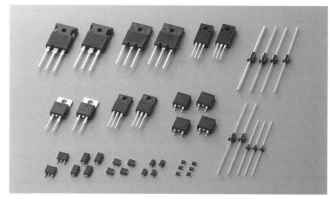

[写真4-3][25] FRD および SBD…パワー・ダイオードの例［新電元(株)の製品から］

従来はアキシャル・リード形が多かったが，近年は面実装形が多い．大電流タイプは放熱も重要なので，パワー・トランジスタなどで開発されたTO-220P や TO-3P などのパッケージを利用したものも多い

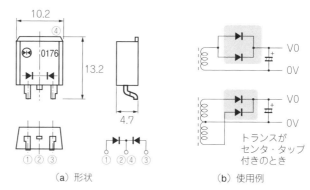

[図4-17][25] 2素子入り…ツイン・ダイオードも多い
（カソード・コモン）

大電流とくにサージ電流に対応するために，2素子を同時形成したツイン・ダイオード…カソード共通品が多く用意されている．1素子に I_o の1/2が流れる

(a) 形状　　(b) 使用例

れたPN接合で構成されています．電圧が順方向に加わっているとき導通し，シリコンのバンド・ギャップで決まる電圧…0.6 ～ 1V 程度の順方向電圧降下 V_f を伴いながら電流が流れます．逆方向は阻止されますが，μA オーダの暗電流（漏れ電流）が流れます．耐電圧は 100 ～ 1500V です．

ところが汎用の(PN接合型)シリコン・ダイオードには，**逆回復**（リカバリ…Recovery）**特性**と呼ばれるやっかいな特性があります．図4-18にこの逆回復特性を示します．理想的なダイオードであれば，電圧が逆向きになると電流をスパッとカットするはずですが，現実にはOFFする瞬間に逆向きの電流 I_{R1} が流れ，一定の逆回復時間 t_{rr} を経ないと定常の暗電流（漏れ電流）I_{R2} 領域にはならないのです．

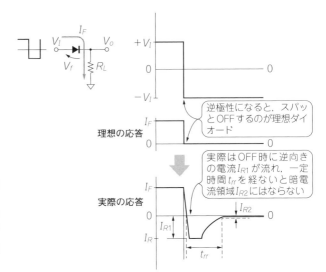

[図4-18] ダイオードの逆回復特性
商用周波数ていどで問題になることは少ないが,数十kHz以上の周波数を整流すると,逆回復特性が効率や損失問題が露呈する

汎用シリコン・ダイオード…一般整流用ダイオードの逆回復時間は$10 \sim 200 \mu s$と,かなり長いのが欠点ですが,50/60Hzていどの商用周波数を整流するときは大きな支障にはなりません.ですからスイッチング電源では,商用周波数を(1次側などで)整流するとき使用されます.もっぱら低周波用として使われ,順方向電圧降下V_fを低くしたり,逆耐電圧を高くすることに力を注がれている分野です.逆回復時間が長いのでスイッチング電源の高周波整流には使いません.

半導体のダイオードの歴史的にはセレン整流器,ゲルマニウム・ダイオードの次に使われだした部品です.商用周波数の整流はほとんどブリッジ整流で使われるので,一般には4個のダイオードを組み込んだブリッジ・ダイオードが広く使われています.

なお,商用電源を直接整流する**ブリッジ・ダイオード**は,商用ライン…AC1次側に使うので,各国の**安全規格**にも関係しています.ピン間隔なども重要ポイントです.また,耐電圧が高くなると順方向電圧降下も大きくなる傾向があるので,最適の耐圧を選ぶ必要があります.既刊「スイッチング電源[1]」をご覧ください.

● 高速・高電圧の整流にはFRD

FRDはファースト・リカバリ・ダイオード(Fast Recovery Diode:FRD)の略称です.スイッチング電源の2次側などで高周波出力を整流するダイオードは,周波数が高いので逆回復時間が早いことが要求されます.そのためFRDと呼ばれる素

[表4-5][(25)] ファスト・リカバリ・ダイオードFRDの一例［新電元(株)］
低電圧領域ではSBDを使用することが多い．FRDは高電圧に対応しており，力率改善回路PFCにおける昇圧コンバータに多く使用されている．ブリッジ型LLDは，オーディオ(真空管)用などもターゲットと考えられる

形状	I_o [A]	V_{RM} 200[V]	400[V]	600[V]
シングル，アキシャル	1	D1NL20U	D1NL40U	D1NF60
	1.5	S2L20U	S2L40U	S2L60
	3	S3L20U	S3L40U	S3K60
シングル，面実装	1.1	M1FL20U		
	1.5	M2FL20U	M1FL40U	
	3	M3FL20U	DE3L40A	D3CE60K
	5			DE5L60
	10			DF10L60
	20			DF20L60
シングル，TOパッケージ	3			SF3L60U
	5			SF5L60U
	10			SF10L60U
	20			SF20L60U
2素子，面実装，カソード共通		200[V]	300[V]	400[V]
	5	DE5LC20U		DE5LC40
	10	DF10LC20U	DF10LC30	
	20	DF20LC20US	DF20LC30	
2素子，TOパッケージ，カソード共通		200[V]	400[V]	600[V]
	5	SG5LC20USM	SF5LC40UM	
	10	SG10LC20USM	SF10LC40UM	SF10KC60M
	20	SG20LC20USM	S20LC40UT	SF20KC60M
LLD，ブリッジ	4	D4SBL20U	D4SBL4	

子が開発されました．ふつうのダイオードと同じくシリコンのPN接合で構成されていますが，そのPN半導体にキャリアのライフ・キラーとして金などの不純物を添加し，**逆回復時間を短くしています**．

耐電圧は100 〜 1800Vほどですが，スイッチング速度を速く(逆回復時間を短く)すると順方向電圧降下V_fが高くなり，耐電圧の高いダイオードは同様にV_fが高くなる傾向があります．そのため選択には最適な耐電圧を選ぶ必要があります．FRDの順方向電圧降下V_fは一般整流ダイオードより少し高く，1.0 〜 2.0V程度です．耐電圧1000Vを超えるFRDでは，$V_f = 3V$程度のものもあります．**表4-5**にFRDの代表例を示します．

スイッチング電源で使用するFRDは，耐電圧が決まったら，スイッチング速度が速く，V_fの低いダイオードを選ぶ必要があります．各社でV_fが低く，スイッチ

ング速度の速いダイオードを開発しています．FRDの中でもとくに速いものをLLD(Low loss diode)とか，HED(High Efficiency Diode)という名称で区別することもあります．

● 2次側の高速整流にはSBD

SBDはショットキー・バリア・ダイオード(Schottky barrier diode：SBD)の略称です．一般の整流ダイオードはPN接合によって整流特性をもたせていますが，SBDは半導体と金属の接合させた構造で作られていて，耐圧は低いですがシリコンPN接合型と同じような整流特性をもっています．半導体と金属を接触させると整流作用を示す特性は，1938年ショットキー(W Schottky)によって発見され，この接触による障壁(Barrier)を**ショットキー・バリア**と呼び，この現象を使ったダイオードをショットキー・バリア・ダイオード(SBD)と呼んでいます．

SBDはPN接合と異なり，少数キャリアの蓄積がないので逆回復…**リカバリ現象がなく**，スイッチング速度も超高速で，かつ順方向電圧降下V_fが低いのですが，電極間容量が大きい特徴があります．リカバリがないので発生ノイズも少なくなっています．

PN接合ダイオードと同じように耐電圧の低いSBDはV_fも小さく，耐電圧の高いSBDはV_fが高くなる傾向があります．そのため耐電圧の選択においては，耐電圧の低いダイオードを選ぶと，V_fが低くなるので効率が上がります．

SBDの耐電圧範囲は20～200Vの範囲です．60V以下では先に示したLLDよりSBDのほうが圧倒的に有利です．

耐電圧の高いSBDは，耐電圧を上げる手段としてガードリングと呼ばれる部分で電圧を分散して耐圧を上げているのですが，これによって耐電圧の高いSBDではリカバリが生じてしまい，超高速という特徴が減少し，FRDに近づいていきます．図4-19に目安としてのFRD，SBDの住み分けを示しておきます．

SBDの用途はスピードが速いことを利用して，低電圧・大電流での高周波整流

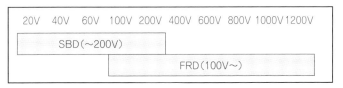

[図4-19] 使用電圧から見たFRDとSBDの使い分け
高速リカバリ特性をいくぶん犠牲にしながら高電圧に対応するSBDも増えてきている．各メーカの商品を検討する意味がある

[表4-6][25] ショットキー・バリア・ダイオードの一例［新電元（株）］

形状，特徴	I_o [A]	V_{RM}		
		30[V]	40[V]	60[V]
シングル，アキシャル	1		D1NS4	D1NS6
	2		D2S4M	D2S6M
	3		D3S4M	D3S6M
シングル，面実装	1	DG1M3	DG1S4	DG1S6
	2	DG1M3A	M1FJ4	DG1S6A
	3	D1FH3	D3CE4S	D3CE6S
	5	D1FM3	DE5S4M	DE5S6M
	10	DE10P3	DE5SC4M	DE5SC6M
2素子，面実装，カソード共通	5	DE5PC3	DE10SC4	DF10SC6
	10	DE10PC3	DF10SC4M	
	20	DF20PC3M	DF20SC4M	
2素子，TOパッケージ，カソード共通	10	SG10SC3LM	SG10SC4M	SG10SC6M
	15		SG15SC4M	SG15SC6M
	20	SG30SC3LM	SG30SC4M	SG30SC6M
ブリッジ，シングル・インライン	4		D4SBS4	D4SBS6
	10		D10SBS4	
	15			D15XBS6
	20			D20XBS6

や，V_fが低いことを利用したコンピュータ用電源での逆流防止ダイオード，逆接続防止ダイオード，またノイズが小さいことからオーディオ用ドロッパ電源の整流用にも使われています．

表4-6にSBDの代表例を示します．

● **SBDは高温時の逆電流（漏れ電流）による損失に要注意**

SBDの欠点は**静電耐量**（ESD）が低いことと，耐電圧があまり高くとれないことです．また，逆方向電流（漏れ電流）が多いので要注意です．この逆方向電流は図4-20に示すように温度依存性が大きいので，逆電圧の加わる期間に発生する損失が問題になることがあります．

図4-21は2素子入りSBDを台形波の整流に使用したときの電圧-電流波形です．図4-22はSBDのデータシートに記されている損失特性です．このSBDにデューティ比D_R50％の波形が印加されたとします．順方向損失P_fを求めると，それぞれのダイオードの電流I_{o1}，I_{o2}は，

$I_{o1} = I_{o2} = (30 + 10)/2 \times 0.5 = 10A$

この条件でSBDデータシートの損失カーブ［図4-22(a)］からP_fを読み取ります．

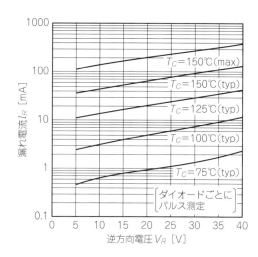

[図4-20][(26)] SBDの逆方向特性とその温度特性

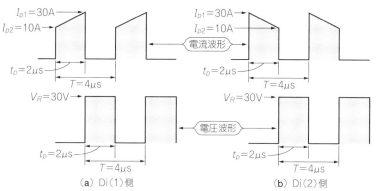

[図4-21][(26)] 2素子入りSBDで台形波の整流することを考えると

すると $D_R = 0.5$ で，

$$P_{f1} = P_{f2} = 6W$$

逆方向損失 P_r はダイオードに $D_R = 0.5$ で逆方向電圧が30V印加されているので，図4-22(b)から $P_{r1} = P_{r2} = 5W$ ということがわかります．これより総合の電力損失 P_d は，

$$P_d = P_{f1} + P_{f2} + P_{r1} + P_{r2} = 6 + 6 + 5 + 5 = 22W$$

ということになります．高温状態でのデータではありますが，逆方向損失が無視できないことがわかります．

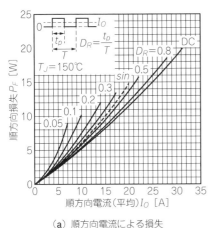
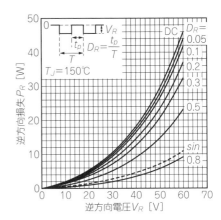

(a) 順方向電流による損失　　　　　　　(b) 逆方向電流による損失

[図4-22]⁽²⁶⁾ SBD（40V・30Aクラス）の損失特性

[表4-7]⁽²⁷⁾ SiC-SBDの一例［(株)ローム］
ダイオード特有の逆回復特性がないのが大きな特徴．スイッチングも速い

型　名	耐電圧[V]	最大電流[A]	消費電力[W]
SCS206AG	650	6	51
SCS208AG		8	68
SCS210AG		10	78
SCS212AG		12	93
SCS220AG		20	130
SCS240AE2		40	270
SCS205KG	1200	5	88
SCS215KG		15	180
SCS230KE2		30	360

(注) 使用温度範囲は −55〜175℃

(a) 特性

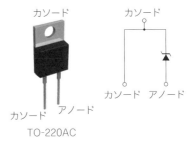

(b) 形状　　　　　　　(c) ピン接続図

● SiCによるショットキー・バリア・ダイオードが登場

　ショットキー・バリア・ダイオードSBDには，最近シリコン(Si)ではなくSiC(シリコン・カーバイド)によるものが市販されるようになりました．このSiC-SBDの耐圧は，今は600〜1200Vが市販されていますが，もっと高い電圧のものもできそうです．表4-7にローム社のSiC SBDの一例を示しておきます．また，図4-23に示すのは，SiC-SBDとSi-FRDの逆回復…リカバリ特性の温度依存性を比較したものです．逆回復特性がなく，その温度依存性もほとんどないのが大きな特徴です．

　近年多く使われるようになってきた昇圧型PFC回路における整流では，とくに

4-3 スイッチング電源2次側整流用パワー・ダイオード

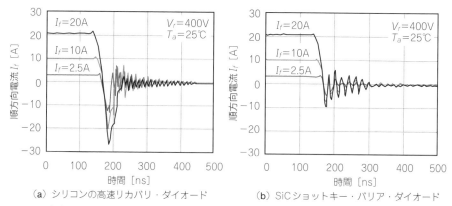

(a) シリコンの高速リカバリ・ダイオード　　(b) SiC ショットキー・バリア・ダイオード

[図 4-23][23] ダイオード逆回復特性の比較
汎用のシリコン・ダイオードとくらべると逆回復時間がほとんどないことがわかる．ここでは FRD：高速リカバリ・ダイオードとの比較を示している

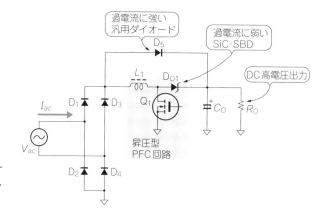

[図 4-24] PFC 回路に SiC-SBD を使用するときの突入電流保護回路

　逆回復特性による損失が大きくなるのですが，スピードの速い SiC-SBD を使用すれば損失もノイズも大幅に改善することができます．ただし SiC-SBD は FRD にくらべて動作抵抗が高く，ピーク電流に弱いという欠点があります．

　SiC-SBD は FRD にくらべると逆電流が大きいのですが，Si-SBD ほど大きくありません．また SiC-SBD は動作抵抗が高いので許容サージ電流が小さく，そのため PFC 回路などに使った場合に突入電流に弱く，選び方によっては一般ダイオードで突入電流を保護する必要があります．図 4-24 はそのようなときの保護回路で，電源投入時の突入電流は，サージ電流に強い一般整流用ダイオード（D_5）を通してコンデンサ C_o を充電しています．

スイッチング電源[2] 要素技術のマスター

第5章
スイッチング電源のためのMOSFET活用

スイッチング電源の高性能化を支える素子のメインはMOSFETです．
MOSFETは電圧制御素子なので使いやすい印象ですが，
現実に使いこなすには，
経験の積み重ねとノウハウの習得が欠かせません．

5-1　　MOSFET活用のための基礎知識

● Nチャネル・スーパジャンクション・タイプが主流

　スイッチング電源では，小型化のために高周波化への強い要求があります．そのため，数十kHz以上の周波数でスイッチングするにはMOSFETが不可欠です．幸いMOSFETには，幅広い耐電圧の素子が用意されています．とくに商用電源…AC入力スイッチング電源では，AC 100V系（AC 100～120V）入力で耐電圧V_{DSS}が250～600Vの素子を使い，AC 200V系またはAC 100/200Vのワールド・ワイド入力では500～1000V耐圧の素子が使われています．

　MOSFETにはPチャネルとNチャネルがありますが，Nチャネルのほうが原理的にオン抵抗を低くでき，かつコストも安価です．よって，スイッチング電源の主スイッチング用には，NチャネルMOSFETが広く使われます．また，近年はスーパジャンクション・タイプと呼ばれるMOSFETが実用化され，耐電圧600～700Vタイプでもオン抵抗は従来型に比べると1/3程度まで改善されています．

　ただし，商用電源入力のスイッチング電源では，効率を上げるためインピーダンスが低く設計されています．そのため，ちょっとした使い方の誤りがMOSFETの破損につながることがあります．MOSFETは破損すると一般に短絡状態になって大電流が流れ，周りのドライブ回路や制御ICなどをまき込んで破損するなど，スイッチング電源特有の壊れ方になります．このようなときはAC入力側のヒューズを飛ばすのですが，ヒューズの仕様が合わないと発煙発火などの事故につながりま

す．慎重なヒューズの選択とアブノーマル・チェックが必要です．

● かならず守る絶対最大定格…チャネル温度，ドレイン-ソース間電圧 V_{DSS} など

　表5-1に600V・15A定格をうたったスーパジャンクションMOSFET DTMOS Ⅱ シリーズ TK15A60U（東芝）の絶対最大定格を示します．V_{DDS} = 600VのDTMOS Ⅱ，DTMOS Ⅳのシリーズ概要については第4章・表4-2に示しました．

　MOSFETにおけるチャネル温度とは，トランジスタ（BJT）のジャンクション（接合部）温度に相当します．MOSFETの**チップ内部温度**のことです．MOSFETでは，オン抵抗（$R_{DS(on)}$）損失，ターンON損失，ターンOFF損失，アバランシェ損失，ゲート駆動損失が発生し，発熱します．結果，MOSFETと放熱器などの熱抵抗，過渡熱抵抗によってチップ温度が上昇し，これと最高周囲温度とを加算してチャネルの最高温度を計算します．このチャネル最高温度：150℃に対して余裕をもって下回っていることが必要です．

　ドレイン-ソース間電圧 V_{DSS}，ゲート-ソース間電圧 V_{GSS} などの耐電圧は，瞬時でもこれを越えてはいけません．たとえ数nsのパルス幅でも超えてはいけません．最近のオシロスコープはディジタル方式なので，サンプリングのタイミングによっ

[表5-1][28] ＭＯＳＦＥＴ TK15A60U（東芝）の絶対最大定格
代表的なスーパジャンクションMOSFETの例．いかなるときも，絶対にオーバしてはいけない項目

項　目		記　号	定　格	単　位
ドレイン-ソース間電圧		V_{DSS}	600	V
ゲート-ソース間電圧		V_{GSS}	±30	V
ドレイン電流	DC（注2）	I_D	15	A
	パルス（注2）	I_{DP}	30	
許容損失（T_C = 25℃）		P_D	40	W
アバランシェ・エネルギー	単発（注3）	E_{AS}	81	mJ
	繰り返し（注4）	E_{AR}	4.0	
アバランシェ電流		I_{AR}	15	A
チャネル温度		T_{ch}	150	℃
保存温度		T_{stg}	−55 〜 150	℃

(a) 絶対最大定格

項　目	記　号	定　格	単　位
チャネル-ケース間熱抵抗	$R_{th(ch-c)}$	3.125	℃/W
チャネル-外気間熱抵抗	$R_{th(ch-a)}$	62.5	℃/W

(b) 熱抵抗特性

(注1) 詳細データは必ず個別データシートでご確認ください
(注2) チャネル温度が150℃を越えない放熱条件であること
(注3) アバランシェ・エネルギー（単発）印加条件：
　　　V_{DD} = 90V，T_{ch} = 25℃（初期），L = 0.63mH，R_G = 25Ω，I_{AR} = 15A
(注4) 繰り返し印加の際，パルス幅はチャネル温度によって制限される

ては狭いパルス幅のサージ電圧が抜けてしまうことがあります．サージ電圧などの測定においては，広い周波数帯域のオシロスコープでスイープ時間軸を早くして，波形が画面いっぱいになるように測定することが重要です．

とくにドレイン-ソース間電圧V_{DS}などのように余裕がとりにくい箇所は詳細に測定します．測定結果は入出力変動を含めた定常特性はもちろんのこと，過渡変動（負荷急変，入力急変，電源投入時，電源OFF時，負荷短絡時）も含めて，この絶対最大定格を越えないようにします．図5-1にスイッチング電源におけるMOSFETドレイン-ソース間電圧波形の例を示します．

通常の設計ではこれらの値を，定常状態で絶対最大定格の90%以内に，過渡変動状態で100%以内に収めます．また，とくに信頼性が必要な設計ではさらに10%程度のディレーティングが必要になります．ディレーティングの考え方についてはコラム(6)を参照してください．

表5-1の例では絶対最大定格のドレイン-ソース間電圧（V_{DSS}）が600Vなので，最大入力，最大負荷で定常状態ではこの値の90%…540V以下に抑え，過渡変動では600V以下に抑えるということです．

● 安全動作領域ASO内で使用していることを確認する

安全動作領域ASO（Area of safety operation）とは，MOSFETに限らず半導体を破壊させたり劣化させることなく使用できる領域のことをいいます．加えてMOSFETには局部的な電流集中による熱暴走もあり，使用範囲は最大電圧，最大電流，最大許容損失などの最大定格以外にも必要です．MOSFETは安全動作領域（ASO）内で使用することが重要です．

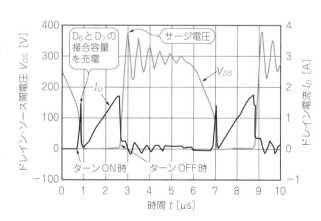

[図5-1][21] RCC回路における主スイッチ…MOSFETにおけるドレイン-ソース間電圧V_{DS}波形とドレイン電流I_D波形の測定例

V_{DS}はトランスや配線における浮遊容量などの影響で，ターンOFF時にサージ電圧が発生している．この電圧が一瞬でも定格電圧を超えるとMOSFETが降伏する恐れがある．サージ電圧を抑えるにはCRスナバ，あるいはCRDスナバを使用する．スナバについては第7章で紹介

Column (6)
信頼性確保に欠かせないパワー半導体のディレーティング

　パワー半導体における最大定格は，瞬時であっても越えてはいけません．そのため使用する最大電圧や最大電流，最大温度については，必ず素子のもつ最大定格値内に収める必要があります．そのとき，どのくらい余裕をもって素子の最大定格値内に収めるかを示すのが**低減率**（減定格）…ディレーティングと呼ばれる値です．最大定格電圧100Vの素子をピーク電圧が50V以内で使用すれば，50%のディレーティングになります．ディレーティングは，素子の信頼度に大きく関係します．

　とくにパワー半導体では，その最大定格値自体も限界いっぱいに決められているので，信頼性はディレーティング率によって大きく左右されます．信頼性を高くするにはディレーティング率を大きくとりたいのですが，これは素子の価格上昇につながります．そのためパワー半導体を使用する電子機器の信頼性から，逆にどの程度のディレーティングをとれば良いのかが決められることもあります．ディレーティングによって，電子機器の**MTBF**（Meam Time Between Failures）…平均故障間隔や，耐用年数が左右されるということです．

　電子機器を設計するときには，パワー半導体のディレーティングのことを十分理解しておく必要があります．ディレーティング率は経験が影響する係数でもあります．**表5-A**にパワー半導体におけるディレーティングの一例を示します．

[表5-A] パワー半導体のディレーティング例
ディレーティングは信頼性向上のためには大きいほうが良い．しかしコスト増につながるので，経験的なバランスが重要

ディレーティングする項目	低減率	注記
電圧（サージ電圧を含む）	定格電圧の90%	入出力変動を含め，定常時に使用
	定格電圧の100%	非定常時に使用（注1）
ピーク電流	最大電流の80%	入出力変動を含め，定常時に使用
	最大電流の100%	非定常時に使用（注1）
平均電流	最大電流の50%	
電力	温度ディレーティングされた最大電力の50%	
ASO	温度ディレーティングされた最大ASO	
アバランシェ・エネルギー	温度ディレーティングされた値の80%	
チップ温度（ジャンクション温度）	80%	
瞬時チップ温度（瞬時ジャンクション温度）	90%	

（注1）電源投入時，過負荷，アブノーマル試験時や負荷短絡時など
（注2）長寿命設計，高信頼設計ではこのディレーティングに対してさらに10%ほど低くする

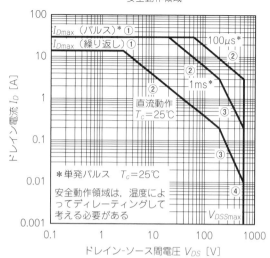

[図5-2] [28]
TK15A60U の安全動作領域 ASO
安全動作領域は使用条件によって異なる．十分にディレーティング（定格からの低減）を考慮することが重要

ただし図5-2に示すMOSFETの安全動作領域グラフは，25℃状態での単発パルスでのデータです．実使用では条件によってディレーティングする必要があります．図の例ではASO領域が以下のように定義されています．

領域①…ドレイン電流I_Dやパルス・ドレイン電流I_{DP}で制限される領域
領域②…最大許容損失P_Dにより制限される領域．I_Dは$(1/V_{DS})$に比例
領域③…電圧が高いとき，局部電流集中によって制限される領域．I_Dは小電流でも内部で熱暴走を引き起こすことがある
領域④…ドレイン-ソース間耐電圧V_{DSS}によって制限される領域

● アバランシェ・エネルギーとアバランシェ電流

PN接合による半導体では，加わる電圧が高くなって「なだれ現象」的に電流が増大することを**アバランシェ降伏**と呼んでいます．最大定格を越えて使うことは，基本的に避けるべき状況です．しかし近年は，最大定格を越えても短時間のスパイク電圧であれば，あるいはチャネル温度によっては許容する耐量が示されるようになってきました．**アバランシェ耐量**と呼ばれています．

MOSFETにおいては最大定格にあるチャネル温度を超えないなら，最大定格を超えて，アバランシェ（降伏）領域まで電圧を加え，電流を流しエネルギーを放出しても良いという仕様があります．

MOSFETのアバランシェ特性には，単発，繰り返しの2種類があります．**図5-1**のアバランシェ(単発)は文字どおり，ほんとの1回だけならアバランシェ領域まで電圧が上昇し，アバランシェ電流が流れてもOKということです．チップ温度が常温(25℃)のとき，単発パルスだったら破壊しないということです．

　とはいえ1回のパルスだけしか許されなくて，かつ温度によって変わり，チャネル温度が高くなっているときはアバランシェ・エネルギー(単発)も小さくなっているので，あまり期待はできません．つまり，**熱くなっていない電源装置の投入時**だけに使える仕様と考えるべきです．

　単発のアバランシェ・エネルギーE_{AS}はアバランシェ時間をt_{ava}とすると，

$$E_{AS} = V_{DSS} \cdot I_{AR} \cdot t_{ava} \quad (\text{J}) \quad \cdots\cdots\cdots\cdots\cdots\cdots\cdots\cdots\cdots\cdots\cdots\cdots\cdots\cdots\cdots\cdots\cdots\cdots\cdots\cdots\cdots\cdots \quad (5\text{-}1)$$

で計算することができます．よって**表5-1**注(3)の条件で許容できる単発パルス幅は，電源投入時の最高周囲温度を50℃として，アバランシェ電圧を700V，電流を10Aとすると，

$$t_{ava} = \frac{E_{AS}}{V_{DSS} \cdot I_{AR}} = \frac{52 \times 10^{-3}}{700 \times 10} = 7.4\mu\text{s}$$

ということになります．

　図5-3に，カタログ表記のアバランシェ特性を示します．

　この計算は直線近似法でアバランシェ電流が流れているときの短期間の損失を計算し，そのときのエネルギー(単位：mJ)を計算して，温度によって低減したアバランシェ・エネルギーの許容値に対してOKかどうかを判定します．アバランシェ電流は，アバランシェ電圧を超えて流せる最大電流のことです．

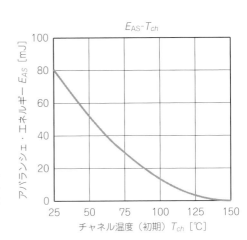

[図5-3][28]
TK15A60Uのアバランシェ特性エネルギー
アバランシェ耐量にあまり期待してはいけない．熱くなってない装置での電源投入時だけに使える仕様とみるべきである．アバランシェ・エネルギーとチャネル温度特性を示している

なお，アバランシェ・エネルギーにも単発と繰り返しがあり，繰り返し(mJ)は，繰り返しアバランシェ電流を流して大丈夫という絶対最大定格です．ただし，このアバランシェ・エネルギーによってアバランシェ損失になりますが，このとき，絶対最大定格のチャネル温度を絶対超えない必要があります．

また，絶対最大定格のドレイン-ソース間電圧を越えて使っているので寿命は保証されていないと考えて，負荷短絡時などアブノーマル時に限って使うことをお勧めします．

● MOSFETオン抵抗$R_{DS(on)}$の特性

MOSFETにはV_{GS}-I_D間の電圧-電流特性において，基本的に図5-4に示す二つの特性があります．エンハンスメント(Enhancement)タイプとデプレッション(Depletion)タイプと呼ばれるものです．とくに断らないかぎりは，図(a)のようにV_{GS}を印加し，V_{GS}が規定のV_{TH}(スレッショルド…しきい値電圧)を越えるとI_Dが流れ始めるエンハンスメント・タイプが一般的です．図(b)のようにV_{GS}が0VでもI_Dが流れるものはデプレッション・タイプと呼んでいます．回路図シンボルも，チャネル表記が異なっています(JIS C0617-5参照)．V_{GS}がV_{TH}を数倍越え，I_Dが十分流せる状態のことをMOSFETのON状態といいます．ON状態のドレイン-ソース間抵抗を$R_{DS(on)}$，あるいはふつうにオン抵抗と呼んでいます．

なお，ONしているMOSFETでは電流はドレイン→ソースだけでなく，ソース

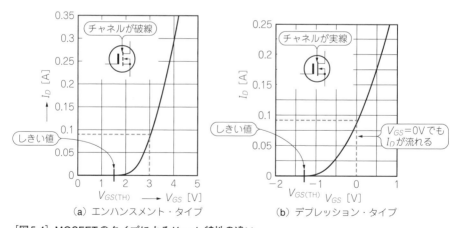

[図5-4] MOSFETのタイプによるV_{GS}-I_D特性の違い
NチャネルMOSFETは断りがないかぎりはエンハンスメント・タイプと考えてよい．シンボルではチャネルが三つに分かれているのがエンハンスメント・タイプ

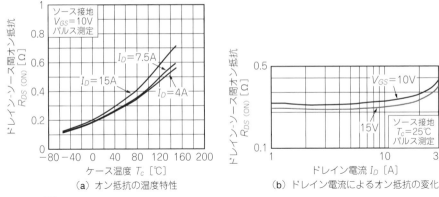

[図5-5] [28] **MOSFETのオン抵抗特性**
MOSFETのオン抵抗は最大電流・最大チャネル温度で設計（選択）する

→ドレインにも同じように電流を流すことができます．

　MOSFETのオン抵抗$R_{DS(on)}$特性はMOSFETの進化とともに改善され，スイッチング電源の効率改善に寄与してきました．とは言え，基本的な特性は変わっていないので，以下のことを常識として知っておく必要があります．

　MOSFETのオン抵抗$R_{DS(on)}$は温度によって大きく変化します．図5-5に一例を示しますが，温度が上がるとオン抵抗は高くなります．ドレイン電流I_Dの大きさでも変化し，I_Dが大きいとオン抵抗は高くなります．トランジスタ（BJT）やダイオードでは，温度が上がるとオン抵抗が低くなるので，素子を並列接続した場合は温度が上がったほうの素子に電流が多く流れ，熱暴走を起こすことがありました．

　しかし，MOSFETでは温度が上がるとオン抵抗が高くなり，大電流が流れるとオン抵抗が高くなるので熱バランスしやすくなります．したがってMOSFETのオン抵抗は，最大電流・最大チャネル温度で計算します．ただし，MOSFETの温度が上がると発熱が増えるので，熱暴走しやすくなります．温度マージンは十分余裕をもつ必要があります．

● チャネル温度を管理する

　スイッチング電源におけるMOSFETの損失は，先の図5-1に示したスイッチング波形から求めます．ドレイン電流I_Dの波形を見ると，V_{DS}＝約100Vくらいからターン ONし，三角波状のI_Dが流れています．I_Dがピークを過ぎるとターン OFFして，約350VのV_{DS}が加わっています．

MOSFETの損失は，次の三領域を合成したものになります．
- ON状態のとき発生する損失
- ターンON期間に発生する損失
- ターンOFF期間に発生する損失

各期間における損失を求めるため，図5-1に示した波形の時間軸を拡大したものを図5-6に示します．損失の計算はオシロスコープのもっている演算機能を使用します．

▶ ON期間の損失と温度上昇

図5-6(a)はON時の時間軸を拡大した波形です．ON期間における($I_D \cdot V_{DS}$)による損失を求めると，$17.7 \mu J$（マイクロ・ジュール）となります．スイッチング周期は約$6 \mu s$なので，ON期間中の電力損失P_{on}は，

$P_{on} = 17.7 \mu J / 6 \mu s \fallingdotseq 2.9W$

と求まります．

▶ ターンON期間中の損失と温度上昇

図5-6(b)はターンONにおける損失を求めるためのものです．計算結果は$15.7 \mu J$

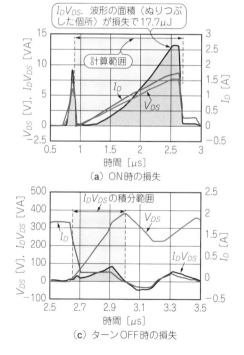

(a) ON時の損失

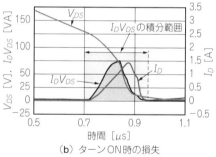

(b) ターンON時の損失

(c) ターンOFF時の損失

[図5-6][21]
MOSFETのスイッチング期間における損失
近年の(ディジタル)オシロスコープは豊富な演算機能を備えている．単位期間における[$I_D \cdot V_{DS}$]を積分すれば発熱量を知ることができる

となります.よってターンON時の電力損失P_{ton}は,

$$P_{ton} = 15.7\mu J/6\mu s ≒ 2.6W$$

と求まります.

▶ ターンOFF期間中の損失と温度上昇

図5-6(c)はターンOFFにおける損失を求めるためのものです.計算結果は31.3 μJとなります.よってターンOFF時の電力損失P_{toff}は,

$$P_{toff} = 31.3\mu J/6\mu s ≒ 5.2W$$

と求まります.

以上の結果から,MOSFETで2A弱のドレイン電流をスイッチングすると,P_{on} = 2.9W,P_{ton} = 2.6W,P_{toff} = 5.2Wなので,10.7Wの損失が発生します.またチャネル−ケース間の熱抵抗は3.125℃/Wで,使用するフィン(放熱器)の熱抵抗を2℃/Wとすると,周囲温度が0 〜 50℃であれば,最大のチャネル温度は,

$$(2.9 + 2.6 + 5.2) \times (3.125 + 2) + 50 = 104.84℃$$

ということになります.

5-2　MOSFETを活かすには駆動回路が重要

● ゲート駆動…低インピーダンス駆動と発振防止

NチャネルMOSFETはゲート電圧V_{GS}をしきい値電圧V_{TH}以上にすると,ドレイン電流I_Dが流れはじめ,V_{GS}の増加にしたがってオン抵抗$R_{DS(on)}$が低くなります.その特性を図5-7に示します.この例ではV_{GS}をV_{TH}の最大値(5V)以上にするとMOSFETが導通…ONになることを示していますが,V_{GS}の値によってON特性(オン抵抗)が変化することも示しています.ゲート電圧V_{GS} = 6Vでは2Aの負荷をON/OFFできますが,さらに高いV_{GS}…たとえば15V加えるとオン抵抗がより低くできることがわかります.

NチャネルMOSFETの基本的な駆動回路例を図5-8に示します.普通はゲート−ソース間の絶対最大定格電圧を余裕をもって下回り,かつゲートしきい値電圧V_{TH}を2 〜 3倍ほど上回る駆動電圧を加えます.ゲート駆動電圧が不足するようなときは,レベル・シフトする駆動回路を追加します.

MOSFETのゲート駆動回路は,MOSFETをいかに速くスイッチングさせるか.そのためには数百 〜 数千pFもある容量のゲート電荷をいかにすばやく引き抜くか,あるいは充電するかにかかっています.つまり,MOSFETの駆動回路は十分に低インピーダンスであることが重要です.図5-9にアレンジしたMOSFETの駆

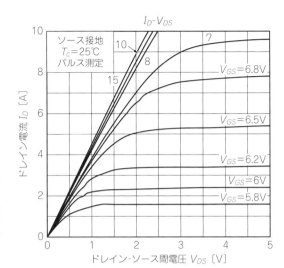

[図5-7][(28)]
MOSFETのゲート駆動電圧 V_{GS} - ドレイン電流特性(TK15A60U)
V_{GS} の最大定格 V_{GSS} を越えない範囲で,しきい値 V_{TH} を 2〜3倍ほど上回る電圧 V_{GS} で駆動したい.データシートの V_{TH} は 3.0V(min),5.0V(max)と表記

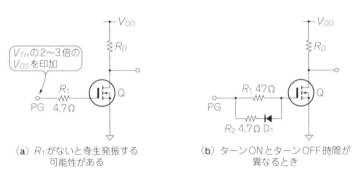

(a) R_1 がないと寄生発振する可能性がある

(b) ターンONとターンOFF時間が異なるとき

[図5-8] **MOSFETの基本的なゲート駆動回路**
ゲート駆動信号PGは原則として低インピーダンス(≒50Ω)であることが望ましい

動回路を示します.この回路におけるゲート直列抵抗 R_1 あるいは R_2 の役割は,
- スイッチング時間は R_1,R_2 の値が高いほど遅くなり,(スイッチング)損失も大きくなる.しかし発生ノイズは減る.抵抗値を適宜調整する.
- R_1,R_2 がない…0ΩだとMOSFETが寄生発振を起こすことがある.

図5-10にMOSFETによる発振回路の構成を示しますが,配線(プリント回路)による寄生インダクタンスやMOSFETを含む寄生容量によってコルピッツ発振やハートレー発振のような動作になることがあります.皮肉なことにMOSFETの高速化が進むにつれ,この傾向は強くなっています.直列抵抗 R_1,R_2 を挿入して浮遊

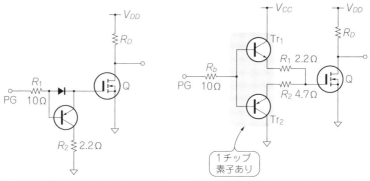

(a) ターンOFF時間をさらに速くしたいとき　　(b) MOSEETの入力容量が大きいとき

[図5-9] MOSFETゲート駆動回路のアレンジ
ターンON/ターンOFF時間はV_{TH}によって調整する必要がある

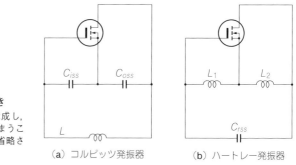

[図5-10]
MOSFETが発振回路になるとき
配線パターンなどが浮遊LCを構成し，思いがけなく発振回路になってしまうことがある(例ではバイアス回路が省略されている)

(a) コルピッツ発振器　　(b) ハートレー発振器

LCのQを下げると，発振を止めることができます．

　MOSFETが寄生発振すると，ターンOFF途中で短時間再度ONしたりして，スイッチング損失とノイズが大幅に増えたりします．寄生発振は，MOSFETの並列接続時にとくに生じやすいので，注意が必要です．

　図5-8に示した回路で，図(a)は駆動用ICの出力に寄生発振防止用抵抗R_1を挿入する例です．数Ω～数十Ω程度を挿入します．ターンON時間もターンOFF時間も，R_1の値で決まります．図(b)はターンONとターンOFFのスピードが違うときの例です．一般にはターンOFF時間を早くして，ターンOFFのスイッチング損失を減らしています．

　図5-9(a)はターンOFF時間をさらに速くするために，ゲートの電荷を抜くためのPNPトランジスタを挿入した例です．R_2の2.2Ωは寄生発振防止抵抗です．図(b)

[表5-2][29] MOSFET駆動用NPN/PNPトランジスタの一例

ミニ・パッケージ素子なので実装的にも使いやすい．低インピーダンス出力に適したコンプリメンタリ・エミッタ・フォロワ回路が構成できる

型名	極性	V_{CEO} [V]	I_C [A]	I_{CP} [A]	P_C [mW]	h_{FE} min	h_{FE} max	V_{CE} [V]	I_C [A]	$V_{CE(sat)}$ [V]max	I_C [A]	I_B [mA]	形状
HN4B101J	PNP部	−30	−1.0	−5.0	550	200	500	−2	−0.12	−0.2	−0.4	−13	SMV
HN4B101J	NPN部	30	1.2	5.0	550	200	500	2	0.12	0.17	0.4	13	
HN4B102J	PNP部	−30	−1.8	−8.0	750	200	500	−2	−0.2	−0.2	−0.6	−20	
HN4B102J	NPN部	30	2.0	8.0	750	200	500	2	0.2	0.14	0.6	20	
TPC6901A	PNP部	−50	−0.7	−5.0	400	200	500	−2	−0.1	−0.23	−0.3	−10	VS-6
TPC6901A	NPN部	50	1.0	5.0	400	400	1000	2	0.1	0.17	0.3	6	
TPC6902	PNP部	−30	−1.7	−8.0	700	200	500	−2	−0.2	−0.2	−0.6	−20	
TPC6902	NPN部	30	2.0	8.0	700	200	500	2	0.2	0.14	0.6	20	
TPCP8901	PNP部	−50	−0.8	−5.0	830	200	500	−2	−0.1	−0.2	−0.3	−10	PS-8
TPCP8901	NPN部	50	1.0	5.0	830	400	1000	2	0.1	0.17	0.3	6	
TPCP8902	PNP部	−30	−2.0	−8.0	890	200	500	−2	−0.2	−0.2	−0.6	−20	
TPCP8902	NPN部	30	2.0	8.0	890	200	500	2	0.2	0.14	0.6	20	

（注）詳細データは必ず個別データシートでご確認ください

はMOSFETの入力容量が非常に大きく，駆動用ICの駆動電流が不足のとき，ターンON/ターンOFF共にトランジスタを入れて電流増幅している例です．R_1，R_2が寄生発振防止抵抗です．表5-2にMOSFET駆動に適したコンプリメンタリ・エミッタ・フォロワ回路を構成する6ピンNPN/PNPトランジスタの例を示しておきます．

● **MOSFETは入力容量が大きい**

MOSFETのゲート入力は直流的にはインピーダンスが高いのが特徴です．しかし，電極間には数十〜数千pFという大きな電極間の寄生（入力）容量があります．NチャネルMOSFETの等価回路を図5-11に示しますが，それぞれの電極…ゲート（G），ドレイン（D），ソース（S）間にC_{gd}，C_{gs}，C_{ds}という容量があります．ただし各容量は実測できません．よってMOSFETのデータシートでは実測できる容量として，（ゲート）入力容量：C_{iss}，出力容量：C_{oss}，帰還容量：C_{rss}の三つで表されて

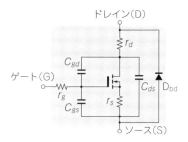

[図5-11]
MOSFETの電極間容量
チップ内部の配線抵抗r_g, r_d, r_sも無視できない.
逆向きの寄生ダイオード…ボディ・ダイオード
D_{bd}も存在する

[表5-3]⁽²⁸⁾ **MOSFET各部の容量**(TK15A60U 東芝DTMOS Ⅱ シリーズ)
C_{iss}が950p, C_{oss}が2300p…相当大きな容量であることがわかる

項 目	記 号	測定条件	typ[pF]
入力容量	C_{iss}	$V_{DS} = 10V$	950
帰還容量	C_{rss}	$V_{GS} = 0V$	47
出力容量	C_{oss}	$f = 1MHz$	2300

います.

$$C_{iss} = C_{gd} + C_{gs} \quad\cdots\cdots\cdots\cdots\cdots\cdots\cdots\cdots\cdots\cdots\cdots\cdots\cdots\cdots\cdots (5\text{-}2)$$
$$C_{oss} = C_{gd} + C_{ds} \quad\cdots\cdots\cdots\cdots\cdots\cdots\cdots\cdots\cdots\cdots\cdots\cdots\cdots\cdots\cdots (5\text{-}3)$$
$$C_{rss} = C_{gd} \quad\cdots\cdots\cdots\cdots\cdots\cdots\cdots\cdots\cdots\cdots\cdots\cdots\cdots\cdots\cdots\cdots\cdots\cdots\cdots (5\text{-}4)$$

の関係があります.

表5-3に代表的な600V・15AタイプMOSFET TK15A60Uの特性を示します. MOSFETの駆動回路側から見ると入力容量C_{iss}がもっとも気になる点ですが, 950pF…約1000pFの容量をもっていることが示されています. 容量負荷を十分に駆動できる回路を用意しなければなりません.

なお, 先の第4章・表4-2に示したようにTK15A60Uは東芝のDTMOS Ⅱ スーパジャンクション・タイプですが, 最新ではDTMOS Ⅳ がリリースされていて, 同等のTK16A60Wは$C_{iss} = 1350$pF. しかし, オン抵抗は0.3Ω→0.19Ωと大幅に改善されています.

● **入力容量, 出力容量, 帰還容量はミラー効果によって動的に変化**

MOSFETではスイッチングのとき, 三つの容量が変化するように見えるので, 扱いがやっかいです. MOSFETはもともと増幅素子です. スイッチングの過渡時…V_{GS}が変化するときリニア領域を通過し, そのとき電極間容量が一時的に大きくみえるのです. ミラー効果と呼ばれています.

ミラー効果をふくめたMOSFETの動作時入力容量(C_gまたはC_{in})は,

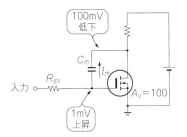

[図5-12]
MOSFETにおけるミラー効果
過渡的にMOSFETがA級アンプ状態になる期間では，入出力間のC_mが鏡で映したように大きくみえるように作用する

$$C_{in} = C_{gs} + (1 + A_v) \times C_{rss} \fallingdotseq C_{gs} + A_v \cdot C_{rss} \quad \cdots\cdots\cdots\cdots\cdots\cdots (5\text{-}5)$$

の関係があります．A_vはリニア領域において増幅器になっているときの電圧ゲインですが，条件によって大きく変化するので注意が必要です．

ミラー効果とは**図5-12**に示すように，入出力間に容量C_mが存在すると，それは入力側からみると容量Cが$(1 + A_v)$倍された容量C_mに見える現象のことです．

増幅器になっているMOSFETで説明すると，MOSFETが活性領域（A級アンプ状態）にあるときの電圧増幅率を$A_v = 100$とし，入力電圧が上昇したときのふるまいを考えると，入力駆動電圧が1mV上がると，出力は100mV下がります．するとコンデンサC_mの両端は101mVの電圧変化があり，そのとき流れるコンデンサC_mの電流はG-S間にコンデンサが接続されているときと比べて101倍の電流が流れます．つまり，入力とグラウンド間に101倍のコンデンサが接続されているような動作になるのです．これをミラー効果と呼んでいます．

加えて半導体の電極間容量は，一般に印加される電圧によって大きく変化する性質があります．シリコン・ダイオードのPNジャンクションでは，この特性を使ってバリキャップ（可変容量ダイオード）などに応用されているくらいです．

MOSFETの電極間容量が，ドレイン電圧V_{DS}の変化によって変動する例を**図5-13**に示します．とくに帰還容量のC_{rss}はV_{DS}による変動が大きく，ほぼ2桁変化します．$V_{DS} < V_{GS}$になったとき急激に増加します．このためMOSFETのV_{GS}は，独特の充放電カーブを描きます．またC_{iss}は，V_{GS}がしきい値電圧V_{TH}以上になると増加します．

なお，MOSFETは入力端子ゲート（G）が絶縁されているので，ゲート端子から見た電荷量Qが重要なパラメータになります．MOSFETの電荷は一般には以下のように定義されています．

- ゲート入力電荷量Q_g…ゲート電圧が0Vから指定された電圧になるまでの総電荷量

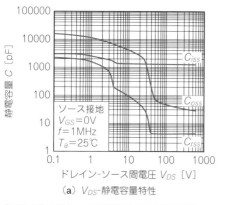
(a) V_{DS}-静電容量特性

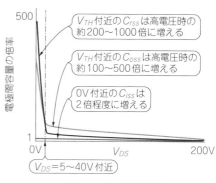
(b) V_{DS}-電極間容量倍率

[図5-13] **MOSFET電極間容量の電圧特性**
ドレイン-ソース間電圧 V_{DS} の変化によって電極間容量 C_{rss}, C_{oss} は数百倍もの変化になる．この大きな容量変化がMOSFET駆動の難しさになっている

- ゲート-ソース間電荷量 Q_{gs1} …ゲートに電圧を印加してからミラー期間手前までに，ゲート-ソース間容量を充電する電荷量
- ゲート-ドレイン間電荷量 Q_{gd} …ドレイン-ソース間電圧が低下し，ゲート-ドレイン間容量を充電するミラー期間の電荷量
- ゲート・スイッチ電荷量 Q_{sw} … V_{th} を超え，ミラー期間が終わるまでのゲート蓄積電荷量
- 出力電荷量 Q_{oss} …ドレイン-ソース間の電荷量
- その他電荷 Q_{gs2} …ミラー期間が終わり，指定された電圧となるまでの期間

のことです．

● 駆動回路の損失を左右するのはゲート・チャージ電荷量

ここで，抵抗負荷におけるMOSFETのスイッチング時のふるまいを細かく追いかけてみましょう．MOSFETデータ・シートにおいてゲート・チャージ Q_{gs}，Q_{gd}，Q_g は抵抗負荷という条件で定義されています．図5-14に抵抗負荷におけるMOSFETのターンON/ターンOFF動作波形と，各期間ごとの電流経路を示します．少し冗長ですが，MOSFETのスイッチング特性を把握するための頭の体操には効果的です．

- 期間(1)…MOSFETに駆動信号 V_{GS} が加わり，ゲート入力容量が充電をはじめるが，まだドレイン電流 I_D が流れてない期間．この期間はゲート電圧 V_{GS} がしきい値電圧 V_{TH} まで上昇して終了．入力容量が V_{TH} まで充電されたときの電荷が Q_{th}．

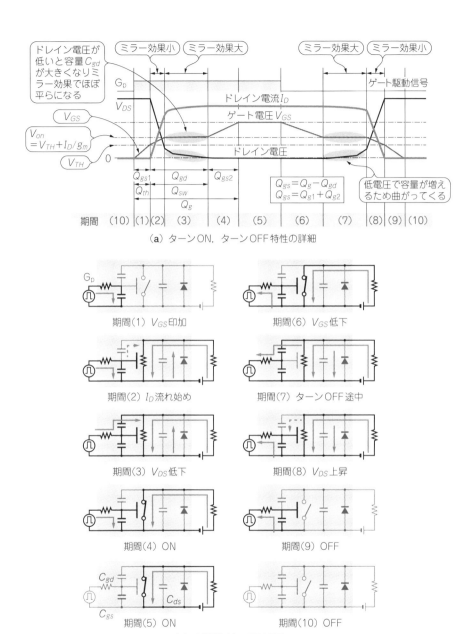

[図5-14] 抵抗負荷におけるMOSFETスイッチング特性の詳細

MOSFETのターンON，ターンOFF特性を10の期間に分割して詳細に示した．複雑な動作だが，細かく分割して追いかけると素子の動作がわかるようになる

- 期間(2)…ドレイン電流I_Dが流れ始めると抵抗負荷なので電圧降下が生じ，そのぶんドレイン電圧V_{DS}が下がる．そのためI_Dが流れると同時にV_{DS}が下がり，ミラー効果を生じる．ただしV_{DS}がまだ高く，入力容量C_{gd}はあまり大きくなっていない．ミラー効果はまだ小さい期間．V_{DS}がゲート電圧V_{GS}近くまで低下すると，C_{gd}が急激に増える．ここまでが期間(2)，ゲート電荷がQ_{gs1}.
- 期間(3)…ドレイン電圧V_{DS}が低下し，C_{gd}が急激に増えると大きなミラー効果が発生し，ゲート電圧V_{GS}はほぼ平らになる．MOSFETがONしてミラー効果がなくなると，この期間は終了．期間(3)だけで入力容量に充電された電荷がQ_{gd}.
- 期間(4)…ミラー効果がなくなりMOSFETがONしている期間．再びゲート電圧V_{GS}が上昇する．V_{GS}が規定電圧まで上昇したとき充電された電荷がQ_g．入力容量に充電されたエネルギーJ_1は$J_1 = 1/2 \times V_{GS} \times Q_g$になる．これに充電するための抵抗損失が$J_2 = 1/2 \times V_{GS} \times Q_g$となる．ただし期間(6)～(9)のターンOFF時にこの入力容量を放電するので，ゲート駆動における損失は，J_1とJ_2の両方を加算して周波数を掛けた電力になる．つまりゲート駆動損失P_gは，

    $P_g = V_{GS} \times Q_g \times f$
- 期間(5)…MOSFETがONしている期間．
- 期間(6)…MOSFETをOFFするためにゲート電圧V_{GS}が下がっている期間．
- 期間(7)…MOSFETがターンOFFしていく途中期間．ドレイン電圧V_{DS}が低いので大きなミラー効果が生じ，ゲート電圧V_{GS}が平らになっている期間．このときのV_{GS}は期間(3)と同じはずだが，実際はMOSFET内部のゲート直列抵抗の存在によって電圧降下を生じ，期間(3)の電圧より少し低くなっている．
- 期間(8)…MOSFETのドレイン電圧V_{DS}がゲート電圧V_{GS}まで上昇するため，C_{gd}が減少して小さなミラー効果になり，V_{DS}が急上昇して電流が減少していく期間．
- 期間(9)…ドレイン電流I_Dが0になり，V_{GS}が下がっていく期間．
- 期間(10)…V_{GS}が0になり，MOSFETがOFFしている期間．

なお，現実のスイッチング電源回路におけるMOSFETはコイル/トランスが負荷となります．よって，スイッチングの様相はさらに複雑です．Appendix(p.224)に，降圧コンバータにおけるスイッチング動作を示しました．

● **MOSFETなどの容量性負荷を駆動するゲート・ドライバIC**

MOSFETを駆動するための基本回路については，図5-9に示しました．とりわ

け図(d)のトランジスタによるコンプリメンタリ・エミッタ・フォロワは，容量負荷に対しても強力です．しかし欠点があります．MOSFETを十分なON状態にするには，V_{GS}をしきい値V_{TH}よりも数倍大きな電圧にする必要があるので，入力信号PGと駆動回路電源V_{CC}とのレベルを調整しなければなりません．オン抵抗を低くするには$V_{CC} = 12V$くらいにするのが一般的です．さらにトランジスタのスイッチング回路では，蓄積時間を避けることができないので高速スイッチングには限界があります．

そこで各社から，MOSFET駆動用あるいはゲート・ドライバと呼ばれる専用ICが多く販売されています．特徴はMOSFETとの信号レベル調整と，容量性負荷に対する高速スイッチングと駆動能力です．**図**5-15に代表的なMOSFETドライバICの一例を示します．**写真**5-1は，ゲート・ドライバICに2200pFの容量負荷を接続したときのスイッチング波形と電流波形を測定した例です．

ゲート・ドライバICは大容量負荷に対応できるようにするため，出力ピーク電流が大きめになっているのが特徴です．結果，電源供給電流I_{CC}も増大します．スイッチング周波数が高くなると，スイッチング損失による素子の発熱に注意しなけ

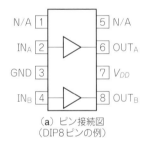

(a) ピン接続図
(DIP8ピンの例)

型　名	MC34152	UCC37324	TC4427
ピークI_O	1.5A(max)	4.5A(max)	1.5A(max)
V_{DD}(V)	6.1〜18	4.5〜15	4.5〜18
t_{PLH}(ns)	55(120)	25(40)	20(30)
t_{PHL}(ns)	40(120)	35(35)	40(50)
t_r(ns)	14(30)	20(40)	19(30)
t_f(ns)	15(30)	15(40)	19(30)
測定C_L	1.0nF	1.8nF	1.0nF
メーカ	ONセミ	TI	MCP

(注1) 詳細データは必ず個別データシートでご確認ください
(注2) t_{PLH}以下の( )内数値はmax値

(b) 電気的特性

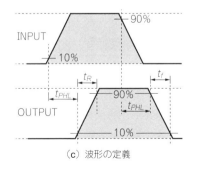

(c) 波形の定義

[図5-15][30]
代表的なゲート・ドライバICの例
大容量負荷に対して高速スイッチングできることが特徴．入力信号は0/5Vのロジック・レベル，V_{CC}は12V程度が多い．トランジスタよりも高速スイッチングが可能

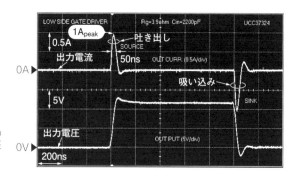

(a) 出力波形(実測)
ON時とOFF時にだけ$1A_{peak}$のピーク電流が流れる. 電源電圧は12V, ゲート抵抗は3.9Ω

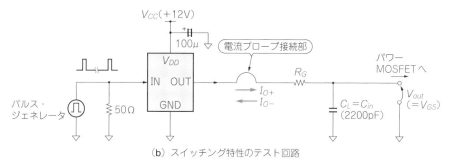

(b) スイッチング特性のテスト回路

[写真5-1]⁽³¹⁾ ゲート・ドライバIC UCC37324に容量負荷2200pFをつないだときのスイッチング波形

容量負荷を充電あるいは放電するために, 大きな吐き出し電流, 吸い込み電流が必要になることがわかる. 電源V_{CC}は12V, R_Gは3.9Ω

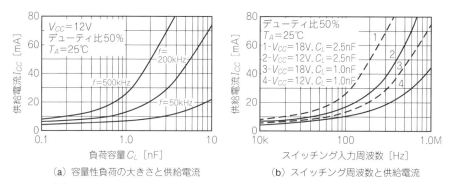

(a) 容量性負荷の大きさと供給電流　　　　(b) スイッチング周波数と供給電流

[図5-16]⁽³⁰⁾ ゲート・ドライバICはスイッチング周波数や容量負荷によって電源供給電流が増大する

MC34152における例. V_{CC}を低くするとI_{CC}は低下するが負荷となるMOSFETのオン抵抗のため低くできない

ればなりません．図5-16に，スイッチング周波数および容量性負荷に対して増大する電源供給電流の変化する例を示します．近年は実装密度のつごうでSOP以下の微小パッケージ素子を使用する例が増えていますが，熱容量によっては従来型DIPタイプを使用することもあります．

　ゲート・ドライバICは高速に大電流を放出・吸収するので，プリント板実装においても注意が必要です．ICの電源端すぐ近くにESRの低いデカップリング・コンデンサ(積層セラミック・コンデンサ)を挿入することが大切です．

5-3　もう一つの難題…ハイ・サイド駆動回路

● ハイ・サイド駆動とは

　スイッチング電源回路の主スイッチング素子は，一般にNチャネルMOSFETです．作りやすく，性能的にも価格的にもこなれているからです．

　NチャネルMOSFETをスイッチング駆動するには，先の図5-8や図5-9の構成，ゲート・ドライバICの使用が一般的です．制御回路の0Vライン(コモン線)とMOSFETソースが同じレベルにできるので，制御回路の出力電圧でMOSFETを直接駆動することができます．コモン線が0V側にあるので，**ロー・サイド駆動**と呼ばれます．0Vに対してMOSFETのしきい値電圧V_{TH}以上のV_{GS}を与えることにより，MOSFETをON/OFFすることができます．

　ところが図5-17に示す降圧コンバータやハーフ・ブリッジ・コンバータの構成では，回路図上部に配置されるMOSFET Q_Hのソースは0Vラインにつながりません．ソース端電位が同相電圧V_{CM}によって変動する状況で，Q_Hをスイッチングしなければなりません．ソース端が0Vではなく高電圧側につながるスイッチのことを**ハイ・サイド・スイッチ**と呼びますが，この駆動はロー・サイド・スイッチに比べると少々やっかいです．

　ハイ・サイド・スイッチでは，ハイ・サイドMOSFET Q_Hのソース端を0Vに固定することができません．Q_Hのソース端電位V_{CM}は，Q_L ONのときは≒0V，Q_H ONのときはV_iが加わることになります．仮にV_iが高電圧300Vだとすると，V_{CM}は300Vという高い電圧が加わることになるのです．

　ハイ・サイドのMOSFET Q_Hのゲートを駆動するには，変動するV_{CM}に関わらずV_{GSH}を安定に供給しなければなりません．ハイ・サイドにあるMOSFETを駆動するには図5-18に示すように，Q_Hに対してゲート駆動のためのV_{GSH}を安定に供給する必要があります．これにはコモン線(0V)ではなく，Q_Hのソース端を基準

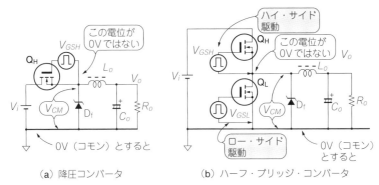

[図 5-17] ハイ・サイド駆動になっている MOSFET 回路
スイッチング電源回路で N チャネル MOSFET を駆動するとき，回路方式によっては変動するソース電位に影響されないゲート駆動回路を工夫しなければならない

とした駆動回路を考えなければなりません．具体的にはパルス・トランスやフォト・カップラで絶縁して駆動する，あるいはハイ・サイド駆動用 IC を使うなどの工夫が必要になります．

「何だか面倒だなぁ，P チャネル MOSFET は使えないの？」と考える方があるかもしれません．**図 5-19** に P チャネル MOSFET によるハイ・サイド・スイッチの構成を示します．回路図上はそんなに難しくなさそうです．しかし，高電圧・大電流スイッチング，低オン抵抗，高速スイッチングなどの仕様から検討すると，2SJ＊＊＊タイプにはあまり適した素子が存在してないのが現状なのです．

● ハイ・サイド・スイッチ駆動用 IC を使用するとき

ハイ・サイド・スイッチ駆動用 IC としては，**図 5-20** に示す IR2110 などが代表的です．同等類似の素子は各社から発売されています．ハイ・サイド駆動を実現するには**図 5-18**に示したように新たな駆動用電源 V_{CC} が必要になるのですが，IR2110 などでは，これを自分 (IC 内部) で電圧を引き上げる**ブートストラップ回路**と呼ばれるしくみで実現しています．

IR2110 には，ロー・サイドおよびハイ・サイド駆動回路の両方が入っています．ロー・サイドからハイ・サイドへの駆動信号は高電圧が加わることがあるので，IC 内部には 300 ～ 600V という高耐圧レベル・シフト回路が入っています．また，入力段にフリップフロップを配置し，ON/OFF の変化があるときだけ駆動電流が流れるよう工夫されています．低消費電流化のためです．ロー・サイド駆動電源は IC の V_{CC} 端から供給されますが，ハイ・サイド駆動電源は，外付けコンデンサ C_b

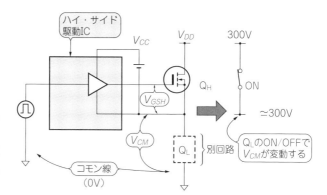

[図 5-18]
ハイ・サイド駆動回路のふるまい

ハイ・サイド駆動を実現するには，コモン線（0V）から浮かせた専用駆動回路を使用しなければならない

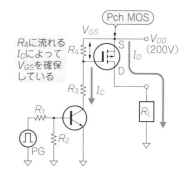

[図 5-19]
PチャネルMOSFETによるハイ・サイド・スイッチの構成

回路図は作成できるが，高電圧・大電流のPチャネルMOSFETは入手性が良くない

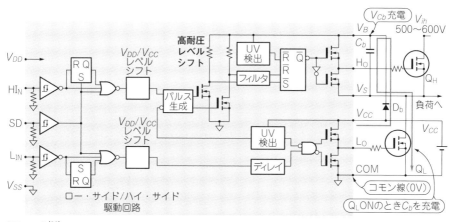

[図 5-20] (32) MOSFET用ハイ・サイド駆動IC IR2110
ハイ・サイド駆動ICは多くのメーカから用意されている．IR2110は元祖的な素子といえる

5-3 もう一つの難題…ハイ・サイド駆動回路 | 195

を利用し，ブートストラップによって作られています．

　IR2110を使用したハイ・サイド駆動回路は，図5-20に示すようにロー・サイドのQ_LがONするとQ_Hソースが0V（コモン線）レベルになり，V_{CC}がダイオードD_bを通してコンデンサC_bに充電されます．そしてQ_HがONするときは，C_bに充電された電圧V_{Cb}がQ_HのV_{GS}となって駆動します．この動作を繰り返します．したがって，この回路ではQ_LがONしてC_bが充電されないと，うまく動作しません．次の周期にQ_LがONのときC_bが小容量であればすばやく充電して動作を行います．しかし，Q_H ONの時間が終わると放電されてしまい，動作できなくなります．また，Q_HがONしっぱなしではC_bが充電されないので動作できません．

　そのため，スイッチング・デューティ比D_Rの小さい回路での使用は制限されます．ハイ・サイド駆動のために別途の絶縁電源を供給すればこのような問題は生じませんが，現実には低圧－高圧の絶縁間寄生容量でノイズがまわりやすくなって，別の問題を生じることがあります．

● ハイ・サイド駆動ではノイズ対策も重要

　ハイ・サイド駆動IC IR2110は初期の素子で14ピンDIPでしたが，近年はMOSFETの駆動能力として引き抜き電流（シンク電流），充電電流（ソース電流）を強化し，ハーフ・ブリッジでのデッド・タイム保護や低電圧保護を内蔵した8ピンDIP（あるいはSO8）が多く用意されています．おもな素子を表5-4に示します．

　図5-21にハーフ・ブリッジ回路における典型的な使用例を示します．この回路ではV_{CC}が供給され，ハイサイド駆動ICの動作が始まり，Q_Lのゲート電圧が供給されてONになると，V_{CC}からD_1を通してC_1が充電されます．次にQ_LがOFFした後，Q_HがONするとき，C_1に充電された電圧によってQ_Hのゲート電圧が供給され，Q_HがONします．以後，再びQ_LをONにしてこれを繰り返します．

　ここでR_3が0Ωだと，Q_LがONし，D_1を通してC_1を充電するとき，C_1の充電電流やD_1のリカバリ電流が大きくなります．結果ノイズを発生するので，数Ωの直列抵抗R_3を入れてピーク電流を減らし，D_1にはリカバリ特性の速いダイオードを使います．

　Q_HをONするときC_1が十分充電されてないと，Q_HのV_{GS}が低くて中途半端なONになることがあります．結果，オン抵抗が高くQ_Hの損失が大きくなって，発熱によって破損につながることもあります．対策は，R_3とC_1の定数を調整することです．C_1の値が大きすぎると充電時間がかかり，小さすぎると軽負荷や負荷変動などによって駆動電圧が下がり，Q_Hが半端なON状態になってしまいます．

ハイ・サイド駆動用ICによっては**UVLO**…低電圧保護回路が内蔵されていて，C_1の電圧が低いとき中途半端な状態ではQ_Hの駆動出力を出さないICもあります．しかし，自励発振回路に使うときは，最初から立ち上がらないと正常に発振を持続できません．C_1の負荷はICの駆動電流とQ_Hのゲート充放電電流なので，高周波で大容量MOSFETほど消費電流が増え，駆動ICの損失も増えます．

Q_L，Q_Hのゲート-ソース間のツェナ・ダイオードD_{Z1}，D_{Z2}はサージ対策用です．Q_Hのソース側は**ホット・エンド**（ノイズ発生端）と呼ばれ，ノイズを発散しやすいのです．そのためまれに，ノイズによって自分のゲート耐圧を越してしまうことがあります．そのようなときはD_{Z1}，D_{Z2}を入れ，サージ電圧を防いでいます．実際はプリント基板上にはD_{Z1}，D_{Z2}の実装スペースを用意し，試作後の測定結果によ

[表5-4] 主流になってきたDIP8(SO8)ピン・タイプのハイ・サイド駆動IC
ハイ・サイド駆動ICは主にハーフ・ブリッジ駆動用が多く用意されている．低電圧ロックアウト機能，デッドタイム機能，過電流保護回路などを備えた素子も多い

型　名	IR2110	IRS2003	IR2104	IR2108	IR2302	FA5650N
$V_{B(max)}$	500V	200V	600V	600V	600V	830V
V_{CC}	10〜20V	10〜20V	10〜20V	10〜20V	5〜20V	12〜18V
$I_{OH(max)}$	2A	0.13A	0.13A	0.12A	0.12A	1.4A
$I_{OL(max)}$	2A	0.27A	0.27A	0.25A	0.25A	1.8A
$t_{ON(max)}$	150ns	820ns	820ns	300ns	950ns	170ns
$t_{OFF(max)}$	125ns	220ns	220ns	280ns	280ns	170ns
形状	DIP14	DIP8/SO8	DIP8/SO8	DIP8/SOP8	DIP8/SOP8	SOP8
メーカ	インフィニオン（旧インターナショナルレクティファイアー）社					富士電機

（注1）詳細データは必ず個別データシートでご確認ください
（注2）I_{OH}/I_{OL}はH_O端子，L_O端子それぞれのH出力電流，L出力電流

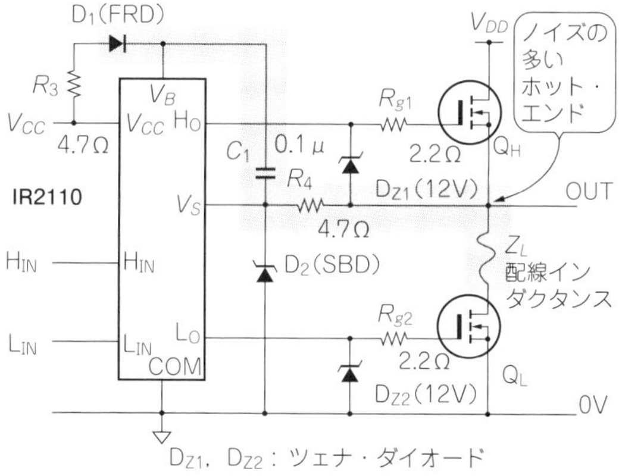

[図5-21]
ハーフ・ブリッジ用ハイ・サイド駆動回路の構成例
ハイ・サイド駆動IC IR2110を使用した例．ノイズ源になるホット・エンドの面積をできるだけ小さくする工夫が必要

5-3 もう一つの難題…ハイ・サイド駆動回路

って実装するか否かを決定しています．

Q_HソースとQ_Lドレイン間の配線が長くてインダクタンス(Z_L)をもっていると，Q_HがターンOFFしたときQ_LのソースがZ_Lのインピーダンスでコモン線の電位より－になってしまいます．するとV_S端子が0Vラインより－になってしまい，駆動ICが破損することもあります．保護のためにR_4とD_2を挿入しています．

しかしQ_Hソースがあまり－になると，このソースの－電圧でQ_Hのゲート電圧H_OはC_1の充電電流で＋になり，その結果Q_Hのゲート電圧がV_{TH}以上になり，Q_Hに電流が流れてしまいます．したがってQ_H-Q_L間の配線は短くし，インダクタンスをもたないようにするのが最善です．

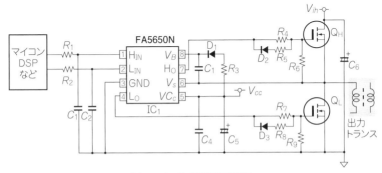

(a) ハイ・サイド駆動回路例

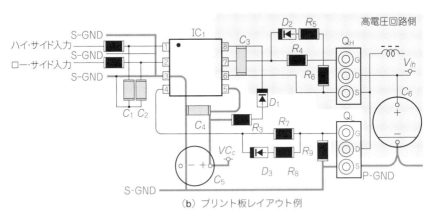

(b) プリント板レイアウト例

[図5-22][33]
SOP8ピンのFA5650Nによるハーフ・ブリッジ用ハイ・サイド駆動回路の例
ICメーカの技術資料から，プリント基板におけるハイ・サイド駆動回路のレイアウト図を借用した．ハイ・サイド駆動ICのピン配置が従来のICと少し異なっているので注意が必要

ブートストラップ回路の欠点は，出力側がノイズ源にもなるホット・エンドに接続されているので，誤動作などのトラブルを引き起こしやすくなることです．できるだけ寄生容量を小さくすることと，電源の配線を短くすることが重要です．図5-22にハーフ・ブリッジ用ハイ・サイド駆動回路の別の例を示します．

● パルス・トランスによるハイ・サイド駆動回路の基本

 パルス・トランスの使用は，ICに比べると少しかさばります．しかし，電気的に絶縁されているので，MOSFETやIGBTなどのハイ・サイド駆動における電位差問題を解消でき，補助電源が不要なので本質的に適しています．

 パルス・トランスは表5-5に示すような既製品から探すこともできますし，用途によっては最適化したトランスを用意することもあります．

 図5-23はパルス・トランスによる基本的なMOSFET駆動回路です．パルス・トランス1次側のトランジスタをPWM波形でスイッチングし，トランス2次側のMOSFETゲートを駆動します．一つのトランスで一つのMOSFETを駆動するのが原則です．Tr_1がONするとトランス1次側に電圧が加わり，2次側出力によってMOSFETゲートを駆動します．すなわちTr_1 ONによりトランス1次側上部に＋電圧が加わり，2次側にその同波形が現れ，MOSFETを駆動します．

 Tr_1がOFFすると，トランスには逆起電力が生じます．これはTr_1にとってはサ

[表5-5][(34)] **MOSFETやIGBT駆動に適したパルス・トランスの一例**[日本パルス工業(株)]
パルス・トランスはトランジスタ時代から使用されている効果的な部品である．ICよりもかさばるが，ハイ・サイド駆動など大きな電位差を伴う回路の駆動には，本質的に適した部品といえる

型名	巻き線比 ±5%	L_p (min) [mH]	L_l (max) [μH]	C_s (max) [pF]	直流抵抗 (Ω)(max)		ET積 (min) [V・μs]	小信号帯域 [kHz]
					1次側	2次側		
FDT-1	1：1	1.0	15	16	0.55	0.7	100	40〜400
FDT-2	1：1	4.7	50	18	2.0	2.5	210	30〜200
FDT-3	1：1	10	95	18	4.0	5.0	300	25〜100
FDT-7	1：1：1	0.047	30	16	0.25	0.3	50	90〜2000
FDT-8	1：1：1	0.2	90	18	0.85	1.0	105	40〜800
FDT-9	1：1：1	0.4	100	19	1.85	2.1	150	30〜500

(注1)詳細データは必ず個別データシートでご確認ください
(注2)L_p：1次側インダクタンス，@1kHz
(注3)L_l：漏れインダクタンス
(注4)C_s：1次-2次間静電容量

(a) 電気的特性　　　　　　　　　　　　(b) 外観

ージ電圧，MOSFETのゲートには逆バイアス電圧となります．MOSFETのゲート耐電圧，およびTr_1のコレクタ耐電圧を，安全係数も含めて越えないようにします．図5-23(b)にパルス・トランスの波形を示しますが，デューティ比は最大50%程度が限界になります．

なお，R_1はトランスが飽和したときなどのTr_1の過電流制限抵抗用，R_2は逆起電力を吸収するときの電流制限用です．

● パルス・トランス使用時の課題…デューティ比問題

パルス・トランスの2次側巻き線電圧は，図5-24に示すようにスイッチング波形のデューティ比によって異なります．デューティ比が小さいときは図(a)のように高い電圧が現れますが，デューティ比が大きくなると図(b)のように＋側電圧が低くなります．トランス特有の**電圧−時間積**（ET積）**等価法則**があるからです．そのため，ほぼ50%のデューティ比で駆動するときは良いのですが，デューティ比によってはMOSFETを十分ONさせるためのゲート電圧が不足すること，あるいは逆電圧が高くなってしまい，波形が矩形にならず，さらには−側の電圧が高くなって，ゲート耐圧に問題を生じることがあります．

図5-25はデューティ比によってゲート電圧が変動することへの対策として，MOSFETゲートをトランス2次側巻き線のp-p値で駆動する方法です．トランスの入出力部ではコンデンサで直流分をカットし，交流分だけをトランスに加えてい

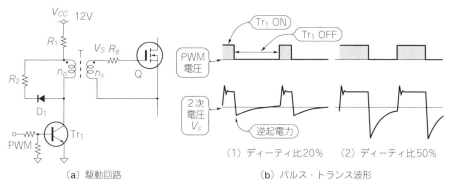

(a) 駆動回路　　　　　　(b) パルス・トランス波形

[図5-23] パルス・トランス駆動の基本回路
Tr_1がONすると，1次側と比例したパルス電圧が2次側に生じる．1次側のダイオードD_1はトランスの逆起電力吸収用

ます．デューティ比が変化するときの，2次側巻き線電圧とゲート電圧の波形を図5-25(b)に示します(黒の波形：トランスの巻き線電圧)．

デューティ比が大きいとき，2次側巻き線は＋出力レベルが下がっています．結果，MOSFETの駆動ができなくなりますが，この回路では－出力のときはダイオードD_2によりブロックされ，C_3に充電されています．そして＋出力のときC_3の電圧とトランス出力が加算されるので，つねに一定の値(トランスの巻き線電圧のp-p値)を出力することになります．

デューティ比をD_R，波形のp-p値をV_{pp}とすると，巻き線の＋出力電圧V_sは，

$$V_s = V_{pp} \times (1 - D_R)$$

になります．$V_{pp} = 20V$で，$D_R = 80\%$のときは$V_s = 4V$，$D_R = 50\%$のときは$V_s = 10V$，$D_R = 20\%$のときは$V_s = 16V$という出力ですが，MOSFETゲートにはp-p値＝20Vが加わるようになっています．

なお，ツェナ・ダイオードD_zはQのゲートにサージ電圧が加わることを防止するのはもちろんですが，この回路ではデューティ比が変化するとC_3の充電電圧も変化する必要があるので，デューティ比が急変したときC_3を放電させる役目もあります．MOSFETのゲート容量の放電はTr_3で急速に行います．

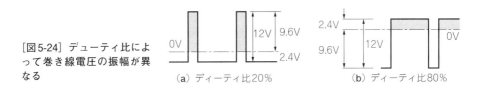

[図5-24] デューティ比によって巻き線電圧の振幅が異なる

(a) デューティ比20％　　(b) デューティ比80％

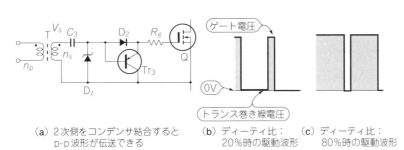

(a) 2次側をコンデンサ結合するとp-p波形が伝送できる　(b) デューティ比：20％時の駆動波形　(c) デューティ比：80％時の駆動波形

[図5-25] トランス2次側を波形のp-pで駆動するには

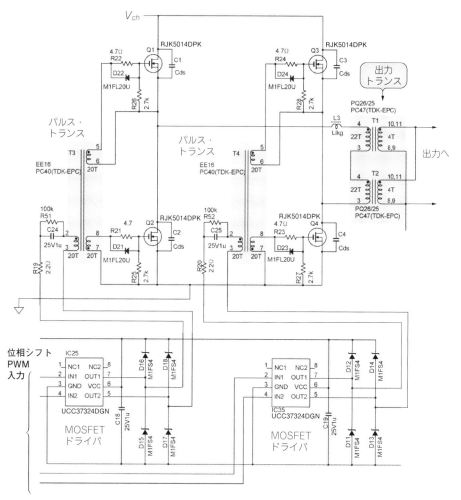

[図5-26][(35)] パルス・トランスによるフル・ブリッジ回路の駆動
MOSFETによるフル・ブリッジ回路を駆動するときは，2次側2巻き線タイプのトランスを使用すると，2組のパルス・トランスによって駆動することができる

● デューティ比問題を生じない位相シフト・フル・ブリッジ

　パルス・トランスを使用するときの問題点は，スイッチングのデューティ比によっては波形がきれいに伝達されないことにあります．この点を解決するには，デューティ比がつねに50％になる回路方式を選ぶことです．スイッチング電源動作の概略で紹介した位相シフト・フル・ブリッジ回路がそれに相当します．図1-19を

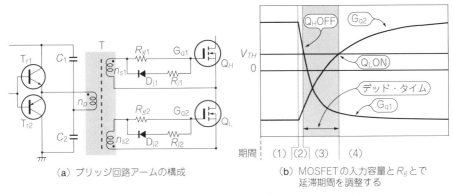

[図5-27] MOSFET入力容量C_gとR_gによる遅延回路でデッド・タイムをつくる

ブリッジ回路ではハイ・サイド-ロー・サイド間が同時に導通することは許されないので、制御回路においてデッド・タイムを生成する必要がある。MOSFETの入力容量C_gとR_gによる遅延時間で構成することもできる

ご覧ください。位相シフト回路を実現するには特殊なロジック回路を使用しますが、一般にはマイコンなどから生成する例が多いようです。専用ICとしてはUCC3895Nなどがあります。

図5-26にフル・ブリッジ回路における駆動回路例を示します。ハイ・サイド/ロー・サイド・スイッチのデューティ比が同じなので、2次側を2巻き線タイプのパルス・トランスにして、一つのトランスで駆動しています。

● ブリッジ駆動におけるデッド・タイム調整

図5-27はコンプリメンタリ・エミッタ・フォロワによるパルス・トランス駆動回路です。**LLC共振コンバータや位相シフト・コンバータ**などで使用されています。パルス・トランスには上下対象の180°矩形波を送り、＋側と－側の電圧を、それぞれ180°導通のMOSFETに送ります。

このときMOSFETの駆動には、アーム短絡を防止するためのデッド・タイムの要素は含まれていません。デッド・タイムはMOSFETのスレッショルド電圧V_{TH}および入力容量、ゲート抵抗を調整して作っています。

図5-27(b)が駆動回路のゲート波形ですが、ここでは波形が複雑になるのでミラー効果は省いて示しています。MOSFETの入力容量C_g（数百～数千pF）とゲート抵抗R_{g1}/R_{g2}（数十～百数十Ω）を利用し、$(C_g \times R_g)$による充放電カーブを作ります。そのカーブがMOSFETのV_{TH}を通過するところでスイッチはON/OFFします。

図では期間(1)にQ_HがON, Q_LがOFFしています. 期間(2)になって駆動トランスの極性が変わります. Q_Hのゲート電圧は下がり, Q_Lのゲート電圧が上がっていきます. しかしQ_HはON, Q_LはOFFはそのままです.

期間(3)になると, Q_Hのゲート電圧(G_{q1})がスレッショルドV_{TH}以下になるのでQ_HはOFFします. Q_Lのゲート電圧はまだV_{TH}に達していないので, OFFしたままです. すなわちQ_H, Q_L共にOFFしたデッド・タイムになります.

期間(4)ではQ_Lのゲート電圧(G_{q2})が上昇し, V_{TH}を上回るのでQ_LがONします.

このようにすると, MOSFETの入力容量C_gとゲート抵抗R_gの値によってON/OFFの遅れ時間を調整することができます. OFFまでの時間とONまでの時間差によって, デッド・タイム(休止時間)が調整できます.

しかし, この回路ではMOSFET V_{TH}のばらつきや, ゲート入力容量C_gのばらつきが, デッド・タイムのばらつきになるので, ばらつきが許容内である必要があります. またC_g・R_g回路の充電・放電が同じ時定数でもデッド・タイムはとれますが, スイッチング速度を早くするためにゲート抵抗値を低くするとデッド・タイムが短くなりすぎることがあります. そのためデッド・タイムを確実に作るために放電は早くして, 充電を遅くします. 図5-27では充電はR_gで充電し, 放電はR_gとR_jの並列抵抗が効くようにしています.

またV_{TH}が高くなるとデッド・タイムが長くなり, 駆動電圧V_gが高くなるとデッド・タイムが短くなります. R_{j1}, R_{j2}の値を低くするとターンOFF時間が速くなってデッド・タイムが増加し, R_{g1}, R_{g2}を高くするとターンON時間が遅くなってデッド・タイムが増加します.

パルス・トランスにおいても, 1次-2次巻き線間の寄生容量によってノイズが伝わりやすくなり, 誤動作の原因になります. したがって, ハイ・サイド駆動用パルス・トランスは結合を良くし, 1次-2次間寄生容量を小さくする必要があります. しかし, この結合と寄生容量の両者を同時に達成することはかなり難しいことでもあります.

● フォト・カプラによるハイ・サイド駆動

MOSFETのハイ・サイド駆動には, 光による絶縁回路…フォト・カプラを使用することもできます. フォト・カプラは入出力間を簡単に絶縁できることに加え, パルス・トランスと違って, デューティ比を0～100%の広範囲に可変することができます.

図5-28に示すのは, フォト・カプラとバッファ・アンプがICとして組み込まれ

型名	HCPL-3180	TLP250	TLP5752	TLP2367
入力電流 I_F	8mA	5mA	4mA	4mA
電源電圧 V_{CC}	10〜20V	10〜35V	15〜30V	2.7〜5.5V
出力電流 I_{op}	±2.5A	±1.5A	±2.5A	—
遅延時間 t_D	200ns	0.5μs	150ns	20ns
絶縁耐圧 V_{CM}	1500V	2500V	5000V	3750V

(注1)詳細データは必ず個別データシートでご確認ください

(a) 電気的特性

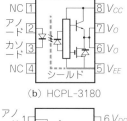

(b) HCPL-3180

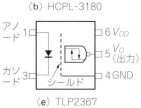

(c) TLP250　　　(d) TLP5752　　　(e) TLP2367

[図5-28] (36)(37)(38)(39) ハイ・サイド駆動に使用できる高速フォト・カプラの例
フォト・カプラも各社から販売されている．高速タイプはアバコ(元HP社)のものが主流であったが近年は国産タイプも多くなってきた．伝送用の高速タイプをうまく使いたい

たものです．多くのメーカからMOSFET/IGBT駆動用フォト・カプラとして販売されています．バッファ・アンプが入っていて出力電流も0.5〜6A程度のものが商品化されているので，これらの中からスピードをチェックして使うと効果的です．ただし2次側バッファ・アンプのための電源が必要で，一般には12Vです．図5-29にハーフ・ブリッジ回路における典型的な使用例を示します．

近年はMOSFETを使用したスイッチング・コンバータが，大出力かつ高周波化されてきています．そのため汎用フォト・カプラICでは，ディレイ時間による応答遅れがやや大きくなります．高速スイッチングによる発熱が大きいときは，図5-30(a)に示すようにアンプ部(駆動回路)をICの外に出すのも一法です．

図5-30で使用しているMOSFETドライバICは，入力容量の大きなMOSFET駆動目的に設計されており，高速駆動に適しています．

高周波スイッチングのとき，MOSFET/IGBT駆動用フォト・カプラではスピードが間に合わないことも出てきています．そのようなときは高速通信用フォト・カプラを使うことがあります．高速通信用フォト・カプラには，通信速度50Mbps以上のものがあります．ただし電源電圧は5Vのものが多いので，12V駆動のMOSFETではそのままでは使えません．図5-30(b)に示すように，MOSFETドライバで信号レベルを変換して使えば効果的です．

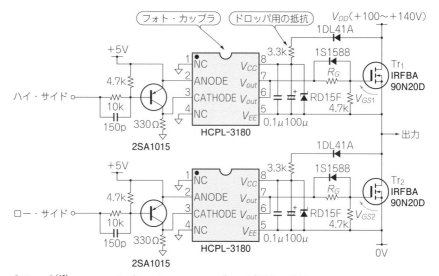

[図5-29]⁽⁴⁰⁾ フォト・カプラによるハーフ・ブリッジ駆動回路例
フォト・カプラHCPL-3180は200kHzくらいまで使用できる．フォト・カプラ2次側電源は，ハイ・サイド電源からもらってツェナ・ダイオードで電圧安定化している

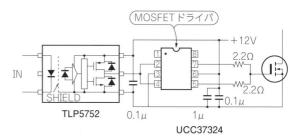

(a) フォト・カプラでMOSFETの高速駆動は熱的に厳しいときがある

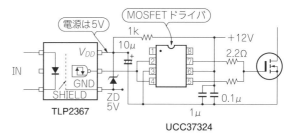

[図5-30] MOSFET駆動ICの効果的利用

(b) 高速通信用フォト・カプラは5V動作．MOSFET駆動時はレベル変換が必要

5-4　MOSFETの寄生ダイオードをどう使うか

　MOSFETはほとんどON/OFF動作…つまりスイッチング素子として使います．ところが図5-11にも示しているように，MOSFETにはドレイン-ソース間にボディ・ダイオードD_{bd}と呼ばれる寄生素子がかならず付随しています．ですからMOSFETをON/OFFさせるときは，このボディ・ダイオードD_{bd}をどう見なすか（どう使うか），あるいは回路構成によってD_{bd}がどのような作用を行うかの認識が必要です．

● 従来型(ふつうの)矩形波コンバータでは影響しない

　「MOSFETにはドレイン→ソースという順方向電流しか流れない」というふつうの矩形波コンバータでは，MOSFETにボディ・ダイオードがあってもなくても，動作への影響はありません．従来型のフォワード・コンバータやフライバック・コンバータはここに分類されます．

　図5-31にフォワード・コンバータの構成と動作波形を示します．フォワード・コンバータでPWM制御を行うとき，MOSFETのドレイン電流I_Dは期間(1)のときだけしか流れません．(図示してない)MOSFETをONにするゲート信号G_qが入

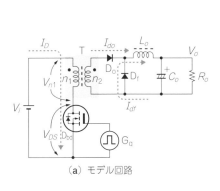

(a) モデル回路

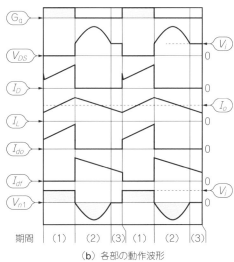

(b) 各部の動作波形

[図5-31] フォワード・コンバータのとき

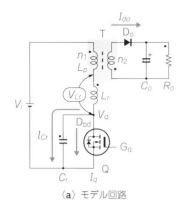
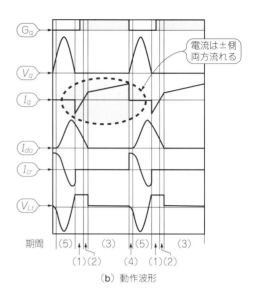

[図5-32] 電圧共振型コンバータのとき

MOSFETのドレイン電流I_qは，期間(1)以外ではドレインからソースに向かっているが，期間(1)では逆向きの電流がボディ・ダイオードD_{bd}を流れることになる．この電流は回生になる

力される期間(1)だけI_Dが順方向に流れ，MOSFETのボディ・ダイオードD_{bd}には電流が流れません．

期間(2)ではMOSFETの電流I_Dは流れず，ドレイン電圧V_Dが上昇する期間です．期間(3)，期間(4)ではMOSFETは完全にOFFしています．

このほかフライバック・コンバータやハーフ・ブリッジ・コンバータ，フル・ブリッジ・コンバータでも，原理的にMOSFETでは順方向電流しか流れません．ただしハーフ・ブリッジやフル・ブリッジ・コンバータでは，MOSFETがターンOFFしたとき，トランスの漏れインダクタンスによってサージ電圧が生じます．このサージを抑えるために，ボディ・ダイオードをスナバ・ダイオードの代わりとして使っています．

● 電圧共振型コンバータのとき

図5-32の例は，電圧共振型コンバータの例です．

期間(1)がMOSFETのボディ・ダイオードD_{bd}に電流が流れている期間で，このときゲート信号G_qを入力するとMOSFETはゼロ電圧スイッチングZVS（Zero-Voltage-Switching）でONすることができます．スイッチング損失なしでターンONできることになります．その後，期間(2)では電流の向きが逆転し，MOSFETのドレイン電流I_Dは順方向に流れます．2次側整流ダイオードD_oの電流が0になっ

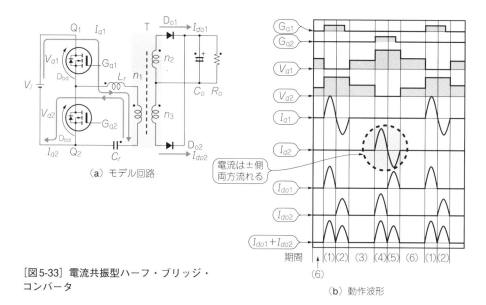

[図5-33] 電流共振型ハーフ・ブリッジ・コンバータ
(a) モデル回路
(b) 動作波形

てこの期間が終わります．期間(3)に入るとMOSFETはONで，順方向電流が流れたままトランスにエネルギーを蓄え，ゲート信号が止まって終了します．

このように期間(1)でMOSFETに逆電流が流れ，それが順方向に変わってMOSFETがターンOFFするときは，順方向に電流が流れています．

言い換えると，ZVSでONしてMOSFETのボディ・ダイオード方向に電流が流れるが，ゲート信号がONになったまま順方向電流に向きが変わる回路ということです．ほとんどの電圧共振コンバータが使用しています．

● 電流共振型ハーフ・ブリッジ・コンバータのとき

数百Wオーダの中容量で使用されているのが，電流共振コンバータ方式です．この方式ではMOSFETのボディ・ダイオードD_{bd}に逆方向電流が流れます．ゲート信号がOFFのときボディ・ダイオードの電流が0になる動作です．代表的な例を図5-33に示しますが，これは電流共振型ハーフ・ブリッジ回路です．

この例では，期間(4)にMOSFET Q_2にゲート信号が入力されるとQ_2がONし，インダクタL_rとコンデンサC_rで共振して，共振電流が流れます．この共振電流はトランスTを通して2次側に流れ，ダイオードD_{o2}で整流され，負荷に供給されます．共振の半サイクルが終わると期間(5)に移り，電流方向が逆転します．Q_2にはボディ・ダイオードを通してインダクタL_rとコンデンサC_rの共振電流が流れます．

これがトランスを通して2次側に出て，こんどはダイオードD_{o1}を通して負荷に供給されます．

この期間(4)から期間(5)に移るとQ_2のゲート信号は入りっぱなしですが，期間(5)ではボディ・ダイオードD_{bd}に電流が流れているので，ゲート信号はなくてもよく，期間(5)の間にゲート信号を止めることができます．

期間(5)が終わると再びQ_2の順方向に電流が流れようとしますが，ゲート信号が入っていないので順方向電流を流すことはできません．すなわち，ボディ・ダイオードD_{bd}の電流は順方向から逆方向になりますが，D_{bd}のリカバリ・タイムだけ少し遅れて電圧が加わります．しかし，D_{bd}の電流は傾きをもって下がってくるので問題は生じません．

こののち負荷の大きさによって決まる間隔を置いて，MOSFET Q_1のゲート信号が入力され，同様の動作を繰り返します．そして負荷が軽くなると周波数が下がり，負荷が重くなると周波数が高くなる動作をします．OFF期間制御とも呼ばれています．

● フル・ブリッジを使用する低周波出力インバータのとき

スイッチング電源とよく似た構成ですが，DC電源から交流出力を得るインバータと呼ばれる装置があります．低周波出力インバータにおけるスイッチング素子は普通IGBTが使用されるのですが，高周波インバータや高効率インバータではMOSFETのほうが適しています．

インバータの出力は交流なので，直流出力のスイッチング電源とはふるまいが異なります．交流出力のインバータは負荷の状況によって，図5-34(b)に示すように出力電圧に対する出力電流の位相が変化します．負荷が純抵抗であるなら位相差は0°ですが，誘導(インダクタンス)性負荷なら遅れ位相，容量(コンデンサ)性負荷なら進み位相になります．図5-34(b)の例では約30°の遅れ位相になっています．

出力(電力)は，出力電圧と出力電流の瞬時値を乗算したものです．1サイクル内の位相角によって(+)になったり，(−)になったりします．また，出力電力が(+)のときは入力電源→負荷側へ電力が送出されており，出力電力が(−)のときは負荷→入力電源へ電力が戻っている(回生されている)期間になります．つまり，電圧，電流の極性によって四つの期間に分けることができます．

- 期間(イ)：出力電圧が(+)，出力電流も(+)の期間．電力は入力から負荷に向かって流れる
- 期間(ロ)：出力電圧が(−)，出力電流は(+)に流れている期間．電力は負荷から

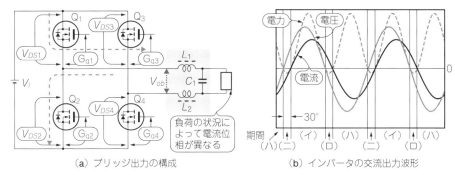

(a) ブリッジ出力の構成　　　　(b) インバータの交流出力波形

[図5-34] **低周波出力インバータの構成と動作波形**
負荷の状態によって，電圧に対する電流位相が異なってくる．この例では約30°の遅れ波形になっている

電源に向かって流れている
- 期間(ハ)：出力電圧が(−)，出力電流も(−)になっている期間．電力は入力から負荷に向かって流れている
- 期間(ニ)：出力電圧が(+)，出力電流は(−)に流れている期間．電力は負荷から電源に向って流れている

図5-34(b)の例では，出力電圧に対して出力電流の位相が遅れています．遅れ負荷(インダクティブ負荷)ということです．出力部にあるL_1, L_2, C_1はスイッチング周波数をカットし，出力すべき低周波分だけそのまま通すロー・パス・フィルタです．

もし期間(ロ)と期間(ニ)が0であるなら，位相遅れがなくて負荷は純抵抗分であり，力率は100％になります．期間(イ)，期間(ロ)，期間(ハ)，期間(ニ)のそれぞれの長さが同じならば位相遅れは90°になり，負荷の力率は0％です．出力電圧に対して，出力電流の位相が90°遅れていればインダクタンスのみの誘導性負荷，出力電流の位相が90°進んでいればコンデンサのみの容量性負荷と考えられます．

● 低周波出力インバータにおける課題
　図5-35に，交流出力インバータにおけるMOSFETフル・ブリッジ回路のスイッチング動作を示します．スイッチング素子の動作は，図5-34(b)に示したようにインバータ出力における交流期間(イ)〜(ニ)によって異なります．少し煩雑になりますが，図5-36にフル・ブリッジ構成における，MOSFETスイッチング時の電流経路を示します．各MOSFETは，図5-34(b)で示した四つの期間の中でそれぞれ高周波スイッチングされ，出力電圧を作っています．なお，このときのPWM制御は

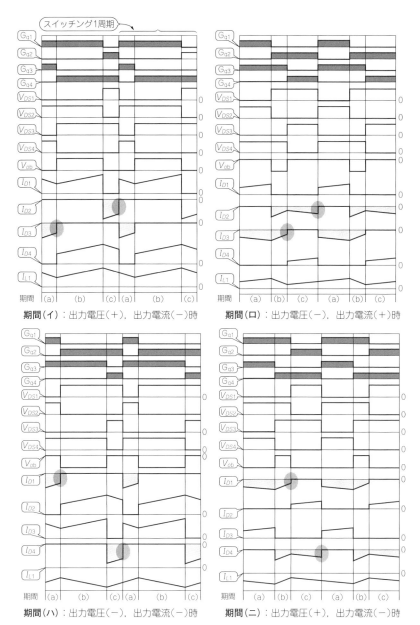

[図5-35] 低周波出力インバータにおける各部の動作波形
各期間ごとにMOSFETのスイッチング期間(a), (b), (c)の制御が行われる. ● がリカバリが効いているとき

のこぎり波を使ったときの例です．PWM制御に左右対称な三角波を使ったときは波形が少し変わってきます．

インバータの各期間の動作は，同期整流回路(第6章)のところで紹介する直流出力の**可逆コンバータ**と同じになります．期間(イ)と期間(ハ)が電力を出している期間で，期間(ロ)と期間(ニ)が電力が入ってくる期間です．直流の可逆コンバータを，時間と共に電力を出す状態から電力を戻す状態まで変化させている使い方になります．

インバータでは直流電源の場合と異なり，**電力が戻る期間が存在**します．フル・ブリッジの対になるMOSFETのボディ・ダイオードに電流が流れているとき，MOSFETをONしなければならない期間が必ず生じます．よって，MOSFETのボディ・ダイオードD_{bd}はリカバリ特性が速いことが重要です．対のMOSFETがターンONするとき，MOSFETのボディ・ダイオードに電流が流れていて，リカバリの問題が発生するのは，

- 図5-35期間(イ)では，期間(a)から期間(b)に移るときのQ_3と，期間(c)から期間(a)に移るときのQ_2
- 図5-35期間(ロ)では，期間(b)から期間(c)に移るときのQ_3と，期間(c)から期間(a)に移るときのQ_2
- 図5-35期間(ハ)では期間(a)から期間(b)に移るときのQ_1と，期間(c)から期間(a)に移るときのQ_4
- 図5-35期間(ニ)では，期間(b)から期間(c)に移るときのQ_1と，期間(c)から期間(a)に移るときのQ_4

です．

対のMOSFETのボディ・ダイオードに電流が流れているときのターンONは問題が多く，ボディ・ダイオードのリカバリ時にMOSFETのオン抵抗を通して瞬間的に電源を短絡することになります．MOSFETがONしたときのインピーダンスが非常に低いので，リカバリ時に大きなサージ電流が流れて損失を生じます．また，効率が落ちてボディ・ダイオードのリカバリ終了時にもdv/dtが大きくなり，大きなノイズになると共に，MOSFETの寄生容量によって後述するセルフ・ターンON現象も起きやすくなります．

● **同期整流 可逆コンバータでの逆回復(リカバリ)時間の扱い**

前述しましたが，ふつうのダイオード整流による矩形波コンバータでは，基本的な動作でMOSFETのボディ・ダイオードに電流が流れることはありません．一方，

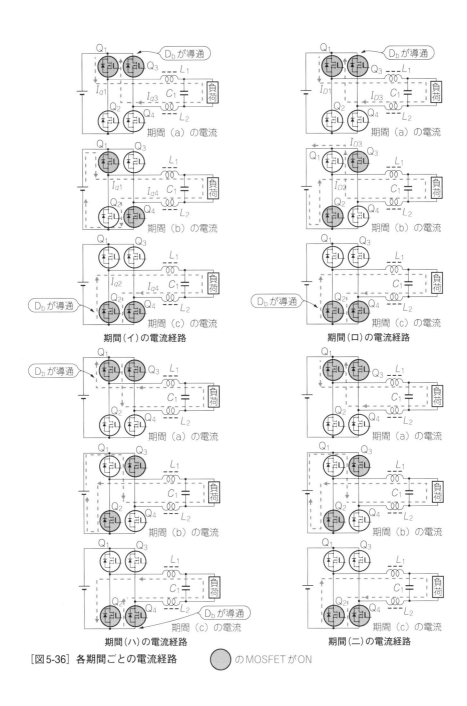

[図5-36] 各期間ごとの電流経路　●のMOSFETがON

共振コンバータでは，MOSFETのボディ・ダイオードに電流が流れますが，共振動作しているときは強制的にMOSFETがOFFされることはないので，多少のリカバリ時間は問題になりません．共振はずれのときには強制的にOFFされることがあります．

ただし，矩形波コンバータでも第6章で紹介する同期整流によるコンバータや可逆コンバータになると，ようすが異なります．**図6-2**(p.232)同期整流型降圧コンバータでダイオードD_fがない場合の例を以下に示します．

インダクタを流れる電流がつねに入力端から出力端に向かって流れている電流連続モード(CCM)では，Q_Lのボディ・ダイオードに電流が流れているときQ_HがターンONすると，Q_Lのボディ・ダイオードにリカバリが生じ，リカバリ電流が流れます．また，電流が逆に出力端から入力端に向かって流れている電流連続モードでは，Q_Hのボディ・ダイオードに電流が流れているときQ_LがターンONすると，Q_Hのボディ・ダイオードにリカバリが生じ，リカバリ電流が流れます．

この対策としては**図5-37**に示す方法があります．**図**(a)はMOSFETのドレインに直列ダイオードD_Sを接続します．D_Sには順方向電圧降下の低いSBDを接続します．並列ダイオードD_Pも接続しています．D_Pには高速リカバリ・ダイオードFRDを使用します．

このような構成だと，Q_Lに逆方向電流(D_Pに流れる電流)が流れていても，Q_HがターンONしたときD_Pが高速ダイオードなので，D_Pの性能なりに高速にOFFします．しかしQ_LがONしたときはD_Sが直列に入り，その順方向電圧降下によって損失が増加し，効率は上げられません．

図5-37(b)は，リカバリのないSBDを並列に接続した例です．Si-MOSFETとSi-SBDを組み合わせた低電圧の降圧コンバータではよく使われる方法です．Si-

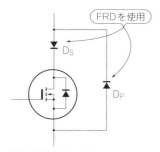
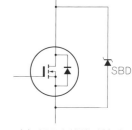

[図5-37] MOSFETボディ・ダイオードの逆回復特性をカバーするには

(a) 直列ダイオードと並列ダイオードを接続する

(b) SBDを並列に挿入する

MOSFETのボディ・ダイオードの順方向電圧降下が0.7～1V程度のところに，電圧降下0.4～0.6VのSi-SBDを並列に接続すると，電流のほとんどはボディ・ダイオードを流れません．代わりにSi-SBDに流れるので，Q_HがターンONしたとき，Q_Lのボディ・ダイオードのリカバリ問題は生じません．ただし，Si-SBDの耐電圧は30～90Vです．よって，入力電圧がこれに相当する低電圧の範囲のとき使われます．

● SiC-MOSFETを活かす

近年は耐電圧の高いSiC-SBDが使えるようになってきました．1kV以上の高圧まで使えるので，とくにPFC回路に多く使われるようになってきました．しかし，このSiC-SBDの順方向電圧降下は**図5-38**に示すように0.8～1.2V程度あります．Si-MOSFETに並列に接続してもSi-MOSFETのボディ・ダイオードの順方向降下にくらべて大きな差がないので，SiC-SBDには電流が流れてくれません．

図5-39に，SiC-MOSFETの逆方向特性を示します．OFFのときは逆方向電圧降下が3～6V程度あります．大きな電圧降下です．

ところが，SiC-MOSFETのボディ・ダイオードのリカバリは，Si-MOSFETに比べると問題にならないくらい短いのです．そして，逆方向に電流が流れている期間にゲート信号を入れると，同期整流器になります．図ではSiC-MOSFETの逆方向特性の電圧降下を示していますが，$V_{gs} = 0$Vのときは電流10Aで順方向電圧降下が5.0Vあります．しかし，$V_{gs} = 18$VをかけるとMOSFETの本体がONして，

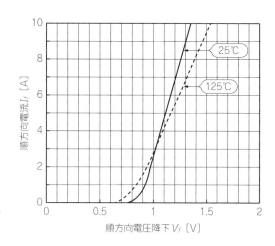

[図5-38][23] SiC-SBD (600V 10A) の順方向電圧特性

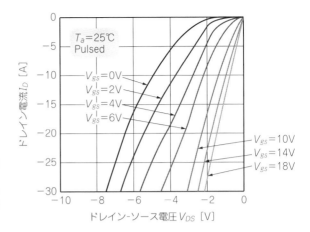

[図5-39][23] SiC-MOSFETのドレイン-ソース逆電圧特性
逆導通特性なので一般データシートには示されていない第3象限の特性

逆方向の電圧降下を0.8V程度に下げることができます．

さらに並列にSiC-SBDを接続すると，ゲート信号が入っていないときの逆方向電圧降下が5.0Vだったものが1.34Vに下げることができ，さらに効率があげられます．実際にSiC-SBDを内蔵したSiC-MOSFETも販売されています．

図5-34に示した交流インバータに，このようなSiC-MOSFETを使うとリカバリがほとんどありません．結果，Si-MOSFETではとても実現できなかった高効率・低ノイズの高性能コンバータが実現できます．スイッチング周波数も百kHz以上に上げることができるので，とくに超高速モータなどの出力交流周波数で，数十kHz程度のインバータもそのままの基本回路で構成することが可能になります．

5-5　素子の高速化に伴うセルフ・ターンONに注意する

● セルフ・ターンON現象とは

図5-40に同期整流方式の降圧コンバータを示します．同期整流方式は第6章で紹介する整流効率を上げる技術ですが，この回路のロー・サイドMOSFET Q_L がOFFして，Q_L のボディ・ダイオード D_{bd} に電流が移って，ハイ・サイド Q_H がターンONしたとき，$Q_L \to Q_H$ で貫通電流が流れてしまう現象があります．セルフ・ターンONと呼んでいます．

Q_H がONしたことによって Q_L のドレイン電圧が急上昇すると，Q_L がOFFしているべきとき，Q_L の $C_{gd}(C_{rss})$ を通して $C_{gs}(C_{iss})$ が充電されます．すると Q_L のゲー

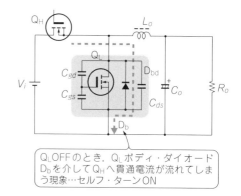

[図5-40] 同期整流方式の降圧コンバータ
ハーフ・ブリッジ・アームではセルフ・ターンON現象が起きやすい

Q_L OFFのとき，Q_Lボディ・ダイオードD_bを介してQ_Hへ貫通電流が流れてしまう現象…セルフ・ターンON

ト電圧が上昇してしきい値電圧(V_{TH})を越えてしまい，Q_H，Q_LともONになってドレイン電流が貫通してしまう現象です．このときQ_HがONしているので，MOSFETの寄生容量を省いたQ_Lの本体に流れる電流はすべて負荷には行かないで，損失になり，発熱を伴い効率低下になるのです．セルフ・ターンONは絶対に避けなければならない現象です．

同期整流による降圧コンバータは，低電圧・大電流出力用途で使われます．効率を上げるにはQ_Hにスピードの速いMOSFETを，Q_Lには低オン抵抗のMOSFETを使うと効率が上げられます．つまり，Q_Hはスピードが速いものを選ぶのでdv/dtは急峻になります．かつ，Q_Lにはオン抵抗の低い，スピードが遅いMOSFETを選ぶので，電極間容量も大きくなり，セルフ・ターンONが起きやすい環境になってしまいます．

図5-40に示すようなハーフ・ブリッジ・アーム構成（電源間に2個のスイッチが直列接続され，その中点に負荷が接続されている回路）になっているときセルフ・ターンONは起きやすく，同期整流方式の高周波降圧コンバータや可逆コンバータ，MOSFETを使った高周波インバータなどでよく生じる現象です．

● セルフ・ターンONを細かく観測すると

　セルフ・ターンONの動作はかなり複雑なので，動作を解明するために図5-41に示すモデルを設定しました．図(a)が元になるモデル回路，図(b)がシミュレーションのためのspiceモデルです．シミュレーション波形を図5-42に示します．L_2はQ_Hの配線による浮遊インダクタンスです．この例では低い入力電圧でセルフ・ターンONしています．

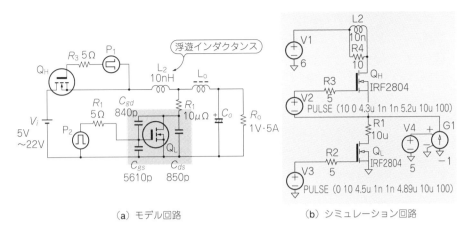

(a) モデル回路 (b) シミュレーション回路

[図5-41] セルフ・ターンON現象を解析するための回路

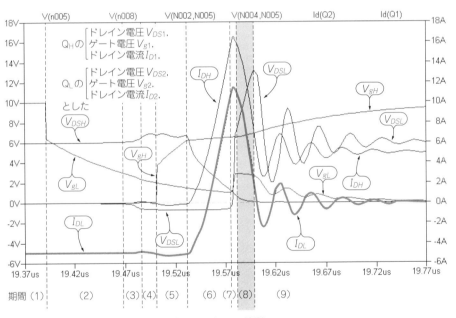

[図5-42] セルフターンON現象のシミュレーション波形

図5-42のシミュレーション波形では，Q_L がターンOFFした前後だけを表示しています．

- 期間(1)…Q_L のゲート電圧が $V_{g2} \gg V_{TH}$ で，Q_L がONしている期間．降圧コンバ

ータなので Q_L の電流 I_{D2} は逆方向に流れている．

- 期間（2）…Q_L のゲート電圧 V_{g2} が下がり始めているが，まだ $V_{g2} > V_{TH}$ で，Q_L が ON している期間．
- 期間（3）…Q_L のゲート電圧 V_{g2} が V_{TH} まで下がり，Q_L のドレイン電流 I_{D2}（ボディ・ダイオード以外を流れる電流）が減少し，Q_L のボディ・ダイオードを流れる電流が増加している期間．Q_L のドレイン電圧 V_{DS2} が $-0.7V$ 程度に上昇している．Q_L の ON から OFF までの時間は，Q_L の g_m（相互コンダクタンス）が大きければ短くなる．
- 期間（4）…Q_L が OFF して，すべての電流（I_{D2}）がボディ・ダイオードを流れる期間．
- 期間（5）…Q_H のゲート電圧 V_{g1} が上昇するが，V_{TH} までは上昇していないのでドレイン電流 I_{D1} は流れていない期間．Q_H も Q_L も OFF している．
- 期間（6）…Q_H のゲート電圧 V_{g1} が V_{TH} まで上昇し，Q_H のドレイン電流 I_{D1} が流れ始める期間．Q_L の I_{D2} はまだボディ・ダイオードを流れているので，Q_L のドレイン電圧 V_{DS2} は $-0.7V$ に下がったままで，Q_H の順方向と Q_L のボディ・ダイオードに電流が流れている．Q_H のドレイン電圧 V_{DS1} は $V_i + 0.7V$ が加わっている．
- 期間（7）…Q_L のボディ・ダイオードを流れる電流が 0 になって，Q_L にドレイン電圧が加わり V_{DS2} が上昇している期間．C_{gd} を通して V_{g2} も誘導され上昇しているが，レベルはまだ V_{TH} 以下の状態．
- 期間（8）…引き続き V_{DS2} が上昇しているので，V_{g2} が C_{gd} を通して誘導され上昇し，ついに V_{TH} まで上昇し，ドレイン電流 I_{D2} が流れ始める期間．このときの I_{D2} はすべて貫通電流となり，損失になっている．I_{D2} が流れながらドレイン電圧 V_{DS2} が上昇するので，Q_L のゲート電圧 V_{g2} はミラー効果でほぼ平らになり，電圧の傾きは一定になっている．
- 期間（9）…Q_L のドレイン電圧 V_{DS2} が電源電圧以上になり，V_{DS2} の電圧上昇が減り，傾きが下がってくるので，C_{gd} を通して誘導していた V_{g2} が下がり始める期間．V_{g2} は V_{TH} を下回り，Q_L は OFF している．Q_L の OFF により，以降は減衰振動しながら Q_H ON の状態に収束する．

その後，Q_H が OFF となり，Q_L が ON することで期間（1）に戻ります．この期間（8）で $Q_H \rightarrow Q_L$ を貫通電流が流れることをセルフ・ターン ON 現象と呼んでいます．セルフ・ターン ON 現象が起きると，Q_L に流れた電流はすべて損失となり，効率が低下します．

● セルフ・ターンON現象の原因

図5-42における上下のMOSFETに貫通電流が流れる現象が生じやすくなるのは，
(1) 入力電圧が高いとき
(2) Q_LのC_{gd}が大きいとき（C_{gd}とC_{gs}で分割されるため）
(3) Q_LのC_{gs}が小さいとき（C_{gd}とC_{gs}で分割されるため．外部（G-S間）にコンデンサを追加して対策する場合もある）
(4) V_{TH}が低いとき
(5) ゲート信号の内部インピーダンスが高いとき（インピーダンスが低ければこちらに吸収される）
(6) Q_HのターンONスピードが早いほど，dv/dtが大きいほど（コンデンサに流れる電流は$I = C \times dv/dt$）
(7) デッド・タイムが短いとき［期間(2)〜(5)でV_{g2}が下がりきれないため］
(8) 逆バイアス（−のドライブ）が少ないとき［逆バイアスがあると期間(6)Q_Lのゲート電圧が下がるため］
(9) MOSFETの内部ゲート直列抵抗r_gの値が高いとき（MOSFETにも数Ωの内部ゲート抵抗があるため）
(10) MOSFETの外部ゲート直列抵抗値が高いとき

以上の原因によってセルフ・ターンON現象が起きやすくなります．

● セルフ・ターンON現象への対策…ゲート直列抵抗r_gの低い素子を選ぶ

Q_HがターンONするとき，Q_Lのゲート電圧は必ず少し上昇しますが，そのピーク電圧がV_{TH}以下なら貫通電流は流れません．

図5-43の等価回路に示すように，MOSFETではパッケージ内部にゲート直列抵抗r_gが存在します．このr_gの値が高いと，外部ゲート抵抗が0であってもr_gによってセルフ・ターンONが生じることがあります．できるだけゲート直列抵抗r_gの小さいMOSFETを使用します．近年のMOSFETにはr_gの値が記載されています．

図5-44に，5V・20Aコンバータにおけるロー・サイドMOSFETの損失例を示します．電源電圧V_iを変えたとき，電圧が高くなるほどセルフ・ターンONによる貫通電流が増え，損失が増えることを示しています．

図5-45は，図5-39(b)におけるモデル回路でロー・サイドMOSFET Q_Lのゲート直列抵抗r_g…(R_2)を5Ω⇒1Ωに変更したときの波形を示します．r_gを低くするとセルフ・ターンONは起きなくなります．元の波形と比べると，期間(2)のV_{g2}はR_1が低いために下がって，V_{TH}までの時間が短くなっています．そして期間(6)

[図5-43] MOSFETゲート部分の等価回路
従来のMOSFETのデータ・シートには内部ゲート直列抵抗r_gの記載はなかった．近年はセルフ・ターン現象との絡みもあってr_gを記載する例も増えてきた．第4章・表4-2に示したDTMOS Ⅳシリーズでは記載されている

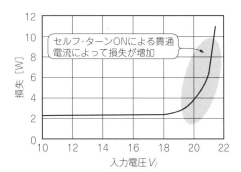

[図5-44] 降圧コンバータにおけるロー・サイドMOSFETの損失

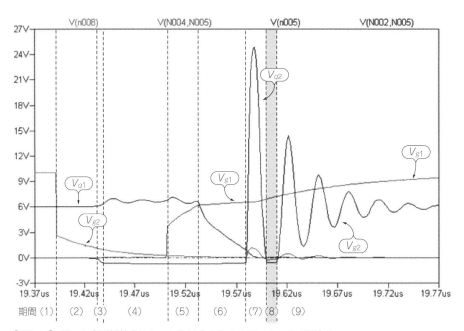

[図5-45] ゲート直列抵抗を5Ω⇒1Ωにするとセルフ・ターンONなし
内部抵抗r_gの影響を実験で調べることは困難だが，シミュレーションによれば確認することができる

では，電圧V_{g2}が1.2V⇒0.1Vと低下しています．期間(7)ではV_{TH}まで上昇していたゲート電圧は1V程度しか上昇しなくなり，V_{TH}に達しないので貫通電流は流れなくなりました．

ただし貫通電流が流れないので損失はなくなりますが，期間(7)でV_{DS2}に生じるサージ電圧は13V⇒24.5Vまで上昇しています．MOSFETの耐圧に注意が必要です．

● セルフ・ターンON現象との遭遇を避けるには

セルフ・ターンON現象は，OFFしているMOSFETドレイン電圧のdv/dtが高いときに生じます．dv/dtが高いのは，ハーフ・ブリッジ・アームでMOSFETに逆電流が流れているところへ，対になってるMOSFETがターンONしたときです．加えて，ボディ・ダイオードにリカバリ特性があるとさらに起きやすくなります．DC-DCコンバータでは同期整流や可逆コンバータの降圧，昇圧，反転コンバータでこの現象が起きやすくなります．

電圧共振コンバータでは，共振が外れた場合以外にはこのモードにはなりません．正常動作のときは起きません．

また，ハーフ・ブリッジを2アームや3アームを使った交流インバータの場合は，交流のどこかの位相で電力が戻る期間があります．つまり，ボディ・ダイオードに必ず電流が流れている状態で，対の高圧側MOSFETをターンONするので，セルフ・ターンONが起きやすくなります．とくに近年のスーパージャンクションMOSFETではC_{gd}の大きい素子があり，400V近い電源電圧で使ったりすると，セルフ・ターンON現象が起きやすくなります．

一方，センタ・タップ・コンバータでは動作的にこのモードになりますが，Q_1とQ_2の間にトランスが入るのでdv/dtはトランスの遅れ分だけ遅くなり，セルフ・ターンON現象はめったに起きません．

セルフ・ターンON現象はサイリスタの時代，ハーフ・ブリッジ・アームのサイリスタのゲートがdv/dtで誤点弧が生じ，ターンONすると完全短絡になってしてしまい，復帰できませんでした．そのときはブレーカ断で対処しました．セルフ・ターンONという呼び方はそのときから使われてましたが，MOSFETではターンONではなくて貫通電流なので，呼び方としては少しニュアンスが違っています．

スイッチング電源[2] 要素技術のマスター

Appendix
降圧コンバータにおけるMOSFETのスイッチング動作

MOSFETのスイッチング動作は，大きな内部容量やミラー効果によって複雑なことを図5-14(p.189)で示しましたが，この例ではドレイン負荷が抵抗になっています．実際のコンバータではL負荷になるので，様相はさらに複雑です．

図5-46に示すのは，降圧コンバータ(L負荷)におけるMOSFETのスイッチング動作を確認するためのものです．図(a)がMOSFETに内在するC_{gs}，C_{gd}，C_{ds}およびR_gをふくめた，入力電圧が高い降圧コンバータの基本構成です(解析目的なので，ふつうの降圧コンバータとは構成が異なる)．なお，この例でのR_gはMOSFETの内部ゲート直列抵抗r_gと，パルス発生器P_1の内部抵抗を加算した値です．

図5-14に示した抵抗負荷のときと同じくスイッチング動作を期間を細かく区切

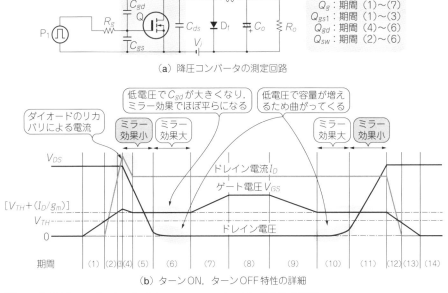

[図5-46] 降圧コンバータにおけるMOSFETスイッチング特性の詳細

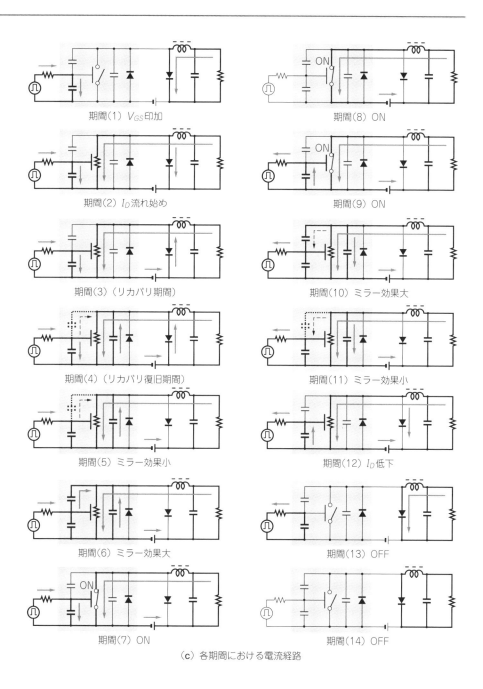

(c) 各期間における電流経路

Appendix 降圧コンバータにおけるMOSFETのスイッチング動作

って，電極間容量の変化，スイッチング電圧・電流の変化を眺めてみましょう．ターンON，ターンOFFにおける各部の動作波形を図5-46(b)に，各期間での電流経路を図5-46(c)に示します．

- 期間(1)…MOSFETのゲート電圧V_{GS}を上げていき，V_{GS}がしきい値電圧V_{TH}に達すると，期間(2)に移る．このときの入力容量は$C_{iss} = C_{gs} + C_{gd}$で，ここまでの駆動電荷が$Q_{th}$．
- 期間(2)…ドレイン電流I_Dが流れ始めて，電流が増加．I_DはインダクタL_oの電流まで増える．ゲート電圧は$V_{GS} = V_{TH} + (I_D/g_m)$になっていて，$V_{GS}$が上昇するに従ってドレイン電流$I_D$は上昇する．$g_m$は相互コンダクタンスのことで，データ・シートでは順方向伝達アドミタンス$|Y_{fs}|$と書かれている．I_Dがインダクタ電流まで立ち上がると還流ダイオードD_fの電流が0になり，この期間は終了する．このときの入力容量はまだ電圧が下がらないのでゲイン$A_v = 0$で，ドレイン電圧は下がっていない．$C_{iss} = C_{gs} + C_{gd}$で，ここまでの駆動電荷は$Q_{gs1}$．
- 期間(3)…D_fにリカバリ(逆回復)時間や大きな電極間容量があると，D_fには逆電流が流れる．そのぶんMOSFETに余分に流れる．リカバリや電極間容量が無視できるときは期間(3)，(4)はなく，そのまま期間(5)に移る．
- 期間(4)…D_fのリカバリは終了し，D_fの電流が0に戻る．ハード・リカバリ・ダイオードならば短時間で終了し，ソフト・リカバリ・ダイオードならば時間が少し長くなる．
- 期間(5)…D_fを流れる電流が0になると，D_fには逆方向電圧が加わりはじめ，同時にMOSFETドレイン電圧V_{DS}が下がり始める．V_{DS}が下がり始めると，ドレイン-ゲート間容量C_{gd}によってミラー効果が生じる．よって入力容量が極端に増加し，ゲート電圧の傾きが0に近づき，ほぼ平らになる．V_{DS}が20～40V以下に下がるとC_{gd}が急激に増えるので，次の期間に移る．このときの入力容量は，$C_{iss} = C_{gd} + (A_v \cdot C_{gd})$となる．$A_v$はミラー効果の電圧ゲイン．
- 期間(6)…ドレイン電圧V_{DS}はかなり低くなる．ただしC_{gd}が極端に大きくなったのでそのぶんV_{DS}の傾きは小さくなる．$V_{DS} =$数VのところではC_{gd}の容量が100倍のオーダで増加するため，V_{DS}の傾きはさらに小さくなり，一見ONしているように見える．しかしミラー効果が大きく効いているので，ゲート電圧V_{GS}はほとんど上昇しない．MOSFETがONしてこの期間は終了．このときの入力容量は，$C_{iss} = C_{gd} + (1 + A) \times C_{gd}$．$A$はミラー効果の電圧ゲインで，$C_{gd}$が極端に大きくなっている．
- 期間(7)…MOSFETがONになるとミラー効果がなくなり，ゲート電圧が上昇．

このときの入力容量は$C_{iss} = C_{gs} + C_{gd}$. MOSFETがONしているので，$C_{gd}$は期間(1)よりも大きくなっている．
- 期間(8)…ゲート電圧も安定してMOSFETがONしている期間．
- 期間(9)～(13)…上記の逆順．戻るときはリカバリ時間がないので，期間(3)-(4)の分はなくなる．期間(5)-(6)と期間(10)-(11)でゲート電圧V_{GS}が少し違うのは，MOSFET内部ゲート抵抗R_{gs}の電圧降下分が逆方向になるため．

図5-46(c)の電流経路では，MOSFETのON/OFF状態と，その途中状態の3種類があります．途中状態を抵抗の記号で表しています．

Column (7)
絶縁型・高速駆動用ドライバIC

高速MOSFETの登場によって，駆動するためのMOSFETドライバも，高性能化しています．LLCコンバータやハーフ・ブリッジ・コンバータでは，ハイ・サイド用MOSFETとロー・サイド用MOSFETを駆動する必要があります．

ロー・サイドMOSFETの駆動は比較的簡単です．しかし，ハイ・サイドMOSFETの駆動はけっこう厄介です．ハイ・サイド/ロー・サイド・ドライバの入ったハーフ・ブリッジ用ドライバICは従来から用意されていて，5-2節でも示したように通常の駆動はこれでOKです．しかし，電圧が高く，周波数が高いときはスイッチング損失が大きくなり使えないケースがあります．グラウンド絶縁の問題もあります．

ドライバICのグラウンドと主スイッチ回路のグラウンドは，通常はつながっているわけですが，ドライバICを使ううえで都合が良いのは，ドライバICのグラウンドがロー・サイドMOSFETソースに接続され，ドライバIC出力が直接MOSFETのゲートに届くことです．

しかしドライバIC出力がMOSFETソースでなく，配線の途中に接続されると，その配線に生じた**ノイズがゲート信号に加わって誤動作**の原因になります．とくに問題になるのは，位相制御コンバータやフル・ブリッジ・コンバータでハーフ・ブリッジが2個以上あるような回路のときです．

図5-Aはそのときのモデル化した回路です．2組のハーフ・ブリッジ回路でフル・ブリッジになっています．

Q_1, Q_2のアーム駆動用ICのグラウンドはQ_2ソースへ接続，Q_3, Q_4の駆動用ICのグラウンドはQ_4ソースへ接続するのがよいのですが，各駆動用ICの入力信号が共通の制御回路なので，それぞれの駆動用ICのグラウンドを制御回路に接続する

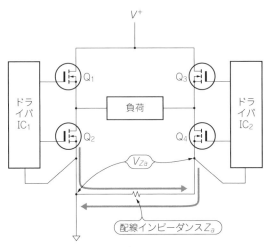

[図5-A] 位相制御ブリッジ回路の駆動

と，主スイッチ回路の配線などに発生した電圧V_{Za}（インピーダンスZ_aの両端電圧）が，その制御回路へ行くグラウンドの配線を流れることになり，その電圧が誤動作を発生する原因になってしまいます．

コンバータが大電力になって電流が大きくなると，配線インピーダンスZ_aの電圧ドロップが大きくなるので，大電力になっても問題を生じないグラウンド間が絶縁されたドライバが望まれます．

駆動回路を絶縁するには，5-3節でも示したフォト・カップラやトランスなどがあります．近年はフォト・カップラが入ったドライバICも増えてきました．しかし，スイッチング電源の周波数も高くなってきたので，応答速度の点がなかなか満足できません．

最新の絶縁ドライバの中に，スピードの速いIC Si8234（Silicon Labs）があります．このドライバICはSi8230～8238がシリーズになっています．ブロック図を図5-Bに示します．入力と出力が絶縁（耐圧$5kV_{rms}$）され，二つの出力間も絶縁（耐圧DC1500V）されています．

このICの絶縁は，高周波（RF）で伝達し，図5-Cのようにゲート信号を出すときだけ発振し，ゲート信号OFFのときは発振を止めるようになっています．RF周波数はどのくらいの高周波を使ってるのかはわかりませんが，耐圧もあり，応答のところのスペックを見ると「最大8MHz」とあるので，スイッチング電源の周波数もか

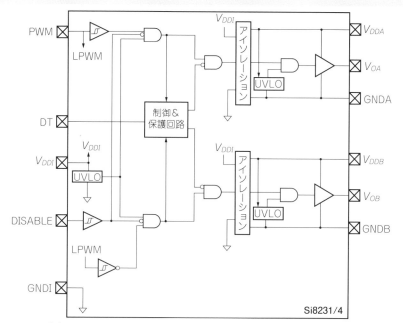

[図5-B]⁽⁴¹⁾ 高速・絶縁型ドライバICの構成
（Silicon Labs社 Si8234）

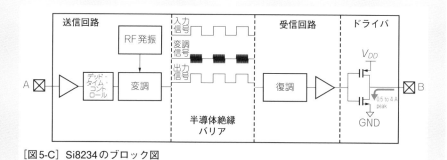

[図5-C] Si8234のブロック図

なり上げられそうです．
　また，GaN FETのドライブを意識した超高速絶縁型ドライバも次々に開発されています．

スイッチング電源[2] 要素技術のマスター

第6章
MOSFETによる同期整流回路の設計

交流エネルギーを直流に変換するには，ダイオードを使う整流回路が常識でした．しかしMOSFETの特性改善が進むにつれ，とくに低電圧出力への応用において，MOSFETを使用して効率を向上させる同期整流回路が急速に普及してきました．

6-1　同期整流回路とは

● 低電圧・大電流出力時に有効な降圧コンバータ

近年のマイコン(MPU)などLSIチップの電源が低電圧・大電流になってきていることは，皆さんご承知のことでしょう．たとえばパソコンなどに使用されている高性能MPUやFPGAなどでは，(1V・100A)などを出力する電源レギュレータが必要で，LSIチップのすぐ近くに降圧型コンバータが配置されます．POL(Point of load)とも呼ばれています．

たとえば5V電源から1V・100Aを得ようとするには，図6-1に示すような降圧コ

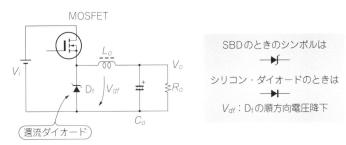

[図6-1] 降圧コンバータの基本的な構成
低電圧出力であれば，還流ダイオードに順方向電圧降下の低いショットキー・バリア・ダイオード(SBD)を選ぶのがよい．しかし，それでも出力電流が大きいと損失…発熱が大きくなる

ンバータ構成になります．（チョッパ型）降圧コンバータの動作はプロローグで述べたとおりですが，回路素子としてはMOSFETと還流（フリーホイール：Free wheel）ダイオードD_fを使います．ダイオードD_fは効率を上げるために，できるだけ順方向電圧降下V_{df}の低いダイオードを使います．しかし，V_{df}の低いショットキー・バリア・ダイオード（SBD）を使っても，大電流が流れると0.5V程度の電圧降下が生じます．

つまりSBDを使用し，ほかの部品が理想的であったとしてもこの回路の電圧変換効率ηは，出力電圧をV_o，スイッチングのデューティ比をD_Rとすると，

$$\eta = \frac{V_o}{V_o + (1 - D_R) \cdot V_{df}} \quad \cdots\cdots\cdots\cdots\cdots\cdots\cdots\cdots\cdots\cdots\cdots\cdots\cdots\cdots\cdots\cdots\cdots\cdots\cdots\cdots \text{(6-1)}$$

となります．電圧を制御するためのデューティ比D_Rは，

$$D_R = \frac{V_o + V_{df}}{V_i + V_{df}} \quad \cdots\cdots\cdots\cdots\cdots\cdots\cdots\cdots\cdots\cdots\cdots\cdots\cdots\cdots\cdots\cdots\cdots\cdots\cdots\cdots\cdots\cdots\cdots \text{(6-2)}$$

となるので，V_i = 5V，V_o = 1V，V_{df} = 0.5Vとすると，

$$D_R = \frac{1 + 0.5}{5 + 0.5} = 0.2727$$

$$\eta = \frac{1}{1 + (1 - 0.2727) \cdot 0.5} = 0.7333 = 73.33\%$$

となり，最大でも効率ηは73.33％しか出すことができません．電力損失は出力電流が100Aあると36Wにもなるので，発熱処理…放熱がたいへんです．このようなとき効率を向上させる方法として考えられたのが，同期整流回路です．

● ダイオードの順方向電圧降下による損失を抑える

降圧コンバータにおける同期整流回路を図6-2に示します．同期整流回路ではMOSFETに付随するボディ・ダイオードが意味をもつので，MOSFET記号にはボディ・ダイオードも表記してあります．還流ダイオードとしてのショットキー・ダイオードD_fと並列に，オン抵抗の低い同期整流用MOSFET Q_Lを接続します．

MOSFET Q_Lは，D_fに順方向電流I_{df}が流れるときだけONにします．つまり，Q_LはG_{QL}の駆動信号によってONすると，ソース（S）からドレイン（D）に向って電流I_{D2}が流れます．結果，オン抵抗の低いQ_Lにほとんどの電流が流れることで，D_fの順方向電圧降下V_{df}よりも電圧降下は小さくなり，そこを流れるI_{D2}による損失を小さくすることができるのです．MOSFETは駆動電圧V_{GS}さえ正規に印加すれば，（V_{DS}が±0.6V以下であれば）電流はD→S，あるいはS→Dでもほぼ同じオ

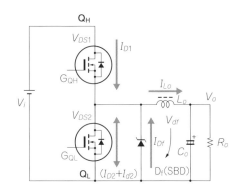

[図6-2] 降圧コンバータにおける同期整流回路の構成

還流ダイオードD_fと並列にオン抵抗の低いMOSFET Q_Lを挿入し，D_fの導通に同期してスイッチONさせると，D_fの導通による損失を大幅に削減することができる．I_{D2}はQ_LのS→D電流，I_{d2}はQ_Lのボディ・ダイオードを流れる電流

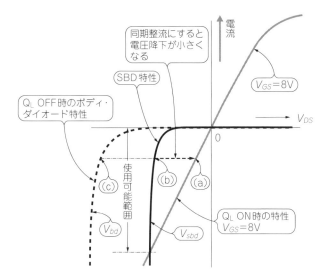

[図6-3] 同期整流回路におけるMOSFETのダイオード特性

見かけ上，三つの素子が並列していることになる．同期整流用MOSFETのボディ・ダイオード，SBD，そしてスイッチON時のMOSFET．低いオン抵抗であることがポイント

ン抵抗値で電流が流れるのが特徴です．

図6-3は一般に順方向電圧降下が低いといわれているSBD（ショットキー・バリア・ダイオード）に対して，MOSFET Q_Lを並列に配置した同期整流回路の順方向電圧降下を説明するグラフです．(c)を通る破線が，ゲート電圧$V_{GS}=0$V…OFF時のQ_L…ボディ・ダイオードの特性です．0点から左側がQ_Lボディ・ダイオードの順方向特性，右側はQ_LがOFFしている状態です．MOSFETボディ・ダイオードの順方向電圧降下V_{bd}は0.7〜1Vほどあります．(b)を通る実線は，本来の還流ダイオードSBDの特性です．SBDの順方向電圧降下V_{sbd}は，0.5〜0.8Vほどあります．(a)を通る実線は，同期整流用MOSFET Q_LをONさせたときの$V_{GS}=8$Vの

特性です。

　Q_Lのボディ・ダイオードを順方向に電流I_{D2}が流れているときは，0点から左側になります．SBDがなくて，Q_Lのボディ・ダイオードだけのときの電圧降下V_{bd}は(c)点で約1V程度と高く，これにSBDを並列に接続したときの電圧降下V_{sbd}が(b)点で約0.5Vとなり，電圧降下が少し低くなります．Q_LをONにして同期整流回路にしたときは(a)点になり，電圧降下をかなり低くできることがわかります．

　このように同期整流回路では低オン抵抗のMOSFETを選ぶことで，還流ダイオードD_fの両端電圧を，SBDの順方向電圧降下に比べても数分の1にすることができます．

● 同期整流を使った降圧コンバータの動作

　図6-2に示した降圧コンバータにおける同期整流回路には，二つのMOSFETがあります．

　Q_Hは高電圧側にあるのでハイ・サイド・スイッチ，Q_Lは低電圧側にあるのでロー・サイド・スイッチと呼ばれています．ただし，この二つのMOSFET Q_HとQ_Lが同時にONすると，電源ライン－0V間の短絡となり，大電流が流れ，大きな損失を生じます．場合によってはMOSFETが破損することになります．このようなことを避けるため，二つのMOSFET切り替えには，必ずQ_H，Q_LがともにOFFしている期間…**デッド・タイム**（休止時間）を設けなければなりません．図6-4に，図6-2回路の動作波形を示します．

　動作波形における期間(2)，(4)がデッド・タイムです．デッド・タイムではQ_HもQ_LもOFFしているため，ダイオードD_fには電流I_{Df}が流れます．SBDがある場合はSBDに，SBDがない場合はQ_Lのボディ・ダイオードに電流I_{D2}が流れます．

　SBDがない場合，Q_Lボディ・ダイオードの逆回復時間：リカバリ・タイムt_{rr}は30〜100nS程度です．t_{rr} = 50nsをスイッチング周期の1％と考えると，同期整流のスイッチング周波数は200kHz程度が限界になります．

　また，Q_HがターンONするときボディ・ダイオードのt_{rr}期間に，Q_Hとボディ・ダイオードのリカバリの短絡状態が発生し，損失とノイズが発生します．

　MOSFET Q_LにSBDを並列接続した場合は，Q_L ON時にQ_Lのオン抵抗…$R_{DS(on)}$で動作し，デッド・タイム時にはSBDの順方向電圧V_{sbd}で動作します．SBDはリカバリ時間がないのでリカバリ損失の発生もなく，導通時間が周期の1〜2％の短時間なので小電流用SBDでよく，スイッチング周波数も上げることができます．

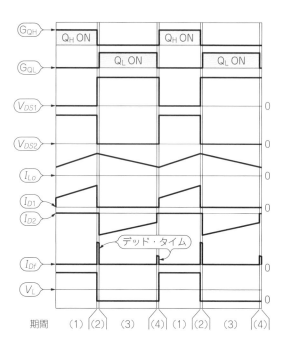

[図6-4] 同期整流による降圧コンバータの動作波形

同期整流回路はハーフ・ブリッジ回路と同じに見える．二つの MOSFET Q_H，Q_Lが同時ONにならないよう駆動回路は注意が必要．期間(2)，(4)が同時ON防止のためのデッド・タイム．デッド・タイム期間にはD_fに電流I_{Df}が流れる

● 還流ダイオードにSBDを配置する効果

　MOSFETにはボディ・ダイオードが存在するので，図6-2に示した同期整流回路のロー・サイドに配置する還流ダイオードとしてのSBDは不要な感じがします．

　しかし，この還流ダイオードSBDは二つの点からあったほうがよいのです．一つは，Q_Lのボディ・ダイオードに電流が流れている期間［後述の図6-10の期間(5)，(6)，(7)］の電圧が，ボディ・ダイオードの順方向電圧降下（V_{bd} = 約0.5V）に下がることです．二つ目はボディ・ダイオードがOFFするとき［期間(1)⇒期間(2)］，ダイオードでは逆回復特性が生じますが，SBDであれば逆回復特性がなくなることです．

　とはいえ，低周波・小電流状態では以上のように動作しますが，高周波・大電流状態ではなかなか理想的に動作してくれません．Q_LがターンOFFしたとき，すぐにSBDに電流が流れてくれず，ボディ・ダイオードのほうに電流が流れ続けることがあります．これはMOSFETからSBDまでの配線による浮遊インダクタンスが原因のときです．

　たとえば図6-5に示すような配線（プリント基板パターン）で，Q_LからSBDへの配線がそれぞれ1cmあるとすれば，往復で約20nHのインダクタンス（$L_{s1} + L_{s2}$）が

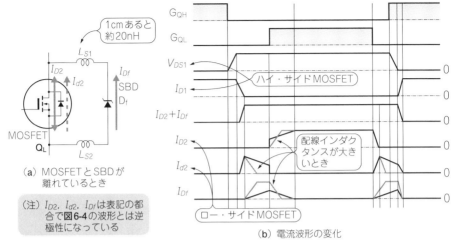

(a) MOSFETとSBDが離れているとき

(注) I_{D2}, I_{d2}, I_{Df}は表記の都合で図6-4の波形とは逆極性になっている

(b) 電流波形の変化

[図6-5] ロー・サイド・スイッチからSBDが離れていると
SBDの配線インダクタンスによってMOSFET Q_Lのボディ・ダイオードに電流が流れることがある
(I_{D2}：Q_LのS→Dへの電流, I_{d2}：ボディ・ダイオードを流れる電流)

[図6-6] ロー・サイド・スイッチのほうが離れていると
MOSFET Q_Lの配線インダクタンスによって, Q_Lを流れる電流が遅れてしまうことがある

できてしまいます．これはQ_LがターンOFFすると，Q_Lのボディ・ダイオードに電流が流れ，それからSBDに電流が流れ始めます．ボディ・ダイオードの電圧降下を$V_{bd} = 1V$，SBDの電圧降下を$V_{sbd} = 0.5V$とすると，100Aを切り替えるための切り替わり時間t_{rt}は，

$$t_{rt} = \frac{(L_{s1} + L_{s2}) \cdot I_O}{V_{bd} - V_{sbd}} = \frac{20 \times 10^{-9} \times 100}{1 - 0.5} = 40 \times 10^{-6} = 40\mu s$$

となるのです．

図6-5(b)はそのときの電流波形です．実線が配線インダクタンスが大きいとき，網線が配線インダクタンスが小さいときです．MOSFETがOFFするとまず自分のボディ・ダイオードに電流が流れ，並列に配置したSBDにすぐ切り替わってくれません．この間，電圧降下V_{bd}の大きいボディ・ダイオードに電流が流れ続けます．

[表6-1][(42)] MOSFETとSBDを一緒に搭載した同期整流用MOSFETの例

MOSFETと同一チップ内にSBDを搭載したMOSFET．低電圧・大電流用MOSFET

型名	V_{DSS} [V]	I_{DSS} [A]	P_D [W]	$R_{DS_{on}}$ [mΩ]	C_{iss} [pF]	C_{rss} [pF]	C_{oss} [pF]	R_{gs} [Ω]	V_{DSF} [V]	I_{DRP} [A]
TPCA8A 09-H		51	70	2.8	5900	250	1100			
TPCA8A 10-H	30	40	58	3.8	4000	200	810	2.1	−0.6 (注1)	153 (注2)
TPCA8A 11-H		35	52	4.6	3200	170	600			

(注1) ダイオード順方向電圧降下．$i_{dr}=2A$，$V_{gs}=0V$
(注2) 逆ドレイン電流 (パルス的)

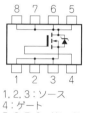

1，2，3：ソース
4：ゲート
5，6，7，8：ドレイン
形状：SOP Advance

SBDには流れず，ボディ・ダイオードに流れるので損失が大きくなります．

そこで対応策として図6-6のようにするとハイ・サイドQ_HがターンOFFした後，電流がSBDを流れ，今度はQ_LをONしてもQ_Lにすぐに電流が流れてくれません．このようなときの対策は，MOSFETと同じチップのなかにSBDを組み込んでしまうのがベストです．これができないときは配線をできるだけ短くしてSBDを両方の真ん中に配線するようにします．

MOSFETと同じチップにSBDを組み込んだ素子も登場しています(表6-1)．

● 実際の同期整流型降圧コンバータの例

図6-7に示すのは，DC12Vラインから3.3V出力を得るための同期整流による降圧コンバータの一例です．使用しているNCP1587は，5〜12Vの入力に対して最小0.8Vという低電圧出力に特化したPWM，電圧負帰還型の降圧コンバータです．出力段は第5章で紹介したMOSFETドライバになっています．TG端子がハイ・サイド・ドライバ，BG端子がロー・サイド・ドライバです．BST端子にハイ・サイド駆動のためのブートストラップ回路を接続します．SO8ピン素子ですが，同期整流用MOSFETを駆動するための出力容量(1A)を備えています．

PWMの発振回路は200kHz(NCP1587A)あるいは275kHz(NCP1587)になっています．図6-7の例では，3.3V，3.9A出力において92%の変換効率が達成されています．

同期整流回路は低電圧・大電流出力のとき有効な回路方式です．そのため，当初は非絶縁型降圧コンバータに採用されました．非絶縁であるため，絶縁のための1次側スイッチングMOSFETやトランスは不要で，電圧安定化のためのPWM制御回路と同期整流用MOSFETの駆動を，同じ制御ICから得ることができます．

非絶縁型降圧コンバータは，オンボードにおけるローカル・レギュレータ…DC−

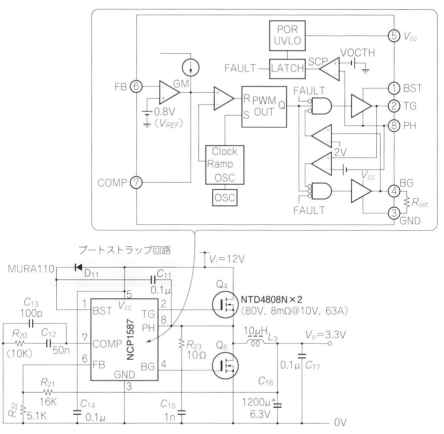

[図6-7][(43)] 同期整流による降圧コンバータの構成例(NCP1587 ONセミコンダクタ)
12V入力に対して3.3V, 3.9A出力で92%の変換効率を実現している

DCコンバータ用として高効率をうたったICが多くのメーカから販売されています. 図6-8に示すのは, 同期整流用MOSFETを内蔵したDC-DCコンバータICの一例です. 変換効率が94%になっています.

6-2　同期整流回路の損失を解析すると

● ハイ・サイドには高速MOSFET, ロー・サイドに低$R_{DS(on)}$のMOSFETを

同期整流回路を使用した降圧コンバータにおける二つのMOSFET Q_HおよびQ_Lの損失を, スイッチング損失と導通損失とに分けてみたのが図6-9のグラフです.

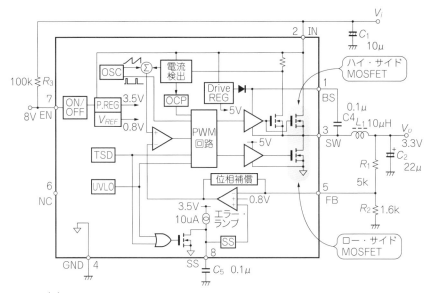

[図6-8][44] 高効率を実現する非絶縁同期整流型降圧コンバータの例［サンケン電気（株），NR880Kシリーズ］
同期整流用MOSFETを内蔵しているところが特徴．最大効率94％．HSOP-8ピンの面実装タイプ，放熱用ヒート・スラグ付き．最大3Aの出力が可能だが，基板上に放熱PADが必要．最大動作周波数によって350k，500k，750kHzのタイプがある

　この例は入力12V→出力1.8Vとしたときの降圧コンバータです．
　(a)に示すようにハイ・サイド・スイッチQ_Hでは，スイッチング損失が支配的です．そのためMOSFETの選定には，スイッチング速度の早い素子を選ぶのが有利です．ロー・サイド・スイッチQ_Lでは，導通損失のほうが支配的です．よって，できるだけ$R_{DS(on)}$の低いMOSFETを選定します．以下，この理由について考えてみたいと思います．
　同期整流回路による降圧コンバータの動作は，先の図6-2と図6-4に示しました．Q_HとQ_Lの切り替え時には，デッド・タイム期間(2)と期間(4)が入っています．
　ここで注目することは，ロー・サイドのQ_LがターンONするのは，その前にデッド・タイム期間(2)があるので，Q_HがOFFしてダイオードD_fに電流が流れているときです．すなわち両端の電圧が約0.5Vになってから期間(3)になってターンONして電流が流れ始め，また期間(3)からターンOFFするときも，ターンOFFした後，D_fが接続されているので電圧は約0.5Vしか加わりません．そして期間(4)のデッド・タイムになり，D_fに電流が切り替わった後ハイ・サイドのQ_Hがターン

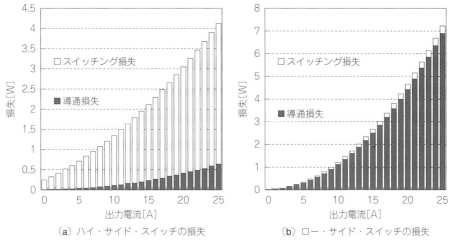

(a) ハイ・サイド・スイッチの損失　　(b) ロー・サイド・スイッチの損失

[図6-9] ハイ・サイド・スイッチとロー・サイド・スイッチの損失比較
ハイ・サイド・スイッチではスイッチング損失，ロー・サイド・スイッチでは導通損失が支配的になる

ONします．

このように同期整流回路を使用した降圧コンバータでは，Q_Lは約0.5VをON/OFFするだけなので，ほとんどスイッチング損失にはなりません．D_fがSBDでなくQ_Lのボディ・ダイオードだけのときは，約1VをON/OFFしていることになります．

● 同期整流のスイッチング損失を解析すると

図6-10に，図6-2に示した同期整流回路におけるMOSFET Q_H，Q_Lの詳細動作波形を示します．波形の各期間を説明すると，

- 期間(3)：ハイ・サイド・スイッチQ_HがONして，電源V_iからエネルギーを供給し，インダクタL_oに電流(≒負荷電流)が流れ，L_oと負荷にエネルギーを供給している期間
- 期間(4)：Q_HがOFFとなり，電圧V_{DS1}が上昇している期間．このときD_fは逆方向なので電流は流れず，電流I_{Lo}はすべてQ_Hを流れている．Q_Hのドレイン-ソース間電圧V_{DS1}がV_iと同じになって終了．終了時のI_{D1}は電流I_{Lo}が流れ，スイッチング損失はピーク．
- 期間(5)：ダイオードD_fの電圧が0(順方向)になり，電流I_{df}が流れ始めて増加している期間．そのぶんQ_Hの電流I_{D1}が減り始めている．D_fが導通しているので，

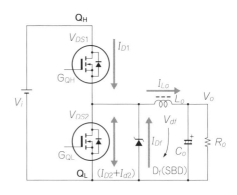

[図6-2]（再掲）降圧コンバータにおける同期整流回路の構成

還流ダイオードD_fと並列にオン抵抗の低いMOSFET Q_Lを挿入し，D_fの導通に同期してスイッチONさせると，D_fの導通による損失を大幅に削減することができる．I_{D2}はQ_LのS→D電流，I_{d2}はQ_Lのボディ・ダイオードを流れる電流

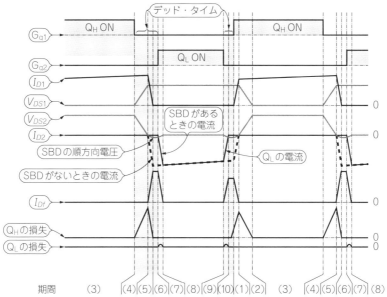

[図6-10] ハイ・サイド・スイッチとロー・サイド・スイッチの詳しい動作

ハイ・サイド，ロー・サイド・スイッチの駆動には，両スイッチOFFのデッド・タイムを必ず設けなければいけない

Q_HにはV_iが加わっている．この期間はQ_HのI_{D1}が0になって終了．

- 期間（6）：Q_HがOFFして，L_oの電流はすべてD_fを流れている期間．この期間は短いほうがよい．このときQ_Hのドレイン電圧はV_iで，D_fには順方向電圧が加わっている．D_fは降圧コンバータの還流ダイオードの役目をしている期間．Q_Lのドレイン電圧はD_fの順方向電圧降下（約0.5V）ぶん．

- 期間（7）：Q_Lにゲート信号が加わり，ONとなってQ_Lの電流が流れ始め，増加し

ている期間．D_fの電流が減少し，D_fの電流が0になってこの期間は終了．
- 期間(8)：L_oの電流がすべてQ_Lを通り，負荷に供給されている期間．
- 期間(9)：Q_Lのゲート信号がOFFとなり，Q_Lのドレイン電流が減少している期間．Q_Lの電流が減少しているぶん，D_fの電流が増加している．Q_Lの電圧はD_fの順方向電圧降下分の約0.5V．D_fの電流が0になってこの期間は終了．
- 期間(10)：Q_Lの電流が0になって，D_fにL_oの電流すべて（負荷電流）が流れている期間．Q_Lの電圧はD_fの順方向電圧の約0.5Vとなる．
- 期間(1)：Q_Hのゲート信号が入りQ_Hの電流が流れ始め，D_fの電流I_{Df}が減り始めている期間．まだI_{Df}が流れてONしているので，Q_HドレインにはV_iが加わっている．この期間はD_fの電流が0になり，Q_Hのドレイン電流がL_oの電流と同じになって終了．終了時のQ_Hドレイン電圧は，V_iが加わり，ドレイン電流はL_oの電流が流れ，スイッチング損失が最大．
- 期間(2)：Q_HにはL_oの電流が流れ，電圧が下がっていく期間．この期間はQ_HのV_{DS1}が0になって終了．

を繰り返しています．以上より，ハイ・サイド・スイッチQ_Hのスイッチング損失は期間(4)，(5)と期間(1)，(2)で発生し，電圧はV_i，電流はL_oの電流I_{Lo}になっているのでスイッチング損失が大きいことがわかります．

一方，ロー・サイド・スイッチQ_Lのスイッチング損失は期間(1)，(7)で，どちらも電圧はD_fの順方向電圧：約0.5Vなのでスイッチング損失は非常に小さくなります．

▶ Q_HのターンON損失P_{r1}は三角波なので，

$$P_{r1} = \frac{1}{2} \cdot V_i \cdot I_o \cdot (t_1 + t_2) \cdot f \quad \cdots\cdots\cdots\cdots\cdots\cdots\cdots\cdots\cdots\cdots\cdots\cdots (6\text{-}3)$$

ただし，t_1は期間(1)の時間，t_2は期間(2)の時間．

▶ Q_HのターンOFF損失P_{f1}も三角波なので，

$$P_{f1} = \frac{1}{2} \cdot V_i \cdot I_o \cdot (t_4 + t_5) \cdot f \quad \cdots\cdots\cdots\cdots\cdots\cdots\cdots\cdots\cdots\cdots\cdots\cdots (6\text{-}4)$$

ただし，t_4は期間(4)の時間，t_5は期間(5)の時間．

▶ Q_LのターンON損失とターンOFF損失は，SBDの順方向電圧の0.5VをON/OFFするだけなので非常に小さく，Q_LのターンON損失P_{r2}は三角波なので，

$$P_{r2} = \frac{1}{2} \cdot V_{df} \cdot I_o \cdot t_7 \cdot f \quad \cdots\cdots\cdots\cdots\cdots\cdots\cdots\cdots\cdots\cdots\cdots\cdots\cdots\cdots (6\text{-}5)$$

ただし，t_7は期間(7)の時間．

▶ Q_LのターンOFF損失P_{f2}は，

$$P_{f2} = \frac{1}{2} \cdot V_{df} \cdot I_o \cdot t_9 \cdot f \quad \cdots\cdots\cdots\cdots\cdots\cdots\cdots\cdots\cdots\cdots\cdots\cdots\cdots\cdots\cdots\cdots\cdots\cdots \quad (6\text{-}6)$$

ただし，t_9は期間(9)の時間となります．しかし$t_1 \fallingdotseq t_5$，$t_2 \fallingdotseq t_4$で，ロー・サイド・スイッチの損失は非常に小さいので無視すると，Q_H，Q_Lのトータル・スイッチング損失P_{sw}は，Q_Hのスイッチング時間を電荷で表すと，

$$P_{sw} = \frac{V_i \cdot I_o \cdot (t_1 + t_2 + t_4 + t_5) \cdot f}{2} \fallingdotseq V_i \cdot I_o \cdot \frac{(Q_{gd} + Q_{gs} - Q_{th})}{I_{drv}} \cdot f \quad \cdots \quad (6\text{-}7)$$

となります．I_{drv}はゲート駆動回路の電流です．

インダクタL_oを流れる電流は，ハイ・サイド・スイッチQ_Hの電流から，Q_L＋ダイオードD_fの電流を差し引いたもので，ほぼ一定です．また，Q_Hの電圧とQ_Lの電圧を加算した電圧は，電源電圧V_iとなります．Q_LのほうはSBDと一体として考えると，オン抵抗のすごく小さなダイオードとして動作しているのでスイッチング損失がほとんどなく，そのぶんはQ_Hが負担することになります．

● 同期整流器による2V・20A出力DC-DCコンバータの損失分析

図6-11は前述の式を元に，絶縁型低電圧大電流出力DC-DCコンバータ（2V・

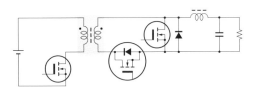

(a) 解析のための同期整流回路

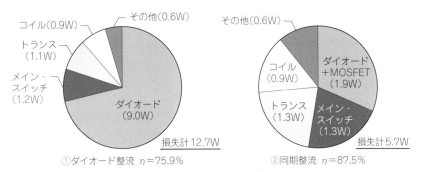

(b) ダイオード整流と同期整流の違い

[図6-11] 2V・20A出力DC-DCコンバータの損失を分析すると

20A）における同期整流器および個別部品の損失を調べたものです．同期整流回路の構成は図(a)のとおりです．

● ゲート駆動回路の損失

同期整流回路ではオン抵抗の低いMOSFETを選ぶことによって損失を減らすことができますが，同期整流回路を駆動する電力を無視することはできません．MOSFETの選択を誤ると，オン抵抗で減った損失よりもゲート駆動で増えた電力のほうが大きくなって，効率が下がってしまうことがあります．MOSFETの駆動電力はとても重要です．

MOSFETの駆動損失は第5章5-2節でも示していますが，（MOSFET内部）コンデンサの充放電によるものです．ターンON時のゲート容量に充電するときのエネルギー損失J_1は，

$$J_1 = \frac{1}{2} \cdot Q_g \cdot V_{GS} \quad \cdots \cdots (6\text{-}8)$$

コンデンサに充電されたエネルギーJ_2は，

$$J_2 = \frac{1}{2} \cdot Q_g \cdot V_{GS} \quad \cdots \cdots (6\text{-}9)$$

になり，ターンOFF時にこのエネルギーを放電して損失にするので，合計の損失は

$$P_{drv} = (J_1 + J_2) \cdot f = Q_g \cdot V_{GS} \cdot f \quad \cdots \cdots (6\text{-}10)$$

がゲート駆動における損失になります．したがって効率を高くするには，MOSFETのゲート・チャージ量Q_gとオン抵抗$R_{DS(on)}$，そして周波数fが低いことが重要だとわかります．MOSFETだけで考えるとQ_gと$R_{DS(on)}$が低いことが重要ですが，Q_gの大きさはチップ面積に正比例し，$R_{DS(on)}$は逆比例する関係にあるので，同期整流用MOSFETの選択の指数としては，（$R_{DS(on)} \times Q_g$）が小さいことが重要になっています．

● 同期整流回路に適したMOSFETは

同期整流回路に使用するMOSFETは，並列個数を増やせば増やすほどオン抵抗を低くすることができます．しかし，そのぶんゲートの駆動電力は増加します．MOSFETの並列個数を増やし過ぎると，導通損失は減らせても，駆動電力が増えてしまい，電源全体としては効率が悪くなることもあります．

また同じオン抵抗…$R_{DS(on)}$でも，MOSFETによって効率はかなり違います．そのため，同期整流用にはどのようなMOSFETが良いのかいろいろな検討が行われ，

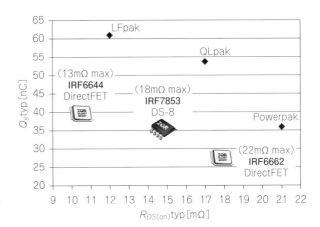

[図 6-12]⁽⁴⁵⁾ $V_{DSS}=100V$ の同期整流用 MOSFET の例（インフィニオン社）
MOSFET メーカ各社では（$Q_g \times R_{DS(on)}$）をパラメータにしたラインアップもそろえている

現在は図6-12に示すように$R_{DS(on)}$と総ゲート容量（Q_g）の積（Ω・J）が小さいことが重要といわれています．よってこの趣旨に沿って，同期整流器用低電圧MOSFETの開発が進んでいます．

6-3	同期整流回路の構成と応用

● 2次側同期整流のための駆動回路はどうするか

さて同期整流回路の良さはわかったけれど，2次側に配置する同期整流回路の場合の実際構成はどうすればよいでしょうか．2次側に配置される整流ダイオードをMOSFETスイッチに置き換えるわけですが，そのMOSFETをいかにして駆動するかが課題です．以下の方法が考えられます．
① 1次側メイン・スイッチと同じ制御回路から絶縁して駆動する
② トランスに設けた駆動用巻き線から駆動する
③ MOSFET D-S間の電流を検出して駆動信号を生成する
④ MOSFET D-S間の電圧を検出して駆動信号を生成する
⑤ 2次側の電圧を検出して駆動信号を生成する

③〜⑤の方法は，2次側で自前の駆動信号を生成しようという考えです．これが実現できると同期整流回路の使い方が広がることになります．

図6-13に，電流検出型同期整流回路の構成を示します．（a）が同期整流回路の基本で，（b）は可飽和CTによる電流検出型同期整流回路です．2次側を流れる電流を可飽和電流トランスCTで検出し，ソースからドレインに向けて電流が流れるとダ

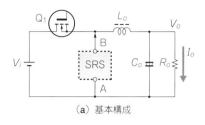
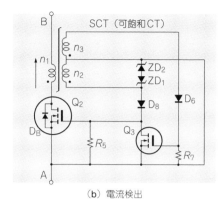

[図6-13]⁽⁴⁶⁾ 電流検出型同期整流回路の構成

2次側同期整流回路には課題が多い．発展途上ともいえる．示しているのは電子情報通信学会で紹介された例

[図6-14]⁽⁴⁷⁾ 汎用CTを使用する2次側整流回路の構成

オン・セミコンダクタのアプリケーション・ノートから．トランジスタ回路の遅れを含めた検出遅れが生じるので高速回路には使用できない

イオードD_Bを通してMOSFET Q_2のゲートを駆動します．電流がそのまま流れていると，電流トランスCTが飽和してしまうので，損失なしで電流が流れることになります．

電流が流れなくなると，今度はMOSFET Q_3を駆動し，Q_2のゲート信号を放電して，Q_2をOFFにするものです．

図6-14に示すのは，RCC回路や擬似共振回路で使用できる2次側同期整流回路の構成です．Q_1が同期整流MOSFETで，これを駆動するための電流をCTで検出しています．2次側出力ラインを流れる電流をCT（カレント・トランス…1：50）で検出することにより，同期整流MOSFETの駆動パルスを生成しています．図の例ではCT 2次側抵抗を1kΩにすることで，少電流状態でも同期整流MOSFETを駆動できるようにしてあります．T_{r1}で電流を検出した後，コンプリメンタリ・エミフォロワでMOSFETを駆動していますが，課題は電流検出の時間遅れと駆動回路

[表6-2]⁽⁴⁸⁾ SMT電流センサの例　T6522-AL（コイルクラフト社）
汎用CTの一例．コイルクラフト社(US)には多くのインダクタ，トランス類が用意されている

型　名	巻き数比	インダクタンス	帯　域	センス電流	VT積	R_T(1V@1A)
T6522-AL	1：50	3.4mH(min)	50～300kHz	3A(max)	30V-μs	50Ω

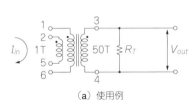

(a) 使用例　　　　　　　　　　　(b) 外観〔mm〕

の遅れです．また，電流センサCTの入手にも難があります．参考までに**表6-2**にSMTによる電流センサの一例を示します．同期整流用MOSFETにはV_{TH}がロジック電圧レベルで動作する$R_{DS(on)}$の低いタイプを選びます．

● アクティブ・クランプ型フォワード・コンバータでは自己駆動

　図6-15に示すのは，トランス2次側で同期整流を行うときの構成例です．同期整流用MOSFETの駆動信号を，出力トランスの巻き線からとっています．MOSFETのゲート信号を加工することなく，そのままMOSFETの駆動電圧としています．よく見ると二つのMOSFETを駆動するゲートへの結線がたすきがけになっていて，二つのMOSFETのどちらかがONするようになっています．

　この回路の1次側は，アクティブ・クランプ型フォワード・コンバータと呼ばれる構成です．出力トランスの巻き線からは，**図6-16**(b)に示すような波形が得られます．デッド・タイムの期間(1)と期間(3)以外は，どちらかの極性の電圧がトラン

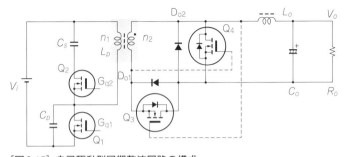

[図6-15] 自己駆動型同期整流回路の構成
フォワード・コンバータの構成は同期整流回路の駆動に向いている

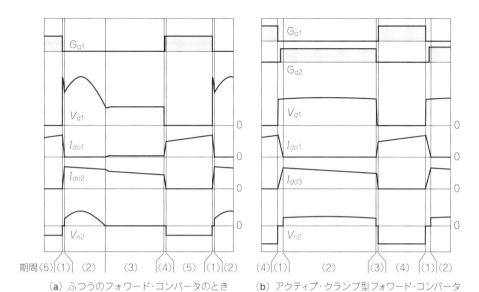

(a) ふつうのフォワード・コンバータのとき　　(b) アクティブ・クランプ型フォワード・コンバータ

[図6-16] アクティブ・クランプ型フォワード・コンバータの動作波形

ス2次側に出ています．そのため必ずどちらかのMOSFETがONできますが，フォワード・コンバータだと期間(3)のときは巻き線の起電力がなく，この期間はMOSFETを駆動することはできません．この期間は同期整流器として働きません．そのため，アクティブ・クランプ型フォワード・コンバータは，自己駆動型の同期整流器に適しています．自己駆動型は同期整流回路のもっとも簡単な構成といえます．

● 実用的な電圧検出型の同期整流回路

図6-17に示すのは，同期整流器の両端に加わる電圧を検出してMOSFETを駆動するようにした，電圧検出型同期整流回路の基本構成です．MOSFETボディ・ダイオードの極性が順方向になっているときゲート信号がアクティブになるよう，同期整流用MOSFETをONさせるものです．図ではIR(International Rectifier…現在はインフィニオン)社　IR1167の構成を示しています．端子V_SとV_Dがダイオード両端の電圧検出端子で，V_{gate}がMOSFETへの駆動出力です．

MOSFETボディ・ダイオードに電流が流れると，順方向電圧V_{bd}として約1Vの電圧が現れます．このV_{bd}を検出して，V_{gate}信号をHighにして同期整流用MOSFETをONさせています．MOSFETをOFFさせるのは，V_{bd}のレベルがかなり下がったところになります．MOSFETをONさせるとV_{bd}がそれなりに下がる

[図6-17][(49)] **電圧検出型同期整流IC IR1167 の構成**
同期整流用MOSFETのドレイン-ソース間電圧をモニタして，ボディ・ダイオードが順方向になったときゲート駆動用信号を発生させるための素子

(a) ピン配置

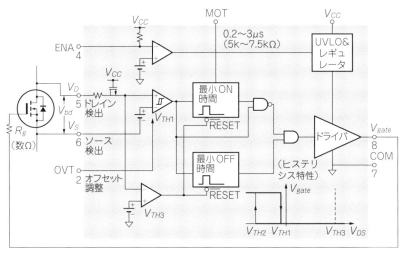

(b) ブロック図

のですが，その範囲ではOFFすることがないようヒステリシス（履歴特性）をもたせてあります．また，MOSFETがONしたときノイズなどで誤動作してOFFすることのないよう，OFF禁止時間も設けられています．このOFF禁止時間はMOT端子に外付けする抵抗によって可変できます．

ヒステリシスのレベルは，OVT端子の接続によって数段階に可変することができます．また，MOSFETがOFFするときも振動するので，両端電圧がダイオード逆方向（MOSFETの順方向）にある程度の電圧がかかるまで，同じくON禁止時間を作ってその再ONを防止しています．そのため，ゲート駆動時間幅はスイッチング・デューティ比におけるOFF禁止時間以下にはできなくなってしまい，ダイオードの最小デューティ比が制限されてしまいます．

図6-18にフライバック・コンバータに同期整流器を配置する例を示します．フ

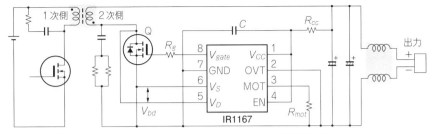

[図6-18]⁽⁵⁰⁾ IR1167によるフライバック・コンバータの同期整流化($V_o = 12 \sim 20V$)
出来上がった回路を見るとスマートな構成だが,検出レベルが小さいので,R_g, R_{mot} などの選定は慎重な調整が必要

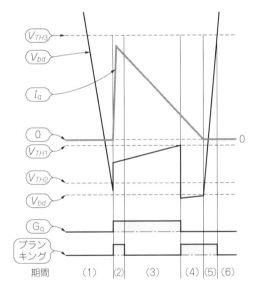

[図6-19] 同期整流におけるIR1167の動作タイミング
ボディ・ダイオードの順方向電圧V_{bd}のレベルをしきい値V_{TH1}, V_{TH2}, V_{TH3}によって判断し,同期整流MOSFETの動作をたくみに制御している

ライバック出力電圧からICの電源を取り,OVTをGNDに接続して,MOTには外付け抵抗R_{mot}をつけています.このときのシーケンスを図6-19に示します.
- 期間(1)…主スイッチのMOSFETがOFFしてトランスの2次側電圧が上がり,ダイオードの電圧が下がってくる期間.同期整流用MOSFET Qのボディ・ダイオードが順方向になり,順方向電圧V_{bd}がV_{TH2}になるとIR1167からゲート信号が出て終了.しかし,検出の遅れなどによってQがONする前か,同時にボディ・ダイオードにも電流が流れてQがONする.
- 期間(2)…ゲート駆動信号が出て,QがONしている期間.ONしたばかりなので

ノイズや振動がある．誤動作してOFFにならないためのブランキング期間．このブランキング期間は，MOT端子に外付けするR_{mot}で調整できる．導通時間はこのブランキング期間以下には下げられない．

- 期間(3)…ボディ・ダイオードの順方向電圧V_{bd}がV_{TH1}以上で，QがONしている期間．V_{bd}がV_{TH1}以下になってこの期間は終了．
- 期間(4)…V_{bd}がV_{TH1}以下になり，QがOFFになった期間．OFFになったのでV_{bd}が上がりボディ・ダイオードに電流が流れている期間．電圧が上がっても再びONしないよう，ON禁止ブランキング期間になっている．Qの電流が0になって終了．
- 期間(5)…QのV_{bd}が上昇している期間．まだブランキングがかけられ，ONが禁止になっている．この期間はQのV_{bd}がV_{TH3}まで上昇して終了．
- 期間(6)…QのV_{bd}がV_{TH3}を超えたのでブランキングがキャンセルされた期間．

というように制御されます．

● 倍電流同期整流回路への応用

図6-20に示すのは，倍電流整流回路と呼ばれるものです．倍電流整流回路は，トランス巻き線において1ターンで，センタ・タップ0.5ターンぶんに相当する出力電圧が得られるものです．トランスの巻き数計算の結果が0.5ターン以下になったとき使われます．

動作波形を図(b)に示します．期間(2)では，MOSFET Q_2がONし，巻き線n_2に現れる起電圧は，C_o - 極 → D_{o1} → n_2 → L_{o2} → C_o + 極と流れます．この平均電流をI_sとすると，期間(1)，(3)，(4)ではトランスからの起電圧はないので，$C_o(-) \Rightarrow D_{o2} \Rightarrow L_{o2} \Rightarrow C_o(+)$と電流が減衰しながら平均電流$I_s$が流れます．

同様に期間(4)でも巻き線n_2に現れる電圧によって平均電流I_sが流れ，期間(1)，(2)，(3)で減衰しながら平均電流I_sが流れ，加算されて，$2 \times I_s$になります．すなわちトランスにはI_sの電流が流れて，負荷には$2 \times I_s$が流れるというわけです．

● 可逆コンバータへの応用

同期整流回路は，従来の整流ダイオード(還流ダイオード)をMOSFETに置き換えたものです．そのため他励ドライブのときは，流す電流を双方向にすることが可能です．MOSFETはスイッチONのとき，電流をドレイン→ソース，あるいは逆のソース→ドレインに流すことができることは先に述べました．つまり，出力側から入力側への電流を流すことができるのです．電流を双方向に流すことのできるコ

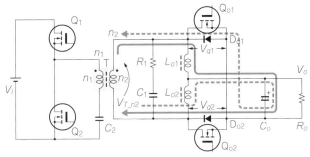

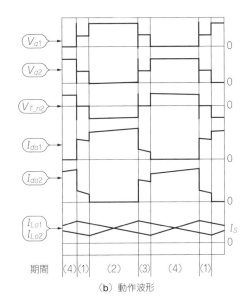

[図6-20] 倍電流同期整流回路
トランスだけでは0.5ターンを作ることはできない。電流を倍流すことができると，それは0.5ターン相当になる

(a) 回路構成
(b) 動作波形

ンバータを，可逆コンバータと呼んでいます．図6-21のようなときに使用することができます．

可逆コンバータの例を図6-22に示します．左側の入力端子に30Vの電源を接続し，MOSFET Q_1 と Q_2 を交互にON/OFFさせてみます．たとえば Q_1 はデューティ比 $D_{R1} = 0.4$ で，Q_2 は $D_{R2} = 0.6$ で動作させると，回路は降圧コンバータとして動作し，右側の出力端子に $V_o = 12V$ の出力電圧が現れます．負荷があれば負荷電流が流れます．エネルギーは左側の入力端子から右の出力端子に向かって流れます．

一方，同じ回路において入力端子に負荷抵抗を接続し，出力端子に12Vの電源を

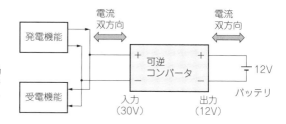

[図6-21] 可逆コンバータを使うと
EVなどではバッテリを電源として自動車を動かすが、車の発電によってバッテリを充電することもある．可逆コンバータの技術が役立つ

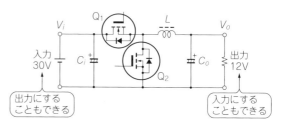

[図6-22] 同期整流回路は可逆コンバータにもなる
入出力電圧比はQ_1とQ_2のスイッチング・デューティ比によって変化する

加えると，入力端子には$V_i = 30V$の電圧が現れるのです．もちろん負荷電流も流せます．すなわち，入力端子に入力された電圧を変換して右の出力端子に出力するコンバータでも，出力端子に電源を加えると入力端子に変換された電圧が出てくるコンバータのことを可逆コンバータと呼んでいます．どちらも$V_o = D_{R1} \times V_i$という式で変換されます．

可逆コンバータは，図6-22に示した非絶縁コンバータだけでなく，絶縁コンバータでも可能です．絶縁された電力を変換して，入力端子から出力端子へと電力を送ることができ，出力端子から入力端子へと電力を送ることもできます．

可逆コンバータの構成は，メインの整流回路がダイオードだけでなく，ダイオードにスイッチング素子が並列に接続されているか，スイッチング素子だけになっています．

図6-23に示すのは，二つの同期整流器型降圧コンバータを並列接続した例です．コンバータ（A）と，コンバータ（B）の出力電圧設定に誤差があると，たとえばコンバータ（A）の出力電圧設定が多少高めになると，コンバータ（A）からの電力が多く供給され，コンバータ（B）からの電力が少なくなります．そしてこれが極端になると，コンバータ（A）から負荷電流以上に電力が供給され，可逆コンバータなのでコンバータ（B）からは電力が負荷側から電源側に戻ることになり，大きな損失を生じることになります．

したがって同期整流器の電流バランスは，同期整流でないコンバータよりも電流バランスに対して注意して設計する必要があります．

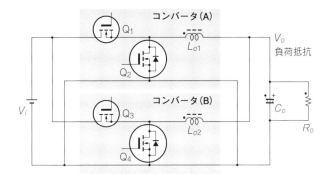

[図6-23] 同期整流器の並列接続
出力容量を大きくするために並列接続する例があるが，同期整流回路の場合は電流バランスにより注意する必要がある

Column (8)

同期整流器の制御ICは発展途上

　同期整流器となるMOSFETの駆動を，スイッチング電源制御ICから直接行う場合はトラブルになることはあまりありません．ところがMOSFETのボディ・ダイオードに電圧が加わっていることを検出し，並列に配置されているMOSFETを駆動するタイプは，簡単に追加できて便利そうに見えるのですが，現実にはトラブルになるケースが少なくありません．

　MOSFETのボディ・ダイオードに順方向電圧が加わっていることを検出してからMOSFETを駆動してONさせるのですが，ONさせると順方向電圧は下がります．それでもON状態を保持しなければならないのです．そのため，順方向電圧が下がってもOFFすることがないようヒステリシス特性がもたせてあります．しかし，この方式ではON抵抗の低いMOSFETでは限界があります．

　また，フォワード・コンバータなどの還流ダイオードでは，電流が流れているところへいきなりメインMOSFETがONになってダイオードに逆電圧が加わります．すると，すぐにOFFしないといけないのですが，応答遅れによってダイオードのリカバリ時間のように動作し，低速ダイオード並みになってしまうことがあります．さらにそのリカバリ終了時に振動して再ONしてしまい，これを繰り返して発振になってしまうこともあります．

　同期整流駆動ICでは，これらを止めるためにON禁止帯を設けたり，OFF禁止帯を設けたり，ONを遅らせたりと，いろいろなアイデアでこれに対処していますが，これといった決定版はまだ登場してないようです．新しいしくみを取り入れた同期整流駆動用ICの登場に期待したいものです．

スイッチング電源[2] 要素技術のマスター

第7章
ノイズ対策に役立つスナバ回路の設計

インダクティブな部品をスイッチングすると，ターンOFFのとき高電圧サージを生じます．スイッチング素子を壊したり，ノイズ障害の原因になります．これを抑制するのがスナバ回路．スイッチング電源でも重要です．

7-1　サージ・ノイズの発生とスナバの役割

● インダクティブ負荷スイッチングの常備品…スナバ回路

図7-1に示すように（メカの）スイッチを介してインダクタに通電すると，スイッチをOFFするとき大きな逆起電力が生じます．この現象はスイッチがONしているときインダクタに流れていた電流I_Lが急にOFFになってしまうことから，インダクタに貯まっていたエネルギーが行き場を失って，**逆起電力**になってしまうものです．この逆起電力は加わっていた元の電圧V_iよりもはるかに電圧が高く，数百

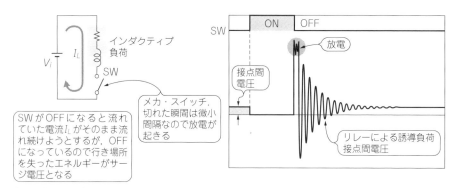

[図7-1] インダクティブ負荷のスイッチングは難しい
スイッチON時にインダクタに溜まったエネルギーの行き場がなくなると，スイッチOFF時，接点間に逆起電力…サージ電圧が発生する

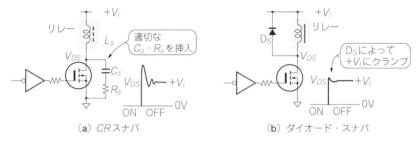

[図7-2] リレー駆動回路におけるスナバ回路の例
DCリレーにおいては、(b)のようにリレー駆動コイルに並列にダイオードD_Sを挿入することが多い。ドレイン端に生じるサージ電圧V_{DS}はダイオードを通してV_i側に吸収される。V_{DS}は、V_iよりダイオードの順方向電圧V_f分だけ高い電圧でクランプされる

V以上になることさえあります。サージ電圧と呼ばれています。略してサージと呼ばれることもあります。

図7-1の例は、メカ・スイッチの接点にインダクティブ負荷を接続したときですが、なんの保護手段もないメカ・スイッチ接点をON/OFFすると、この接点はじきに不良を起こしてしまいます。理由はスイッチ接点がOFFした瞬間にインダクティブ負荷による**サージ電圧**が発生し、これによって(微小間隔にある)接点間で放電が生じるからです。結果、接点が部分的に溶けて酸化したり変形したりして最良状態を保てなくなり、接点不良にいたるからです。

スイッチング素子がメカ接点でなく、MOSFET、トランジスタやIGBTのときも同じです。スイッチが半導体の場合、ターンOFF時に耐電圧を越えるサージ電圧が加わると、半導体は破壊されてしまいます。また、周囲に対して大きなノイズEMI障害を起こすことになります。

このようなサージ発生への対策として、接点間にはスナバ(snubber)と呼ばれる保護回路を挿入するのが一般的です。図7-2は、インダクティブ負荷の代表であるDCリレー負荷においてよく使用されるスナバ回路の一例です。

● スイッチング電源におけるスナバ回路は

スイッチング電源回路はAC電源を整流した直流高電圧を、高電圧のまま絶縁型DC-DCコンバータによって、直流出力に変換するものです。絶縁型DC-DCコンバータでは、主スイッチング素子…MOSFETの負荷が絶縁トランス…インダクティブ負荷です。よって、サージが生じないようにスナバ回路の検討あるいは装備は必須です。

スイッチング電源におけるスナバ回路では，以下を検討する必要があります．
- 発生するサージをスイッチング素子の耐電圧以下にする
- 発生ノイズによるEMI障害を最小(規格内)に収める
- 使用するコンデンサ，ダイオードの耐電圧や許容電流にも留意する
- スナバ回路による消費電力を最小にする

スナバ回路は以下に示すように多くの例がありますが，基本はサージの振動を抑えるダンパ型，サージの振幅を抑えるクランプ型，サージ・エネルギーを回収するタイプに分けられます．

● サージの振動を抑えるダンパ…CRスナバ

スイッチング電源回路ではMOSFETの負荷としてコイルやトランスをON/OFFするので，よく使われるのは図7-3に示すCRスナバとCRDスナバです．スイッチング電源以外でもON/OFFさせる回路で広く使用されています．

スイッチ素子の両端にサージが生じるので，そのサージをコンデンサによって吸収することは容易に考えられます．しかし，スイッチ素子とコンデンサとを直接に並列接続することは危険です．スイッチONによって，コンデンサに充電された電荷が短絡され大電流が流れ，スイッチ…MOSFETにとって大きなストレスになります．コンデンサには直列抵抗R_sを挿入する必要があります．

ただし図7-3を見ると，MOSFETがOFFしているときはLCR直列回路になっています．定数によっては共振回路になってしまうことに注意する必要があります．R_sの値は電圧1Vに対して0.5～1Ω程度あればよいでしょう．

コンデンサには**写真7-1**に示すような高耐圧セラミック・コンデンサ，容量が大きいときは高耐圧フィルム・コンデンサを使用します．

CRスナバは，スイッチング素子やダイオードがターンOFFしたとき生じる振動

[図7-3] サージの振動を抑えるダンパ…CRスナバ

コンデンサC_sはスイッチ素子1Aに対して0.5～1μFにする．大容量コンデンサを直接スイッチと並列にしてはいけない．R_sは1Vに対して0.5～1Ω程度にする

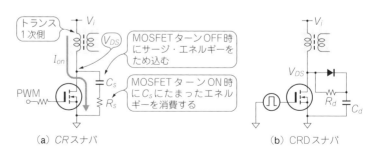

(a) CRスナバ　　　　(b) CRDスナバ

(a) セラミック・コンデンサ
(株)村田製作所 DEHシリーズ
2kV/3.15kV,150〜4700pF

(b) メタライズド・ポリプロピレン・フィルム・コンデンサ
日本ケミコン(株) TACDシリーズ
250〜1000V,0.033〜22μF

[写真7-1] スナバ回路に使用されるコンデンサの例(リード線タイプ)
近年はセラミック・コンデンサが普及してきたが,大容量時はフィルム・コンデンサを使用する

を吸収することと,ピーク電圧を下げるために使われます.振動があると,その振動がノイズとなり外部に出たり,内部では誤動作の原因になって動作が不安定になることがあります.CRスナバは振動エネルギーを抵抗R_sで吸収し,そのほとんどをR_sの損失にします.

図7-3(b)はC_dの容量は小さくして,MOSFETがONしているときR_dで放電できる程度に選びます.MOSFETは,電圧共振と同じようにC_dを充電しながらターンOFFさせます.結果,MOSFETのターンOFF損失を少なくすることができます.サージを抑える効果はあまり期待できません.

● サージを抑えるクランプ型スナバ…ダイオード・スナバ

サージの振幅を抑えるクランプ型スナバ回路を図7-4に集めてみました.

図(a)はMOSFETのV_{DS}がコンデンサC_dの電圧V_{cd}以下にクランプされるよう,ダイオードD_dが挿入されています.ダイオード・スナバと呼ばれています.V_{DS}がV_{cd}を超えるとダイオードD_dが導通し,V_{DS}をV_{cd}以下に抑えます.

トランス2次側の負荷が重いとV_{cd}が上昇します.したがって,入力電圧V_iが最大のとき,V_{DS}がMOSFETの許容値(最大定格)を超えないよう定数設定を行います.クランプ型スナバでは,入力電圧V_iが最高で最大負荷のとき,MOSFETのV_{DS}はもっとも高くなります.スナバはどのタイプも同じですが,負荷が軽かったり入力電圧V_iが低いときは損失が変化し,効率も変化します.また,クランプ・スナバの負荷となる電圧はV_{cd}または$V_{cd} - V_i$となります.つまり,スナバの損失となる電圧分は$V_{cd} - V_i$です.

図(b)のツェナ・クランプ・スナバでは,負荷の重さに関係なくコンデンサC_dの電圧V_{cd}がツェナ電圧V_{zd}で決まります.よってMOSFETのV_{DS}ピーク電圧は一定

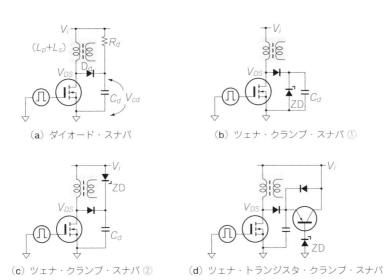

(a) ダイオード・スナバ　　(b) ツェナ・クランプ・スナバ ①

(c) ツェナ・クランプ・スナバ ②　　(d) ツェナ・トランジスタ・クランプ・スナバ

[図7-4] サージを抑えるクランプ型スナバ
スイッチング電源では，ダイオード・スナバあるいはCRDスナバが多く使用されている

です．そのため軽負荷でサージ電圧がツェナ電圧 V_{zd} まで届かないときは，スナバに電流が流れず損失を生じません．結果，軽負荷では図(a)のスナバより効率が良くなります．しかし，スナバの損失となる電圧は，コンデンサの電圧 V_{cd} になり，スナバの損失は図(a)，図(c)より多くなります．

　図(c)のツェナ・クランプ・スナバは，C_d の電圧 V_{cd} が $V_i + V_{zd}$ となり，入力電圧 V_i によって損失は変わってきます．V_i が低いとピーク電圧 V_{DSp} が低くなるので，図(b)よりスナバ電流が増えます．しかし，スナバの損失になる電圧は $V_{cd} - V_i$ になり，図(b)より小さくなります．

　図(d)のツェナ・トランジスタ・クランプ・スナバは，MOSFETのピーク電圧 V_{DSp} は図(b)と同じく V_{zd} です．スナバの電圧損失を $V_{zd} - V_i$ にしたスナバです．スナバの損失は最も少なく，MOSFETのサージ電圧 V_{DSp} は常に一定で，入力電圧 V_i が低いとき高効率になります．

● エネルギーを回収するスナバ

　スナバ回路は，発生するサージを別のエネルギーに振り替えることでノイズ発生を抑えています．しかし，エネルギーは何らかの形で消費されています．エネルギー消費ではなく，電源のほうに戻せないかと考えられたのが図7-5に示すエネルギ

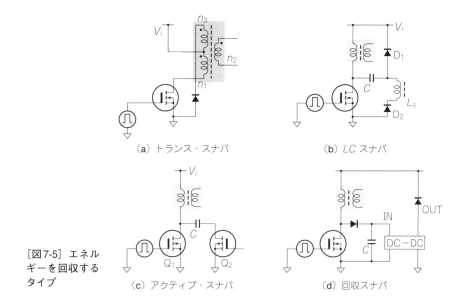

[図7-5] エネルギーを回収するタイプ

(a) トランス・スナバ
(b) LCスナバ
(c) アクティブ・スナバ
(d) 回収スナバ

ーを回収するスナバです.

　図(a)はトランス・スナバ,あるいは巻き線スナバと呼ばれているものです.このスナバは,トランス1次側巻き線(n_1)と結合の良い第3巻き線(n_3)を巻いています.ドレイン電圧が入力電圧V_iの2倍以上になると,ダイオードを通してエネルギーを電源に戻す回路です.サージのエネルギーを回収できるので,効率の良いコンバータを実現できます.n_1とn_3の結合を良くするために,n_3とn_1は1:1のバイファイラ巻きにできればもっとも結合が良くなりますが,耐電圧の問題も生じます.

　こうすることで,n_1とn_2の漏れインダクタンスのエネルギーを吸収できますが,電力が大きいときは,n_1とn_3の漏れインダクタンスによってサージ電圧がごく短時間生じます.これはダイオード・スナバなどで抑えます.とくにフォワード・コンバータで多く使われています.このスナバを採用すると,スイッチングのデューティ比を50%以上にはできなくなります.

　図(b)はLCスナバ,あるいは回収スナバ,ロス・レス・スナバと呼ばれているものです.MOSFETがターンOFFしたときのサージは,ダイオードD_1を通してCを充電し,サージを抑えます.次にMOSFETがONしたときCに溜まった電荷で,ダイオードD_2を通してLC共振させてCの電圧を放電し,かつ,D_1を通して電源に戻します.この動作は,ドレイン電圧が電源電圧の2倍のとき理想的に動作

します．

　図(c)は，アクティブ・スナバとかスイッチ・スナバと呼ばれている回路です．MOSFETターンOFF時のサージはCに吸収され，MOSFET Q_1がOFFしている間Q_2をONしておき，この間にCに溜まったエネルギーをトランスに放出し，原理的に損失の発生を抑えます．フォワード・コンバータに使うとMOSFETの電圧も低く抑えられます．

　図(d)の回収スナバは，MOSFETがターンOFFしたときの電圧をコンデンサにため，DC-DCコンバータで電源や出力に戻す大電力用途に使われる方法です．

7-2　　実用コンバータにおけるスナバの設計

● RCCやフライバック・コンバータにおけるスナバ

　リンギング・チョーク・コンバータ(RCC)やフライバック・コンバータにおいては，図7-6に示すようにCRスナバとダイオード・スナバが使用されます．ここでは，トランスの漏れインダクタンスL_sを含めたフライバック・コンバータの等価回路を示しています．トランスの漏れインダクタンスは1次側巻き線にも2次側巻き線にも存在しますが，1次側でまとめてL_sとして示しています．

　図(b)が動作波形です．ダイオード・スナバがないとドレイン電圧波形はV_{DS}のようになり，MOSFETには高いピーク電圧が加わります．ダイオード・スナバがあると，コンデンサC_dの電圧(V_{cd})＋電源電圧V_iより高いサージ電圧はダイオードD_dが導通してカットされます．このときD_dには電流I_{dd}が流れます．

　MOSFETと並列におく$CR(C_s R_s)$スナバは，スイッチングOFF時のサージ電圧の振動を抑えるためのものですが，トランスの漏れインダクタンスL_sと$C_s \cdot R_s$による振動が残るので，この振動を減衰させる値にします．

● *CR*スナバの定数を決めるには

　図7-6に示したフライバック・コンバータにおいて，CRスナバが付いていないときはコンデンサC_sがないことになります．しかし，回路図にはなくとも実際はトランスの浮遊容量やMOSFETの出力容量C_{oss}がコンデンサとして存在しています．したがって，C_sがなくともMOSFETのドレイン電圧V_{DS}は，ゆっくりリンギングした減衰振動波形になります．とはいえ，振動はスイッチング周波数にくらべるとかなり高い周波数です．また，トランス巻き線の表皮効果などによる損失が大きく，減衰抵抗がない割には早く減衰します．

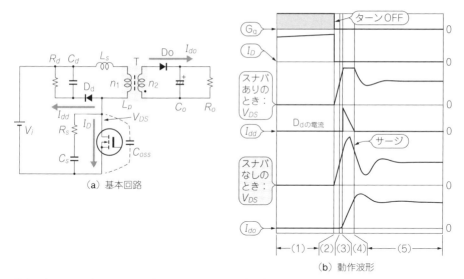

[図7-6] フライバック・コンバータにおけるスナバ回路
ダイオード・スナバとCRスナバの併用によってノイズ発生と，MOSFETへのサージ・ストレスを抑えることができる

スイッチング周波数が比較的低いときのドレイン電圧・電流波形は，**図7-7**(a)のようになります．リンギング・ノイズが大きく，MOSFETの耐電圧や安定度で問題となります．CRスナバはこのような振動を抑えるために挿入するわけです．

CRスナバが適切に動作しているときの波形が図(b)です．スナバの効果で，振動は早い時間で減衰しています．スナバのCR定数は，この程度の減衰になるように値を決めます．

なお，このときのLCR回路は直列共振回路を構成し，減衰振動をもっています．振動がなくなる境い目を臨界振動と呼びますが，LCR直列回路での臨界振動は，Q(クオリティ・ファクタ)が$Q = 0.5$のポイントです．Qは，

$$Q = \frac{1}{R_s}\sqrt{\frac{L_s}{C_s}} \quad \cdots\cdots\cdots\cdots\cdots\cdots\cdots\cdots\cdots\cdots\cdots\cdots\cdots\cdots\cdots\cdots\cdots \quad (7\text{-}1)$$

で示されます．

ただし，この値では損失が大きくなり過ぎるので，現実には特性インピーダンスである$\sqrt{L/C}$以下の抵抗値が適当です．振動が1～2サイクルで終了するように抵抗R_sを決定します．これはおよそ$Q = 1$のときで抵抗R_sの値は，

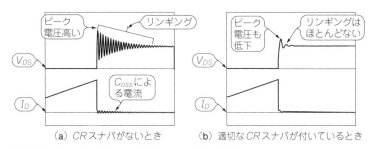

(a) CRスナバがないとき　　(b) 適切なCRスナバが付いているとき

[図7-7] スナバの有無によるドレイン電圧・電流
適切なスナバの定数にいたるにはカット＆トライが欠かせない

$$R_s = \sqrt{\frac{L_s}{C_s}} \quad \cdots\cdots\cdots\cdots\cdots\cdots\cdots\cdots\cdots\cdots\cdots\cdots\cdots\cdots\cdots\cdots\cdots\cdots\cdots\cdots\cdots\cdots\cdots \quad (7\text{-}2)$$

となります．

あるいはリンギング周波数 f を測定して，コンデンサ C_s を計算することもあります．これは振動周波数が CR のカットオフ周波数になり，

$$C_s = \frac{1}{\omega \times R_s} \quad \cdots\cdots\cdots\cdots\cdots\cdots\cdots\cdots\cdots\cdots\cdots\cdots\cdots\cdots\cdots\cdots\cdots\cdots\cdots\cdots \quad (7\text{-}3)$$

抵抗 R_s の値は一般には，AC入力1次側のMOSFETでは47～220Ω程度にします．効率は R_s が小さいほうが多少高くなりますが，ピーク電圧も高くなります．R_s によって Q を変えたときの波形を図7-8に示します．

ただし，サージを抑えることはスナバ回路が電力を消費します．MOSFETの耐電圧やノイズなどが許すかぎり C_s の値はできるだけ小さく，抵抗 R_s は数百Ω以下には抑えたいものです．

● 擬似共振コンバータのスナバ回路は

擬似共振コンバータの構成を図7-9に示します．擬似共振コンバータでは，トラ

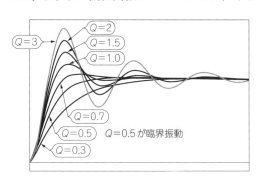

[図7-8] CRスナバの減衰振動波形
2次回路における典型的な減衰振動波形．
Q を下げることによって振動は収まる

ンスの励磁インダクタンスL_pと漏れインダクタンスL_sがあり，MOSFETと並列に共振用コンデンサC_pが接続されています．MOSFETはC_pを充電しながらターンOFFします．ターンOFF時の波形は図(b)のようになっています．

▶ ダイオードD_dがないときのサージ電圧V_{DSp}

図7-9(b)において期間(1)は，MOSFETがONしている期間にI_Dが増加し，L_pとL_sにエネルギーが蓄えられます．MOSFETがOFFすると期間(1)は終了です．MOSFETがOFFしたときL_sを流れる電流をI_pとすると，L_sに蓄まったエネルギーJは，

$$J = \frac{1}{2} \cdot L_s \cdot I_p^2 \quad \cdots\cdots\cdots\cdots\cdots\cdots\cdots\cdots\cdots\cdots\cdots\cdots\cdots\cdots\cdots\cdots\cdots\cdots\cdots\cdots \quad (7\text{-}4)$$

期間(2)では，L_pとL_sに蓄まったエネルギーはC_pを充電します．このときMOSFETドレイン電圧V_{DS}は，ほぼ直線的に上昇します．また，$(L_p + L_s)$とC_pは共振し，入力電圧V_iを中心に振動しているので，期間(2)終了時の電流をI_{p2}とすると，

$$\frac{1}{2} \cdot (L_p + L_s) \cdot I_p^2 + \frac{1}{2} C_p \cdot V_i^2 = \frac{1}{2} \cdot (L_p + L_s) \cdot I_{p2}^2 + \frac{1}{2} \cdot C_p \cdot V_o'^2$$

$$I_{p2} = \sqrt{I_p^2 + \frac{C_p}{L_p + L_s} \cdot (V_i^2 - V_o^2)} \quad \cdots\cdots\cdots\cdots\cdots\cdots\cdots\cdots\cdots\cdots \quad (7\text{-}5)$$

となり，この期間L_sを流れる電流はほぼ一定$(I_p \fallingdotseq I_{p2})$になっています．期間(2)は出力側ダイオード$D_o$が導通して終了します．

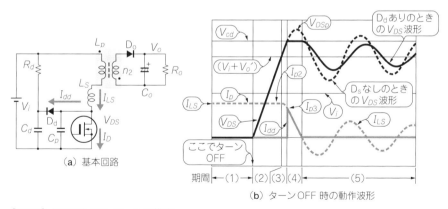

(a) 基本回路
(b) ターンOFF時の動作波形

[図7-9] 擬似共振コンバータの構成

擬似共振コンバータはMOSFETのターンOFF時に並列接続したC_pとの間で電圧共振を生じる．ターンOFF時なので，図(b)でMOSFETドレイン電流は流れない

期間(3)で出力ダイオードD_oが導通すると，V_{DS}は，$(V_i + V_o)$を中心にL_sとC_pで振動します．このときL_sのエネルギーはV_{DS}のピークV_{DSp}で0になるので，

$$\frac{1}{2} L_s \cdot I_{p2}^2 = \frac{1}{2} C_p \cdot (V_{DSp} - V_i - V_o')^2$$

よって，

$$V_{DSp} = \sqrt{\frac{L_s}{C_p} \cdot I_p^2 + V_i + V_o'} \fallingdotseq \sqrt{\frac{L_s}{C_p}} \cdot I_p + V_i + V_o' \quad \cdots\cdots\cdots\cdots\cdots\cdots (7\text{-}6)$$

となります．ここで，

$$V_o' = \frac{V_o + V_{do}}{N}, \quad N = \frac{n_2}{n_1}, \quad V_{do}：D_o の順方向電圧$$

とすると，例えば$V_i = 160\text{V}$，$V_o' = 120\text{V}$，$I_p = 2\text{A}$，$L_s = 2\mu\text{H}$，$C_p = 1000\text{pF}$であるなら，

$$V_{DSp} = \sqrt{\frac{2 \times 10^{-6}}{1 \times 10^{-9}} \times 2^2} + 160 + 120 = 459 \quad (\text{V})$$

というサージ電圧が生じることになります．

▶ ダイオードD_dがあると

図7-9(b)において，期間(1)～(2)はD_dがないときと同じです．期間(3)の最後にV_{cd}に到達して終了します．つまり，D_dが導通して終了です．

期間(4)でD_dが導通して，V_{DS}がクランプされます．クランプされたときの電流I_pは，

$$I_{p3} = \sqrt{I_{p2}^2 - \frac{C_p}{L_s} \cdot (V_{cd} - V_i - V_o')^2} \quad \cdots\cdots\cdots\cdots\cdots\cdots (7\text{-}7)$$

その後，L_sのエネルギーがC_dに移りD_dには三角波形の電流I_{dd}が流れ，0になって終了します．D_dに電流I_{dd}が流れている期間(4)の時間t_4は，

$$t_4 = \frac{L_s}{V_{cd} - V_i - V_o'} \cdot I_{p3}$$

となります．よってD_dに流れる平均電流I_{dd}は，

$$I_{dd} = \frac{I_{p3}}{2} \cdot t_4 \cdot f = \frac{I_{p3}^2}{2} \cdot \frac{L_s \cdot f}{V_{cd} - V_i - V_o'} \quad \cdots\cdots\cdots\cdots\cdots\cdots (7\text{-}8)$$

期間(5)で，再びL_sとC_pで減衰振動します．

以上から，V_{cd}を決めると抵抗R_dは，

$$R_d = \frac{V_{cd} - V_i}{I_{dd}} = \frac{2}{f} \cdot \frac{(V_{cd} - V_i) \cdot (V_{cd} - V_i - V_o')}{L_s \cdot I_{p2}^2 - C_p \cdot (V_{cd} - V_i - V_o')^2} \quad \cdots\cdots\cdots\cdots (7\text{-}9)$$

この抵抗R_dの損失(W_s)は，

$$W_s = (V_{cd} - V_i) \cdot I_{dd} = \frac{(V_{cd} - V_i) \cdot f}{2} \cdot \frac{L_s \cdot I_{p2}^2 - C_p \cdot (V_{cd} - V_i - V_o')^2}{V_{cd} - V_i - V_o'}$$

$$\cdots\cdots\cdots\cdots\cdots\cdots\cdots\cdots\cdots\cdots\cdots\cdots\cdots\cdots\cdots\cdots (7\text{-}10)$$

R_dを決めると電圧V_{cd}は，

$$V_{cd} = \frac{\sqrt{V_o'^2 + (C_p \cdot R_d \cdot f + 2) \cdot R_d \cdot f \cdot L_s \cdot I_{p2}^2} - V_o'}{2 + C_p \cdot R_d \cdot f} + V_i + V_o'$$

$$\cdots\cdots\cdots\cdots\cdots\cdots\cdots\cdots\cdots\cdots\cdots\cdots\cdots\cdots\cdots\cdots (7\text{-}11)$$

となります．

▶ R_dを求めるには…RCCにもフライバック・コンバータにも使える

RCCやフライバック・コンバータで，スイッチングMOSFETと並列に接続するコンデンサC_pの値を検討するときは，MOSFETドレイン-ソース間容量C_{ds}や浮遊容量の値を加味する必要がありますが，C_pを無視すると，スナバに使用するR_dの値は以下から求めることができます．

$$R_d = \frac{V_{cd} - V_i}{I_{dd}} \fallingdotseq \frac{2}{f} \cdot \frac{(V_{cd} - V_i) \cdot (V_{cd} - V_i - V_o')}{L_s \cdot I_{p2}^2} \quad \cdots\cdots\cdots\cdots\cdots (7\text{-}12)$$

7-3　ダイオード・スナバには低速リカバリ・ダイオードが効果的

● ダイオード・スナバ…サージは抑制するが

先の図7-4(a)に示したダイオード・スナバでは，MOSFETがターンOFFしたときドレイン電圧V_{DS}が一定電圧$(V_i + V_{cd})$以上になるとダイオードD_dが導通し，スイッチング時のサージ電圧をコンデンサC_dによって吸収するものです．吸収したエネルギーは抵抗R_dで消費します．

では，MOSFETがONしたとき流れるドレイン電流I_Dによって，トランスの励磁インダクタンスL_pと漏れインダクタンスL_sの両方に蓄わえられたエネルギーは，MOSFETがOFFしたときはどうなるのでしょうか．

トランスの励磁インダクタンスL_pに蓄まったエネルギーは，2次側巻き線を通して負荷に供給されますが，漏れインダクタンスL_sに蓄まったエネルギーは行くところがありません．そのためこのエネルギーはサージ電圧になり，MOSFETの耐電圧をオーバして破壊の原因になったりします．

そこでスナバを挿入してサージを抑えるのですが，じつはサージを抑えたぶんはほとんど損失になってしまいます．MOSFETのターンOFFで生じるサージ電流

は，漏れインダクタンスL_sで発生し，トランス巻き線→ダイオードD_dを通って，コンデンサC_dと抵抗R_dの並列回路を通り，トランス巻き線に戻る経路を通るので，電源に戻されることなく抵抗R_dで消費されることになります．

そのときMOSFETのピーク電圧(V_{DSp})は，図7-9(a)でC_pを無視するとL_sに溜まった電力がR_dの損失になるので，

$$\frac{1}{2} \cdot L_s \cdot I_{Dp}{}^2 \cdot f = \frac{(V_{DSp} - V_i - V_o')^2}{R_d} \quad \cdots\cdots\cdots\cdots\cdots\cdots\cdots\cdots\cdots\cdots (7\text{-}13)$$

I_{Dp}：ターンOFF時の電流，f：変換周波数，V_{DSp}：MOSFETのピーク電圧
V_o'：出力電圧の1次換算値 $= V_o/N$

となります．これにCRスナバがつくとV_{DSp}が低下するので，R_dの抵抗値は少し高めになります．C_dの容量は，コンデンサのリプル電圧率を数%ぐらいに抑えるように計算します．

$$C_d \times R_d \times f = \frac{V_{ripple}}{V_{cd}} = 0.1 \sim 0.01$$

● スナバの配置でサージのループ面積が異なる

ダイオード・スナバでは図7-10のようなケースがあります．図(a)も図(b)も回路上の働きは同じですが，ダイオード・スナバではスナバの配線や部品にインダクタンスがあると，そのインダクタンスによるサージ電圧が加算され，サージ電圧を抑えられなくなります．そのため配線によるループを短くしたり，ループ面積を小さくすることが重要です．

図(a)においてC_dのP点を電源V_iに接続した例では，C_dの必要耐圧は$V_{DSp} - V_i$となります．耐圧は低いけれど，MOSFETのサージ電圧を抑えるループは，

ドレイン→D_d→C_d P点→電源(+)→電源(−)→ソース

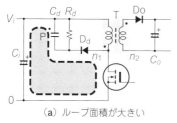
(a) ループ面積が大きい

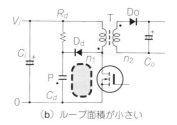
(b) ループ面積が小さい

[図7-10] スナバ回路のループ面積
スナバ回路の設計ではプリント板パターン図を起こしたとき，その電流経路が問題になることが多い

となって，配線パターンにもよりますが，かなり長くなるのです．しかし，図(b)のようにC_dのP点をMOSFETソースに接続すると，C_dの耐圧が高くなり電圧はV_pになりますが，ループはMOSFETの，

　　　ドレイン→D_d→C_dP点→ソース

になって，電源を迂回する分かなり短くなり，サージ電圧はそれなりに低くすることができます．したがって，スナバにおけるダイオードD_dは高速素子であればあるほどMOSFETのドレイン電圧V_{DS}がコンデンサC_dの電圧を上回るとききれいにカットされ，理想的な動作になります．よってD_dは高速ダイオードのほうが良いように思われます．ところが実際はそうではありません．

● ダイオードのリカバリ特性によるサージの違いを調べてみると

　ここで，スナバ回路におけるダイオードのリカバリ時間が，実際の動作にどう影響するかを調べてみましょう．

　図7-11に，ダイオード・スナバにおいて理想ダイオードと逆回復時間の遅いダイオードとを，切り替えられるようにしたフライバック・コンバータの構成を示します．理想ダイオードはリカバリのときだけ短絡するスイッチを並列にすることで実現しています．Q_2が(シミュレーションにおける)リカバリのときの短絡スイッチです．

　MOSFETのドレイン-ソース間にサージ電圧が生じると，ダイオードD_dに順方向電流が流れてC_dを充電します．その後，ダイオードのリカバリでQ_2が短時間ONしたままになっている状態になり，そのリカバリ期間にチャージされたC_dの電荷をトランスの1次側に印加して，そのエネルギーをトランスを通して負荷に供給することができます．図(b)にそのときのシミュレーション波形を示します．

● リカバリ特性の遅いダイオードが有利

　図7-11(b)に，ダイオード・スナバの動作を期間分けして示しました．
- 期間(1)…MOSFETにゲート信号が入り，ONになってトランスの励磁電流が増加している期間
- 期間(2)…MOSFETがOFFになりサージ電圧が発生するが，サージ電圧によってダイオードD_dが導通し，漏れインダクタンスL_sによるサージ・エネルギーがD_dを通ってコンデンサC_dに移り，C_dの電圧V_{c3}が上がっている期間．このときD_dの電流は順方向．漏れインダクタンスのエネルギーがなくなって，D_dの電流が0になって，この期間は終了．

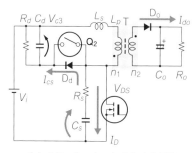
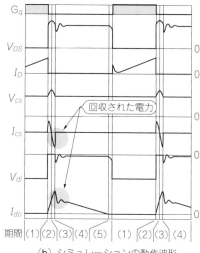

[図7-11] フライバック・コンバータでダイオード・スナバのリカバリのとき短絡するスイッチを加えると
シミュレーションにおいてリカバリのない理想ダイオードを模擬するために，ダイオードを短絡するスイッチQ_2を設けている

- 期間(3)…D_dのリカバリでエネルギーを戻して，回収し，負荷に送っている期間．リカバリでD_dの電流は逆向きに流れ，C_dのエネルギーがトランスに向かって流れ，トランスとD_oを通って負荷に流れている．C_dが放電されるので，電圧が下がっている．リカバリが終了してこの期間終了．
  この期間における2次側巻き線電流は，トランスの励磁電流とC_dから来る電流が加算されたピーク電流が流れている．
- 期間(4)…D_dがOFFして，トランスのエネルギーだけが負荷に供給されている期間．
- 期間(5)…出力側ダイオードD_oの電流が0でOFFになり，トランスの励磁インダクタンスL_pとスナバのコンデンサC_sなどの容量で，自由振動して電圧が下がっていく期間．

以上から，リカバリ時間が長く遅いダイオードを使うと，漏れインダクタンスL_sに蓄まったエネルギーを負荷側に回収できるので，効率アップできることがわかります．リカバリの遅いダイオードに替えると，ダイオード・スナバのコンデンサ電圧V_{cs}が下がり，抵抗R_sの損失が減ります．

リカバリが終わった後，ダイオードは勝手にターンOFFします．そのため電流

が大きい状態でターンOFFすると，ハード・リカバリ・ダイオードであれば，ターンOFF時に生じる(−)向きサージ電圧でMOSFETのV_{DS}が下がります．極端なときは(−)向きサージ電圧でMOSFETドレイン電圧が下がり過ぎて，V_{DS}が0V以下になってしまいます．

これはMOSFETのボディ・ダイオードを導通させることになるので，ボディ・ダイオードのリカバリ特性でまた(+)方向サージ電圧が生じることにもなります．ここまで行くと，D_dのリカバリ特性とボディ・ダイオードのリカバリ特性とで発振を繰り返すこともあるので，避けなければなりません．このときはノイズも大きく，効率も悪くなってしまいます．あまりMOSFETの(−)サージ電圧が出ないようにします．

したがって電源にもよりますが，ダイオードD_dと直列に10Ω程度の抵抗を入れるとピーク電流が下がり，ノイズも小さくなって，効率が良くなることがあります．

ここで紹介したリカバリ特性の遅いスナバ用ダイオードはサンケン電気とオリジン電気から販売されています．**表7-1**にダイオード・スナバに適したリカバリ特性の遅いダイオードを示します．

● フォワード・コンバータでも効果的

フォワード・コンバータでも，ダイオード・スナバにリカバリの遅いダイオードを使うとコンバータの効率を上げることができます．

図7-12にフォワード・コンバータの構成を示します．この回路でMOSFETがターンOFFしたときのサージ電圧の行方を考えてみましょう．ダイオードD_dを通してC_bに蓄積された電荷は，ふつうはR_bによって損失になります．しかし，D_dにリカバリ時間の遅いダイオードを使うと様相が替わります．ダイオードのリカバリ期間はC_bに溜まった電圧がトランスの1次側巻き線に印加しているので，そのエネルギーをトランス励磁電流(I_{Lp})に変えることができます．そしてMOSFETがONしたとき，入力電流にI_{Lp}を加算して2次側に放出することができます．

MOSFETがターンOFFしたとき，RCDスナバではC_sの電圧は0になっているので，D_sはONになっています．そして電圧共振におけるターンOFF時の共振コンデンサと同じように動作し，スイッチング損失を減らしてC_sを充電します．C_sに充電された電荷は，C_bの電荷と同じくR_sを通ってトランスの1次側巻き線に印加され，そのエネルギーをトランスの励磁電流(I_{Lp})に替えて，MOSFETがONしたとき入力電流に加算し，2次側に放出することができます．

つまり，ふつうはC_s，C_bに充電されたエネルギーは抵抗によって損失になりま

[表7-1][50] スナバ回路に適したダイオードの例［サンケン電気（株）スナバ用補助スイッチ・ダイオード］

接合型ダイオードには，一般には好まれない逆回復（リカバリ）時間がある（図4-18参照）．ダイオード・スナバにおいてのみ，リカバリ時間の長いダイオードが有用となる

品 名	$I_{F(AVG)}$	$V_{f(max)}$	$t_{rr}(\mu s)$	外 形	R_{s2}	用途出力
SARS01	1.2A	0.92V	2〜18	2.9φ, 0.6φ	外付け	〜50W
SARS02	1.5A	0.92V	2〜18	4φ, 0.78φ		〜100W
SARS05	1A	1.05V	2〜19	SMA4.5×2.6		〜50W
SARS10	0.3A	13V	1〜9	TO220F-2L	22Ω内蔵	〜300W

（注）逆耐電圧 V_{RM} = 800V

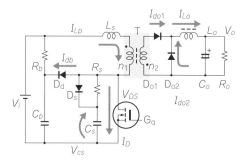

[図7-12] ダイオード・スナバを付加したフォワード・コンバータ

すが，これをうまく回収して負荷に出力できれば効率が良くなります．R_s はターンOFF時［期間(2)，(3)］以外では D_s がOFFしているので，CR スナバとして動作します．MOSFETがONしている期間(1)では C_s が放電抵抗の役割をして，1サイクルごとに C_s をゼロ電圧まで放電し，ターンOFFしたときすぐに電圧共振コンデンサとして働くようにしてます．R_s の値は，調整によっては0Ωになることもあります．

● ダイオード・スナバ動作を詳しく追ってみると

フォワード・コンバータにおける動作波形を図7-13に示します．

- 期間(1)…MOSFETにゲート信号が入り，MOSFETがONして，トランスを通して2次側にエネルギーを供給している期間．期間の始めに流れていた励磁電流 I_{Lp} も入力電流に加算され，2次側に出力されている（同じ出力電流なら，入力電流が励磁電線分，減っていることになる）．
- 期間(2)…MOSFETがターンOFFしてサージ電圧が発生．D_s を通して C_s を充電しながら電圧共振で電圧が立ち上がっている期間．電圧共振になっているのでスイッチング損失は少なくてすみます．立ち上がり途中で2次側ダイオード D_{o1} が

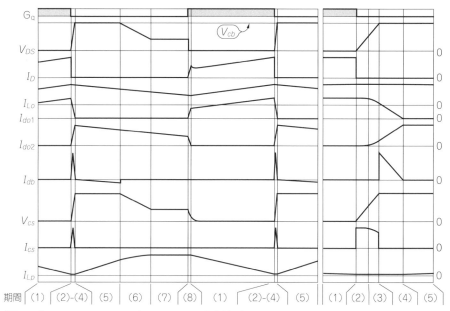

[図7-13] フォワード・コンバータにおける動作波形

ONして終了

- 期間(3)…さらにMOSFETドレイン電圧が電圧共振で上昇している期間．ドレイン電圧が上がってダイオード・スナバD_dがONして終了
- 期間(4)…ドレイン電圧が立ち上がってD_dがONとなる．電流が流れてC_bが充電され，V_{DS}のサージ電圧がC_bの電圧にクランプされている期間．トランスの漏れインダクタンスL_sに溜まったエネルギーでC_bを充電している
- 期間(5)…漏れインダクタンスL_sのエネルギーがなくなるが，D_dはリカバリで導通している期間．D_dのリカバリ電流でC_bの電荷が戻って，励磁電流を増やしている期間
- 期間(6)…D_dのリカバリ期間が終わり，D_dはOFF．C_sが放電しながらドレイン電圧が下がり，励磁電流を増やしている期間
- 期間(7)…トランス2次側巻き線電圧が，上側が(+)になったのでD_{o1}がONし，2次側巻き線が短絡状態になっている期間．D_{o1}にはトランス2次側巻き線の励磁電流が流れている
- 期間(8)…D_{o1}とD_{o2}が両方ONしている状態．MOSFETがONしたので電流が切り替わっている期間

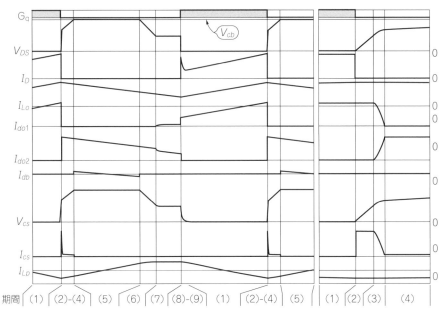

[図7-14] トランス結合度の良いフォワード・コンバータでの動作波形

● 出力電圧が高く，トランス結合度の良いフォワード・コンバータのとき

　図7-14は，図7-13よりも出力電圧が高く，トランスの結合度が良いときのフォワード・コンバータの動作波形です．漏れインダクタンスが小さいので，MOSFETがターンOFFしたときのサージ電圧は低くなります．ターンOFF時にD_dがONにならず，その後電圧が上がってからD_dがONします．しかし，D_dを流れる電流はリカバリ時間だけ遅れます．そのため（＋）側と（－）側で電流がそれほど変わらず，D_dを通してC_sを充電したエネルギーは，リカバリ時間内に放電しています．

　このとき（＋）と（－）の面積が同じなら，R_dで熱になる損失を小さくできます．もし，まったく同じなら損失0となり，ドレイン電圧V_{DS}波形のようにピーク電圧を下げることができます．

　このようにリカバリ時間の長いダイオードを使うことによって，ダイオード・スナバの損失を小さくし，MOSFETの耐電圧も少し低くして使用できることになります．

参考・引用文献

(1) IR3637SPBFデータシート，インターナショナル・レクティファイアー(現在はインフィニオン テクノロジーズ ジャパン).
(2) 森田 浩一：スイッチング電源[1]AC入力1次側の設計，2015年4月，CQ出版社.
(3) 高電圧差動プローブ・カタログから，(株)TFF, テクトロニクス社.
(4) 計測お役立ち情報，スイッチング電源の安定化測定，http://www.nfcorp.co.jp/techinfo/
(5) LM3524データシート，日本テキサス・インスツルメンツ(株).
(6) AC/DC電源制御用IC 2013年版，富士電機(株).
(7) TL431データシート，日本テキサス・インスツルメンツ(株).
(8) PC123XNNSZ0Fデータシート，シャープ(株).
(9) スイッチング電源 SWG030-05データシート，サンケン電気(株).
(10) パワーマネジメントIC・カタログ，サンケン電気(株).
(11) STR-A6051Mデータシート，サンケン電気(株).
(12) STR-A6059アプリケーション・ノート，サンケン電気(株).
(13) NECトーキン(株)，ノイズ・フィルタ カタログ(Vol.11).
(14) 2SK3418データシート，ADJ-208-1030(Z)，第1版，2000年7月，ルネサステクノロジ(株).
(15) 五十嵐 征輝：パワー・デバイスIGBT活用の基礎と実際，第1版，2011年4月，CQ出版社.
(16) 2SC3336データシート，ルネサステクノロジ(株).
(17) 2SK1170データシート，ルネサステクノロジ(株).
(18) 稲葉 保：パワーMOS FET活用の基礎と実際，第3版，2007年2月，CQ出版社.
(19) GT30J121データシート，(株)東芝.
(20) MOSFET DTMOS II, DTMOS IV シリーズ・カタログより，(株)東芝.
(21) 間瀬 勝好：パワーMOSFETのしくみ，トランジスタ技術2010年9月号，CQ出版社.
(22) 山川 功：パワーMOSFETの最新動向と応用のポイント，トランジスタ技術増刊 電源回路設計2009，CQ出版社.
(23) SiCパワーデバイス・モジュール・アプリケーション・ノート，2014年8月，ローム(株).
(24) 庭山雅彦ほか：SiCパワーデバイスの損失低減実証, Panasonic Technical Journal Vol.57 No.1 Apr. 2011.
(25) ファストリカバリダイオード，ショットキーバリアダイオード，カタログより，新電元(株).
(26) ダイオード技術資料J531，新電元(株).
(27) パワーデバイスカタログ Vol.5, ローム(株).
(28) TK15A60Uデータシート，(株)東芝.
(29) MOSFET駆動用NPN/PNPトランジスタ，(株)東芝.
(30) MC34152データシート(オン・セミコンダクター)，UCC37324データシート(日本テキサスインスツルメンツ)，TC4427データシート(マイクロチップ・テクノロジー・ジャパン).
(31) 稲葉 保，ゲート・ドライバの実力と使い方，ロー・サイド用ゲート・ドライバ，トランジスタ技術2006年11月号，CQ出版社.
(32) IR2110データシート，インターナショナル・レクティファイアー(現在はインフィニオン テクノロジーズ ジャパン).

(33) FA5650Nデータシート，富士電機(株)．
(34) パルス・トランスFDTシリーズ カタログ，日本パルス工業(株)．
(35) 喜多村 守：フェーズシフト・フル・ブリッジZVS電源の設計と試作，グリーン・エレクトロニクス No.1，2010年4月，CQ出版社．
(36) HCPL-3180データシート，アバコテクノロジー(現在はブロードコム)．
(37) TLP250データシート，(株)東芝．
(38) TLP5752データシート，(株)東芝．
(39) TLP2367データシート，(株)東芝．
(40) 稲葉 保：ゲート・ドライバの実力と使い方，フルブリッジ駆動用と高絶縁耐圧タイプ，トランジスタ技術 2007年2月号，CQ出版社．
(41) Si8234データシート，Silicon Labs, Inc．
(42) MOSFETセレクション・ガイド，(株)東芝．
(43) NCP1587データシート，オン・セミコンダクター．
(44) NR880Kデータシート，サンケン電気(株)．
(45) 同期整流用MOSFET資料，インフィニオン社．
(46) 西村 勝彦ほか：可飽和カレントトランスによる同期整流回路の設計手法，電子情報通信学会 EE2007-31 から．
(47) TND334/D，50W Four output Internal Power Supply for Set Top Box，オン・セミコンダクター．
(48) SMT電流センサ T6522-ALデータ，コイルクラフト社．
(49) IR1167データシート，インフィニオン社．
(50) スナバ用補助スイッチ・ダイオード，サンケン電気(株)．
(51) 森田 浩一：スイッチング電源回路設計基礎セミナー・テキスト，JMAマネジメントスクール．

索引

【記号】

C_{ds} —— 186
C_{gd} —— 186, 226
C_{gs} —— 186, 226
C_{iss} —— 186, 226
C_{oss} —— 186
C_{rss} —— 186
D_R —— 16
$R_{DS(on)}$ —— 180
V_f —— 165
V_{TH} —— 151

【数字】

1次遅れ回路 —— 78
1次側高電圧スイッチング —— 156
2次遅れ —— 135
2次側同期整流 —— 244
2次降伏 —— 150
2トランス・ハーフ・ブリッジ・コンバータ —— 47
2トランス・フォワード・コンバータ —— 39

【A】

AC 100V系入力 —— 173
ACアダプタ —— 28

ASO —— 150, 175

【B】
BJT —— 145, 149

【C】
CCM —— 17, 31
CRDスナバ —— 256
CRM —— 27, 31
CRスナバ —— 59, 255
CRロー・パス・フィルタ —— 79

【D】
D2PAK —— 163
DCM —— 17, 31

【E】
ESR —— 136
ET積 —— 200

【F】
FA5650N —— 197
FBC —— 31
FET —— 149
FRA —— 78, 106
FRD —— 30, 164, 166, 215

【G】
GaN —— 160
GaN-MOSFET —— 161

【H】
HCPL-3180 —— 205
HED —— 168

【I】
IGBT —— 145, 153
IR2104 —— 197
IR2108 —— 197
IR2110 —— 194, 197
IR2302 —— 197
IR3637SPBF —— 11
IRS2003 —— 197

【L】
LC回路 —— 95
LC共振 —— 61, 65
LCスナバ —— 259
LCフィルタ —— 14
LDPAK —— 163

LLC共振コンバータ —— 203
LLD —— 168
LM3524 —— 110
L負荷 —— 224

【M】
MC34152 —— 191
MOSFET —— 145
MOSFET駆動 —— 185
MOSFETの損失 —— 181
MTBF —— 176

【N】
NCP1587 —— 236
NR880Kシリーズ —— 238
NチャネルMOSFET —— 173

【O】
OFF時間一定 —— 141
ON/OFFコンバータ —— 28
ON時間一定 —— 142
OPアンプ —— 74, 102

【P】
PFC回路 —— 216
PID制御 —— 123
POL —— 230
PWM —— 12, 16, 109
PチャネルMOSFET —— 194

【Q】
Q —— 62
QRC —— 31, 34

【R】
RCC —— 24, 31, 260
$R_{on} \cdot A$特性 —— 159

【S】
SBD —— 30, 164, 169, 215, 231
Si8234 —— 228
SiC —— 160
SiC SBD —— 161, 171
SiC-MOSFET —— 161, 216
Si-SBD —— 216
SJ-MOS —— 156
SMT電流センサ —— 246
spiceモデル —— 218

【T】
TC4427 —— 191
TK15A60U —— 174
TL431 —— 120, 123, 126
TL494 —— 111
TLP2367 —— 205
TLP250 —— 205
TLP5752 —— 205
【U】
UCC37324 —— 191, 206
UCC3895N —— 203
UVLO —— 112, 197
【X】
X-Y測定モード —— 80
【Z】
ZCS —— 58
ZVS —— 58, 208
【あ】
アーム間位相 —— 49
アクティブ・クランプ型フォワード・コンバータ
—— 246
アクティブ・スナバ —— 259
アバランシェ降伏 —— 177
アバランシェ耐量 —— 177
アブノーマル試験 —— 176
アルミ電解コンデンサ —— 93
安全規格 —— 166
安全動作領域 —— 175
安定化電源 —— 72
安定性判定 —— 88
【い】
位相遅れ —— 77
位相差 —— 80
位相シフト・コンバータ —— 203
位相シフト・フル・ブリッジ —— 49, 202
位相ずれ —— 76
位相制御コンバータ —— 227
位相補償回路 —— 102, 122
位相余裕 —— 88
インターリーブ・フォワード・コンバータ —— 42
インダクタ —— 15, 254

【え】
エラー・アンプ —— 12
エンハンスメント型 —— 151
【お】
オーディオ・アンプ —— 73
オート・スタンバイ —— 133
オーム損 —— 148
遅れ回路 —— 81
遅れ補償 —— 126
オシロスコープ —— 106
オン抵抗 —— 146, 179
【か】
回収スナバ —— 259
回生 —— 65, 210
開ループ・ゲイン —— 74
可逆コンバータ —— 213, 250
化合物MOSFET —— 160
カットオフ周波数 —— 79, 95
過電圧保護 —— 112
過電流保護 —— 112
過渡変動 —— 89
過負荷保護 —— 113
可変型基準電圧IC —— 115
ガリウム・ナイトライド —— 160
還流ダイオード —— 14, 231, 234
貫通電流 —— 217
【き】
帰還容量 —— 185
擬似共振コンバータ —— 31, 34, 134, 262
擬似共振用IC —— 133
基準電圧 —— 73, 117
寄生npnトランジスタ —— 154
寄生サイリスタ —— 154
寄生ダイオード —— 153, 207
寄生発振 —— 183
逆回復時間 —— 167
逆回復特性 —— 164
逆起電力 —— 254
共振周波数 —— 95, 96, 100
共振性能指数 —— 96
共振型コンバータ —— 52

【く】

クールMOS —— 158
クオリティ・ファクタ —— 62
矩形波コンバータ —— 23, 52, 207
クランプ型スナバ —— 257

【け】

軽負荷時 —— 17
ゲイン-位相調整 —— 88
ゲイン-位相特性 —— 78, 100
ゲイン特性 —— 74
ゲイン余裕 —— 88
ゲート駆動回路 —— 182, 243
ゲート駆動損失 —— 190
ゲート・チャージ電荷量 —— 188
ゲート・チャージ量 —— 243
ゲート電荷 —— 182
ゲート・ドライバIC —— 190
減衰振動 —— 91

【こ】

降圧コンバータ —— 11, 23, 36, 55, 97, 100, 224
高域減衰フィルタ —— 84
高周波化 —— 51
高速フォト・カプラ —— 205
交流インバータ —— 217
小型化 —— 52
固定周波数コンバータ —— 144
コモン線 —— 69
コンパレータ —— 12, 110

【さ】

サージ電圧 —— 52, 255
サイリスタ —— 223
差動プローブ —— 71
サブハーモニック発振 —— 139
三角波発生回路 —— 110
サンドイッチ巻き —— 30

【し】

しきい値電圧 —— 151
自己駆動型同期整流回路 —— 246
自動復帰型 —— 113
時比率 —— 16
出力容量 —— 186

順方向電圧降下 —— 165
昇圧型PFC回路 —— 171
昇圧プッシュプル・コンバータ —— 43
ショットキー・バリア・ダイオード —— 164, 231
シリコンMOSFET —— 160
シリコン・カーバイド —— 160
自励発振型 —— 24
信号グラウンド —— 69
振動モード —— 91

【す】

スイッチング周波数 —— 143
スイッチング速度 —— 146
スイッチング損失 —— 52, 55, 239
スイッチング電源制御IC —— 109
スイッチング特性 —— 153
スーパジャンクションMOSFET —— 156
進み位相補償 —— 127
進み回路 —— 83
スタンバイ電源 —— 133
ステップ応答 —— 91
ストレージ・タイム —— 150
スナバ回路 —— 37, 60, 254
スナバ用補助スイッチ・ダイオード —— 270
スレッショルド電圧 —— 151
スロープ補償 —— 140

【せ】

正帰還 —— 77
正弦波発振器 —— 106
静電耐量 —— 169
セカンド・ブレーク・ダウン —— 150
絶縁型・高速駆動用ドライバIC —— 227
絶縁型コンバータ —— 21
絶縁ドライバ —— 228
絶対最大定格 —— 174
セラミック・コンデンサ —— 136, 256
セルフ・ターンON —— 213, 217
ゼロ電圧スイッチング —— 58, 208
ゼロ電流スイッチング —— 58
選択度 —— 96

【そ】

ソフト・スタート —— 112

ソフト・リカバリ・ダイオード —— 226
損失分析 —— 242
【た】
ターンOFF —— 148, 181, 208
ターンOFF損失 —— 33
ターンON —— 148, 181
ターンON損失 —— 33
ダイオード・スナバ —— 257
ダイオードの逆回復特性 —— 166, 172
耐電圧 —— 146
タイマ・ラッチ —— 113
多出力化 —— 30
ダブル・エンド・フォワード・コンバータ —— 39
ダブル・サンドイッチ巻き —— 30
ダンピング・ファクタ —— 73
【ち】
蓄積時間 —— 150, 152, 191
チップ内部温度 —— 174
チャネル温度 —— 174, 180
直流ドリフト —— 74
直流偏磁 —— 41, 49, 51
【つ】
ツイン・ダイオード —— 164
【て】
低減率 —— 176
低周波出力インバータ —— 210
低速リカバリ・ダイオード —— 265
低待機電力 —— 34, 133
低調波発振 —— 139
低電圧誤動作防止回路 —— 112
定電圧制御 —— 13
低電圧・大電流出力用途 —— 218
ディレーティング —— 175, 176
テール電流 —— 154
デッド・タイム —— 203, 234
デプレッション —— 151, 179
デューティ比 —— 16, 102, 109, 200
電圧帰還 —— 134
電圧共振型コンバータ —— 208
電圧共振コンデンサ —— 33, 57
電圧検出型同期整流回路 —— 247

電圧-時間積等価法則 —— 18, 200
電圧モード制御 —— 134
電界効果トランジスタ —— 151
電極間容量 —— 186
伝達関数 —— 75, 82
伝導ノイズ —— 143
電流帰還 —— 134
電流共振型ハーフ・ブリッジ・コンバータ —— 209
電流共振コンバータ —— 34, 57
電流検出型同期整流回路 —— 244
電流不連続モード —— 17, 29, 31, 97
電流モード制御 —— 134, 137, 141
電流容量 —— 146
電流臨界モード —— 27, 31, 37
電流連続モード —— 17, 29, 31, 96
電力損失 —— 148
【と】
等価直列抵抗(ESR) —— 63, 93, 136
同期整流 —— 213, 230
同相電圧 —— 70, 193
導通損 —— 52, 148
トランス・スナバ —— 259
【な】
内部ゲート直列抵抗 —— 221, 224
【に】
入力容量 —— 185
【ね】
熱暴走 —— 164, 180
【の】
ノイズ・フィルタ —— 143
ノーマリON型 —— 161
【は】
ハード・リカバリ・ダイオード —— 226
ハーフ・ブリッジ・アーム構成 —— 218
ハーフ・ブリッジ回路 —— 70, 196
ハーフ・ブリッジ駆動回路 —— 206
ハーフ・ブリッジ・コンバータ —— 44
ハーフ・ブリッジ倍電流整流コンバータ —— 45
ハイ・サイド —— 69, 193, 196, 237
ハイ・サイド・スイッチ —— 193, 233

倍電流同期整流回路 —— 250
バイポーラ・トランジスタ —— 149
発振 —— 77
バリガ性能指数 —— 160
バリキャップ —— 187
パルス・トランス —— 199
パルス・バイ・パルス —— 113
パルス幅変調 —— 12, 16, 109
パルス幅変調回路 ——
パワー・スイッチング素子 —— 145
反転コンバータ —— 23
バンドギャップ —— 161
【ひ】
非共振コンバータ —— 52
ヒステリシス制御 —— 137, 142
非反転増幅回路 —— 75
ヒューズ —— 173
【ふ】
ファスト・リカバリ・ダイオード —— 164
ブートストラップ回路 —— 194
フォト・カプラ —— 115, 123, 204
フォワード・コンバータ —— 24, 36, 207, 269
負荷応答 —— 134
負帰還 —— 12, 16, 73, 93
プッシュプル・コンバータ —— 40
部分共振型 —— 66
浮遊インダクタンス —— 218
浮遊容量 —— 60
フライバック・コンバータ
　　　　　　　　 —— 23, 28, 31, 248, 260
ブラウンアウト —— 115
ブリッジ・ダイオード —— 166
フル・ブリッジ —— 202, 210
フル・ブリッジ・コンバータ —— 48, 227
分布容量 —— 60
【へ】
平滑用コンデンサ —— 136
平均故障間隔 —— 176
【ほ】
ボード線図 —— 78, 88, 104
保護回路 —— 112

ホット・エンド —— 197
ボディ・ダイオード —— 65, 207, 223, 231
ボトム・スキップ動作 —— 35
ボトム・タイミング —— 32
【み】
ミラー期間 —— 160
ミラー効果 —— 187, 224
【め】
メタライズド・ポリプロピレン・フィルム・
　　　　　　　　コンデンサ —— 257
面実装形 —— 162
【も】
漏れインダクタンス —— 59
漏れ電流 —— 169
【り】
リカバリ特性 —— 165, 223
リサジュー曲線 —— 80
リバース・コンバータ —— 28
臨界モード —— 91
リンギング —— 88
リンギング・チョーク・コンバータ —— 24, 31
リンギング・ノイズ —— 261
【る】
ループ・ゲイン —— 94
ループ面積 —— 266
【ろ】
ロー・サイド —— 69, 193, 237
ロー・サイド・スイッチ —— 233
【わ】
ワールド・ワイド入力 —— 173

〈著者略歴〉

森田　浩一（もりた　こういち）

1942年	東京都台東区生まれ
1958年	早稲田高校卒業
1961年	早稲田大学・理工学部電気工学科卒業
1965年	サンケン電気(株)入社
	電源の回路を主とした開発部門を6割，設計部門を2割，そのほかを2割で開発部長，技術部長，技師長などを経て
2000年	熊本工業大学（現・崇城大学）博士課程卒業（共振電源）
2004年	サンケン電気(株)定年退職
2004年	(有)オフィス・モリタ　設立　現在に至る
	電源のコンサルタント業務，教育，セミナー指導など
	電子情報通信学会，電気学会，パワーエレクトロニクス学会所属

● **本書記載の社名，製品名について** ― 本書に記載されている社名および製品名は，一般に開発メーカーの登録商標または商標です．なお，本文中ではTM，®，©の各表示を明記していません．

● **本書掲載記事の利用についてのご注意** ― 本書掲載記事は著作権法により保護され，また産業財産権が確立されている場合があります．したがって，記事として掲載された技術情報をもとに製品化をするには，著作権者および産業財産権者の許可が必要です．また，掲載された技術情報を利用することにより発生した損害などに関して，CQ出版社および著作権者ならびに産業財産権者は責任を負いかねますのでご了承ください．

● **本書に関するご質問について** ― 文章，数式などの記述上の不明点についてのご質問は，必ず往復はがきか返信用封筒を同封した封書でお願いいたします．ご質問は著者に回送し直接回答していただきますので，多少時間がかかります．また，本書の記載範囲を越えるご質問には応じられませんので，ご了承ください．

● **本書の複製等について** ― 本書のコピー，スキャン，デジタル化等の無断複製は著作権法上での例外を除き禁じられています．本書を代行業者等の第三者に依頼してスキャンやデジタル化することは，たとえ個人や家庭内の利用でも認められておりません．

JCOPY 〈出版者著作権管理機構委託出版物〉
本書の全部または一部を無断で複写複製（コピー）することは，著作権法上での例外を除き，禁じられています．本書からの複製を希望される場合は，出版者著作権管理機構（TEL：03-5244-5088）にご連絡ください．

スイッチング電源[2] 要素技術のマスター

2019年3月1日　初版発行　©森田浩一 2019
2020年7月1日　第2版発行

著　者	森田　浩一
発行人	小澤　拓治
発行所	CQ出版株式会社
	東京都文京区千石 4-29-14（〒112-8619）
電話	編集　03-5395-2123
	販売　03-5395-2141

編集担当　蒲生　良治
DTP　西澤　賢一郎，美研プリンティング株式会社
印刷・製本　三晃印刷株式会社

乱丁・落丁本はご面倒でも小社宛お送りください．送料小社負担にてお取り替えいたします．
定価はカバーに表示してあります．
ISBN 978-4-7898-4633-2
Printed in Japan